Mit digitalen Extras: Exklusiv für Buchkäufer!

Ihre digitalen Extras zum Download:

- Selbsteinschätzung Zusammenarbeit Herz – wie motivierend ist die Zusammenarbeit?
- Rollenklärung Team im Kontext der Organisation
- Drei Stadien der Zusammenarbeit
- Sieben Schritte der Transformationsschwelle
- Fünf Schritte für mehr Produktivität
- und viele mehr

http://mybook.haufe.de/

Buchcode: BGC-0437

Führung mit Haltung

Anke von Platen

Führung mit Haltung

Mit Herz, Kopf und Hand Zusammenarbeit erfolgreich gestalten

1. Auflage

Haufe Group
Freiburg · München · Stuttgart

Bibliografische Information der Deutschen Nationalbibliothek

Die Deutsche Nationalbibliothek verzeichnet diese Publikation in der Deutschen Nationalbibliografie; detaillierte bibliografische Daten sind im Internet über http://dnb.dnb.de/ abrufbar.

Print: ISBN 978-3-648-15564-6 Bestell-Nr. 10769-0001
ePub: ISBN 978-3-648-15565-3 Bestell-Nr. 10769-0100
ePDF: ISBN 978-3-648-15566-0 Bestell-Nr. 10769-0150

Anke von Platen
Führung mit Haltung
1. Auflage, Oktober 2021

www.haufe.de
info@haufe.de

Bildnachweis (Cover): © nata_vkusidey, Adobe Stock

Produktmanagement: Bettina Noé

Inhaltsverzeichnis

1 Einführung

Haltung kommt von Innehalten. Damit eine Haltung reift, benötigen wir Zeit. Zeit, die sich Führungskräfte vor lauter Tages- und Projektgeschäft zu selten nehmen. Gleichzeitig sind sie mehr denn je gefordert, eine gute Haltung den Mitarbeitenden und den Herausforderungen gegenüber zu haben.

Menschen mit Haltung geben ihrem Umfeld in dynamischen Zeiten Sicherheit. Sie beziehen Position. Sie kommunizieren ihre Grenzen und sagen »Halt!«. Die Arbeitswelten verändern sich kontinuierlich. Dementsprechend entwickeln sich die Anforderungen an Führung und Führungskräfte weiter. Innerlich stabil und menschlich in der Zusammenarbeit zu sein, wird mehr und mehr zur Kernkompetenz.

- Was bedeuten Veränderungen in der Arbeitswelt für Sie in einer Führungsrolle?
- Wie setzen Sie Veränderungen erfolgreich und nachhaltig um?
- Wie sorgen Sie mit einer menschlichen, wertschätzenden Führung für ein dauerhaft motiviertes Team?

Das vorliegende Buch gibt prägnante Antworten auf die wesentlichen Fragen vieler Führungskräfte. Die gute Nachricht vorweg:

Es geht weniger um das Erlernen von neuen Methoden. Vielmehr geht es um ein Innehalten und Rückbesinnen auf Basics sowie Ihren Menschenverstand – statt sich verrückt zu machen.

Führen in komplexen und dynamischen Zeiten bedeutet vor allen Dingen, innerlich stabil zu sein und Beziehungen gut zu gestalten. Dieses Praxisbuch stellt Sie und Ihre Mitarbeitenden als Menschen mit emotionalen Bedürfnissen nach Anerkennung, Verstehbarkeit und Einflussnahme in den Mittelpunkt – denn egal wo Sie stehen und was sich verändert, am Menschen kommen Sie nicht vorbei.

Sie erhalten mit den drei Prinzipien »Herz«, »Kopf« und »Hand« einfache Leitplanken. Sie bekommen konkrete Impulse, wie Sie eine klare und zugleich wertschätzende, menschliche Haltung aufbauen. All dies soll sie unterstützen, Ihre ganz persönliche Haltung zu reflektieren, zu finden oder zu stabilisieren. Die zwei umfassenden

Themen Führung und Haltung werden einfach und tief gemäß dem Motto »Simplify & Amplify« bearbeitet und gleichzeitig in ihrer Komplexität vereinfacht.

Aufbau des Buches

Im ersten grundlegenden Kapitel erhalten Sie ein sehr anschauliches Bild zum Wandel der Arbeitswelt. Dieses Bild wird nach und nach bis zum Ende des Buches erweitert und entfaltet sich so zu einem anschaulichen Transformationsmodell. Es unterstützt Sie dabei, zu verstehen, wieso die persönliche Haltung immer wichtiger wird und wie sich Führung und Zusammenarbeit grundsätzlich verändern.

Darauf aufbauend schauen wir uns die drei Prinzipien »Herz«, »Kopf« und »Hand« vertiefend an. In jedem dieser Kapitel erfahren Sie eine weitere Haltungsdimension sowie eine spezifische Führungskompetenz. Zahlreiche Tipps für die direkte Zusammenarbeit mit dem Team auf der Beziehungs- und Prozessebene runden jedes Kapitel ab.

Im dritten Teil des Buches profitieren Sie von einem umfangreichen und konkreten Leitfaden für die Zusammenarbeit in Veränderungsprozessen. Alle bisherigen Inhalte fließen zusammen, werden chronologisch einsortiert und mit dem Beispiel »Agilität einführen« praktisch ergänzt. Hier erfahren Sie nicht nur meine persönlichen Best-of-Tipps, insbesondere für die Startphase von Projekten, sondern gewinnen darüber hinaus eine sehr wirksame Methodik, wie Sie und Ihr Team über die sogenannte Transformationsschwelle gelangen. Diese zu überwinden ist ein Garant dafür, dass teuer erarbeitete Strategien im Organisationsalltag ankommen – und nicht wieder in der Schublade verschwinden.

Last, but not least bildet das abschließende Kapitel die Brücke zwischen dem vielen Input und dem Tagesgeschäft. Sie erfahren, wie Sie Ihre Haltung gut in den Joballtag integrieren und sich immer wieder daran erinnern können – insbesondere dann, wenn es hektisch und herausfordernd wird.

Viele anschauliche Skizzen, Selbsteinschätzungen und Tabellen unterstützen Sie beim Lesen und Reflektieren. Diese und weitere Zusatzmaterialien finden Sie im digitalen Zusatzbereich.

Für wen ist dieses Buch?

Dieses Buch ist für alle interessant, die die Zukunft in Organisationen mitgestalten. Als Führungskraft profitieren Sie nicht nur von der einfachen und fundierten Auseinandersetzung mit der eigenen Haltung. Sie erhalten auch wertvolle Impulse, auf was Sie achten sollten, wenn Sie neue Strategien und Veränderungen im Team umsetzen. Immer mehr sind Sie als Führungskraft gefordert, Meetings und zum Teil auch Workshops zu gestalten und zu moderieren. Dies ist noch relevanter, wenn Sie als Fach- oder Führungskraft im Bereich Personal- und Organisationsentwicklung tätig sind. Auch als externer Coach oder Berater können Sie mit den vorgestellten Prinzipien sowie dem Leitfaden Prozesse menschlicher und somit erfolgreicher gestalten. Und natürlich bietet das Buch eine hervorragende Grundlage für neugierige Mitarbeitende, die Entwicklungen der Arbeitswelt und Zusammenarbeit nachzuvollziehen und sich auf Führungsaufgaben vorzubereiten.

Die eigene Haltung zum Buch

Eine gute Haltung bedeutet vor allen Dingen selbst- und mitverantwortlich zu sein sowie menschlich mit Herz, Kopf und Hand zu agieren. Es wird sehr viel über das Thema Haltung diskutiert. Sie wird häufig als der entscheidende Faktor für eine gute Zusammenarbeit und erfolgreiche Transformationen genannt. Doch wie häufig wird Haltung wirklich thematisiert und bearbeitet? Wie oft nehmen sich Menschen, insbesondere Führungskräfte, die Zeit, innezuhalten und sich der eigenen Haltung zur Führungsrolle sowie zu den anstehenden Maßnahmen bewusst zu werden oder diese bewusst aufzubauen? Viel zu selten. Die meiste Zeit stehen inhaltliche oder prozessuale Themen und Diskussionen um Strukturveränderungen im Vordergrund.

Die Ergebnisse der renommierten Gallup-Studien zum Mitarbeiterengagement und Führungsverhalten sind seit Jahren auf einem konstant mäßig bis schlechten Niveau. Nur 15 % der Mitarbeitenden engagieren sich aktiv. 70 % machen Dienst nach Vorschrift. 15 % verhalten sich illoyal. Wie wir später sehen werden, ist eine menschlichere, emotionalere Führung der Hebel, um diese Kennzahlen zu verbessern. Wieso gelingt dies noch zu wenig?

Mit diesem Buch nehme ich die Zügel in die Hand. Es möchte ein Zeichen für die eigene Haltung als ein Werkzeug setzen, das bis jetzt vernachlässigt wurde.

Mit der eigenen Haltung als Werkzeug entfalten sich Ihre fachlichen und die immer öfter geforderten agilen Kompetenzen viel besser.

In meinen Vorträgen sage ich anfangs, dass wir eine Haltung nicht nur daran erkennen, was und wie wir etwas tun. Am meisten erkennen wir eine Haltung daran, bevor wir überhaupt irgendetwas tun – wie wir sprichwörtlich vor dem weißen Blatt Papier stehen oder sitzen.

Vor ein paar Jahren hätte ich dieses Buch mit der Haltung »Ich möchte mein Expertenstatus festigen und mich beweisen wollen« geschrieben. Ein paar Transformationsschwellen später habe ich meine Haltung geändert. Ich möchte Sie mit dem Buch bestmöglich unterstützen. Es sind meine Beobachtungen und Erfahrungen. Sie erheben nicht den Anspruch, *die* Lösung zu sein. Die Bilder und Inhalte sollen Ihren Arbeitsalltag erleichtern. Der Führungsalltag ist anstrengend genug und es gilt im täglichen Wahnsinn einen klaren Kopf und eine gute Haltung zu wahren. Nehmen Sie sich das, was Ihnen gefällt.

Ich habe mich bewusst entschieden, meine gesamte Erfahrung und mein Wissen so vielfältig zu teilen. Ich bin überzeugt, dass dies zeitgemäßer und ermutigender ist, als es für mich zu behalten.

In diesem Sinne … viel Spaß beim Lesen und innehalten.

Noch zwei Anmerkungen:

Sehr gerne können Sie die Materialien, Ansätze und Bilder in Ihren Kontexten verwenden. Bitte verweisen Sie dann auf dieses Buch als Quelle. Vielen Dank.

In diesem Buch wird eine geschlechtergerechte Sprache verwendet. Dort, wo das nicht möglich ist oder die Lesbarkeit stark eingeschränkt würde, gelten die gewählten personenbezogenen Bezeichnungen für alle Geschlechter.

2 Führung und Haltung in einem bildlichen Transformationsmodell verorten

Führung, Haltung und Zusammenarbeit sind für sich betrachtet sehr vielschichtige Themen. Mit den ersten Kapiteln erhalten Sie nicht nur einfache, pragmatische Begriffsbestimmungen. Vielmehr erhalten Sie einen übergeordneten Rahmen, in dem Sie die Faktoren und sich selbst einordnen können. Sie gewinnen ein tiefes Verständnis, wie diese Elemente zusammenhängen. Mit dem sich so entfaltenden bildlichen Transformationsmodell wird es einfacher sein, das eigene Denken und persönliche Fragestellungen zu sortieren.

Das erste Kapitel beschreibt den kontinuierlichen Wandel der Arbeitswelt. Das Bild dieses Wandels ist die Grundlage aller Überlegungen in diesem Buch. Es entfaltet sich nach und nach und wird mit immer mehr Details ausgestattet. Anhand des Transformationsmodells wird deutlich, wieso Vertrauen in den Arbeitsbeziehungen mehr denn je benötigt wird. Sie bekommen Einsicht in grundsätzliche Gedanken, wie Vertrauen entsteht und was sich hinter den Prinzipien »Herz«, »Kopf« und »Hand« verbirgt.

Vertrauen gibt uns eine übergeordnete Haltung. Was macht darüber hinaus eine gute Haltung aus? Die Antwort auf diese Frage sowie die drei Faktoren einer guten Haltung finden Sie im dritten Einstiegskapitel.

Letztlich werden alle drei Kapitel in der Essenz zusammengebracht und auf das Thema Führung übersetzt. Sie erfahren, was Führung in der heutigen Arbeitswelt bedeutet, wie sie sich ändert und was eine menschliche Führung kennzeichnet.

2.1 Arbeitswelt gestern, heute und morgen

»Wir gestalten viele Prozesse um, deshalb benötigen wir eine andere Führung. Wir haben uns schon viele Gedanken gemacht, wieso das so ist, doch wir müssen es anders kommunizieren. Wir haben das Gefühl, dass wir es emotionaler machen müssen. Irgendwie sind zu viele schwammige Themen da und wir haben alle verschiedene Vorstellungen davon, was gemeint ist.« Das sind typische Aussagen, die ich in Gesprächen höre. Dies wird ergänzt mit Beobachtungen, dass in Meetings viel drum herum geredet wird.

Es wird häufig mit Begriffen diskutiert, ohne dass sich die Menschen abgleichen, was sie darunter verstehen, weil die Besprechungen zu kopflastig, unklar und aus verschiedensten Perspektiven geführt werden. Das fördert Endlos-Diskussionen und Missverständnisse und kostet wertvolle Zeit und Motivation.

Oft gibt es kein einheitliches Bild von der aktuellen Situation oder ein gemeinsames Verständnis von der Zukunft und was dies für die Menschen im Unternehmen bedeutet. Das sorgt für viele Unstimmigkeiten, Missverständnisse in der Zusammenarbeit – von der Geschäftsführungsebene bis hin zu den Teams in der Produktion. Viel Zeit und Vertrauen in die Führung gehen dabei verloren. Gleichzeitig fühlen sich Führungskräfte unsicher und dadurch überfordert. Das ist keine gute Voraussetzung, um Veränderungen erfolgreich zu gestalten.

Grundsätzlich fehlen häufig drei Dinge:

1. Es fehlt ein **inhaltlicher,** übergeordneter Rahmen, ein gemeinsames Bild der jetzigen und gewünschten Situation. Stattdessen mangelt es nicht an Foliensätzen oder bunten Bildern mit Zahlen, Daten, Fakten zur Unternehmensentwicklung.
2. Es fehlt ein abgeglichenes übergeordnetes **Prozessverständnis** von Führung und Zusammenarbeit. Wie sehen wir die Rolle und Funktion der Führung und wie wollen wir zusammenarbeiten? Diese Frage wird zu wenig gestellt und beantwortet. Die Menschen und Themen sind dadurch zu wenig integriert. Stattdessen werden Trends wie zum Beispiel Agilität oftmals ohne zu hinterfragen aufgegriffen und als Marschrichtung vorgegeben. Dies verunsichert mehr, als dass es stabilisiert. Unternehmerische Themen werden isoliert voneinander betrachtet: Auf der einen Seite werden Unternehmensziele und Strategien übergeordnet und abstrakt präsentiert. Auf der anderen Seite werden Führungskräfte und Mitarbeitende individuell geschult. Selten werden die Ebenen im Organisationsalltag oder von externen Beratern verbunden. Es gibt systemische, persönlichkeitsorientierte oder beziehungsorientierte Sichtweisen. Nur sehr selten verknüpfen sich organisationale, zwischenmenschliche und individuelle Faktoren und die entsprechenden Verantwortlichkeiten.
3. Es mangelt an einem **Austausch** aller Beteiligten zur aktuellen und zukünftigen Situation sowie dazu, wie diese verstanden wird und was es für den Menschen in der Umsetzung und Zusammenarbeit bedeutet. Es wird zu viel inhaltlich sowie prozessual und zu wenig auf der Beziehungsebene gesprochen.

2.1.1 Ein Bild zum Wandel der Arbeitswelt als Gesprächsbasis

Das nachfolgende Bild unterstützt Sie dabei, die obigen Lücken zu schließen. Dadurch finden Sie eine gemeinsame Gesprächsbasis und ein gemeinsames Denkmodell. Es soll Ihnen Ihre Arbeit und wie Sie über komplexe Themen denken und sprechen, vereinfachen. Dieses Bild ist sehr einfach und zugleich tief. Es hat in unzähligen Vorträgen, Workshops und Coachings bereits seine Wirkung entfaltet. Das Bild wird nachfolgend immer weiter ausgestaltet und wird so zum Transformationsmodell. Wie jedes Modell dient es dazu, sich zu orientieren und Situationen einzuordnen. Es hat nicht den Anspruch, komplett oder perfekt zu sein, geschweige denn die Zukunft vorherzusagen.

Dieses Bild ist mir in Laufschuhen auf einem Spielplatz begegnet. Als ich mich nach einem lockeren Lauf auf einem Spielplatz dehnte, entdeckte ich es. Und alles, was ich bisher über den Wandel der Arbeitswelt, über Zusammenarbeit und Führung gelesen hatte, fügte sich auf einmal zusammen. Es beschreibt den immer weiter gehenden Wandel der Arbeitswelt sehr gut und zugleich provokant und polarisierend. Und dadurch, dass das Bild so einfach ist, entmystifiziert es die vielen Hypes um diese Themen. So sieht es aus:

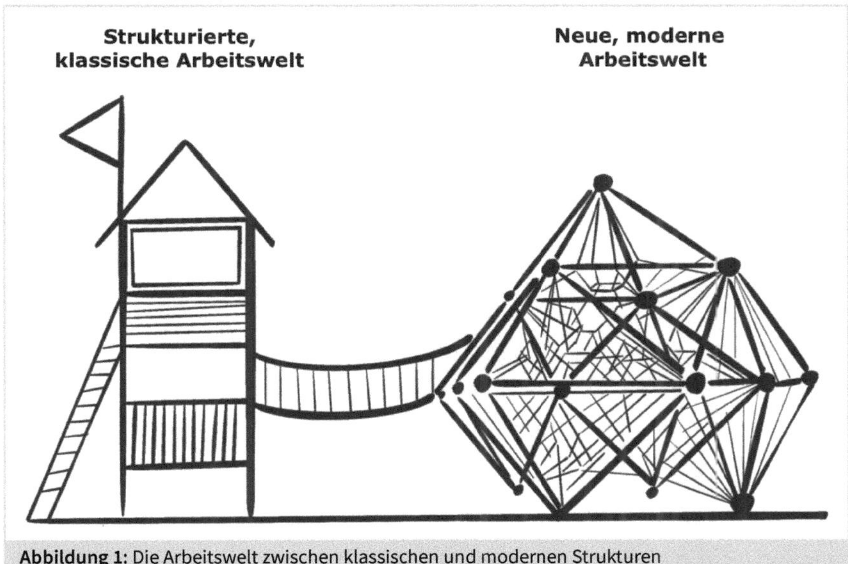

Abbildung 1: Die Arbeitswelt zwischen klassischen und modernen Strukturen
Quelle: Eigene Darstellung

Links ist ein Holzhaus mit mehreren Etagen, einer Leiter und einem Dach. Auf der rechten Seite ist ein Klettergerüst mit vielen Seilen. Eine Hängebrücke verbindet beide Elemente. Für mich persönlich drückt dieses Bild die zwei Pole der aktuellen Diskussionen um die Arbeitswelt aus.

Ich assoziiere mit dem Holzhaus die strukturierte, klassische, *alte* Welt. Mit dem Klettergerüst rechts verbinde ich die *neue* Arbeitswelt. Zwischen beiden ist ein Übergang. Was zeichnet die beiden Welten aus?

Die klassische Arbeitswelt in der Übersicht

Als ich vor mehr als zwanzig Jahren ins Berufsleben einstieg, arbeitete ich tatsächlich in einem Büroturm. Alles war sehr strukturiert: Es gab klare Hierarchien und Organigramme, genaue Stellenbeschreibungen, Pflichtenhefte. Die Büros in den Gebäuden waren eher massiv, stabil. Die Räume der Chefs waren am größten und zum Teil schallgedämpft und abhörsicher. Flexibles, mobiles Arbeiten gab es noch längst nicht. Dagegen herrschten klare örtliche und zeitliche Grenzen: Gearbeitet wird im Büro. Zuhause ist frei. Rangordnungen und Karrieremöglichkeiten waren geregelt. Und natürlich gab es Chefs, die den Ton angaben und führten. Zusammengearbeitet wurde in den Abteilungen, selten darüber hinaus. Die Karrierestufe entschied, an welchen Meetings die Person teilnimmt oder nicht. All dies drückt das Holzhaus symbolisch aus. Ich bezeichne es als strukturierte, klassische Arbeitswelt.

In dieser Arbeitswelt herrschen klassische und eher starre Strukturen und Vorgaben. Das Gute daran: Als Mitarbeitender kann ich mich an diese anlehnen und daran orientieren. Jederzeit kann ich in Pflichtenheften und Ablaufplänen nachschauen, wie die Vorgaben und was meine Aufgaben sind. Das sind symbolische Treppen und Geländer. Die Strukturen erleichtern die Bewegung im Holzhaus. Man kann sich ausruhen, hinsetzen und in großen Häusern sogar verstecken – zum Beispiel hinter Prozessen. Da es viele Wände gibt, bleibt dies vielleicht sogar unsichtbar. Die Zusammenarbeit ist ebenfalls hierarchisch festgelegt: Wer darf zu welchen Meetings, wer gibt in den Meetings den Ton an – das sind nur einige Beispiele. Führungskräfte werden »von oben« eingestellt.

Die moderne Arbeitswelt in der Übersicht

Ganz anders ist die Situation im Klettergerüst. Schon von außen wird deutlich: Es hat eine ganz andere Statik, einen anderen Grundgedanken. Es ist offen, transparent, vernetzt, unübersichtlich. Das Klettergerüst symbolisiert die neue, moderne Arbeitswelt. Das kann bedeuten, dass es weniger Führungsebenen gibt oder Führung als Aufgabe in selbstorganisierte Teams delegiert wird. Dazu später mehr. Es gibt sogar Organisationen, in denen Führungskräfte nicht mehr von oben eingestellt werden, sondern aus den Teams gewählt werden. Die Zusammenarbeit ist ebenfalls offener. Es gibt mehr Austausch zwischen Fachbereichen, mehr Abgleich zu Projektfortschritten oder Formen des gemeinsamen Lernens. Teams sind interdisziplinär. Mitarbeitende entscheiden selbst über thematische oder sogar strategische Initiativen und arbeiten selbstverständlich an der Unternehmensstrategie mit.

Im ersten Moment sind in der modernen Arbeitswelt keine Strukturen erkennbar. Dennoch muss es eine sinnvolle Statik geben. Sonst wäre es nicht stabil. Es handelt sich vielmehr um übergeordnete Metastrukturen und Prinzipien der Zusammenarbeit, die den Rahmen bilden. Sie erfahren dazu mehr im zweiten Teil des Buches. An dieser Stelle geht es darum, einen Überblick zu gewinnen, bevor es zu den Details geht.

2.1.2 Mit vier Ebenen die Veränderungen der Arbeitswelt einordnen

Lassen Sie uns genauer und differenzierter hinschauen, was die zwei Pole der Arbeitswelten bedeuten. In dem Modell »All Quadrants All Levels« des Philosophen Ken Wilber wird ausgedrückt, dass jede Situation immer aus vier verschiedenen Ebenen oder auch Perspektiven betrachtet werden kann, die sich wiederum alle gegenseitig beeinflussen[1]. Das Modell beinhaltet, dass es sowohl äußere, sichtbare als auch innere, nicht sichtbare Dimensionen in der Welt, in einer Organisation sowie im Menschen gibt.

Diese vier Quadranten lassen sich eingängiger in ein Zwiebelmodell übersetzen:

1. Ebene: Die persönliche, weniger sichtbare Ebene – individuelle Haltung. Die individuelle Perspektive, die nicht sichtbar ist. Darunter fallen innere Werte und Einstellungen, Erfahrungen sowie die innere Absicht.

1 Wilber, S. 39. Das Modell ist einfach und gleichzeitig sehr komplex. So beinhaltet es noch für jeden Quadranten weitere detaillierte und vertiefende Entwicklungslinien. Für den Kontext dieses Buches habe ich mich als Autorin entschieden, den Grundgedanken der vier Quadranten auf die vier Ebenen sowie den Führungsalltag zu übertragen.

2. Ebene: Persönliche, eher sichtbare Ebene – individuelle Kompetenzen. Die individuelle Ebene, die von außen beobachtbar ist. Hierzu zählen zum Beispiel persönliche Kompetenzen. Es ist die verhaltensbezogene Ebene.
3. Ebene: Ebene der Zusammenarbeit. Die Beziehungsebene, die sowohl sichtbar als auch verborgen und implizit wahrgenommen wird. Sie wird oftmals auch als kulturelle Ebene benannt.
4. Ebene: Ebene der zwischenmenschlichen Strukturen und Prozesse. Die prozessuale und systemische Ebene von Teams, die von außen ersichtlich ist. Darunter fallen sichtbare, beobachtbare Strukturen und Prozesse.

Die Ebenen beeinflussen sich gegenseitig von außen nach innen oder auch von innen nach außen. Die aneinander angrenzenden Ebenen beeinflussen sich stärker als die Ebenen, die weiter voneinander entfernt sind.

Verändern sich die Prozesse und Strukturen, wirkt sich dies primär auf die Zusammenarbeit aus. Dies kann bedeuten, dass Teams neu zusammengestellt werden oder dass sie mit neuen Methoden arbeiten. So werden andere persönliche Kompetenzen gefordert, die die eigene Haltung und Sichtweisen beeinflussen.

Anders herum beeinflusst eine veränderte Haltung direkt die persönlichen Kompetenzen. Nimmt ein Mensch sich positiver wahr, wird er selbstbewusster agieren und sich anders in einer Zusammenarbeit zeigen. Und hat die Geschäftsführung eine Idee zu einer Strukturveränderung, wird diese direkt von der innersten zur äußeren Ebene transportiert und umgesetzt.

»Außen und innen stehen in einem dynamischen Gleichgewicht zueinander.« bringen es Joana Breidenbach und Bettina Rollow auf den Punkt.[2] Die inneren Dimensionen werden von den sichtbaren Dimensionen beeinflusst und umgekehrt. Die Prozesse und Systeme einer Organisation beeinflussen das Verhalten des Einzelnen. So hat eine starre, hierarchische Struktur eine andere Wirkung auf die Menschen und ihre Zusammenarbeit als eine offenere, vernetztere Organisation:

2 Breidenbach/Rollow 2019, S. 37.

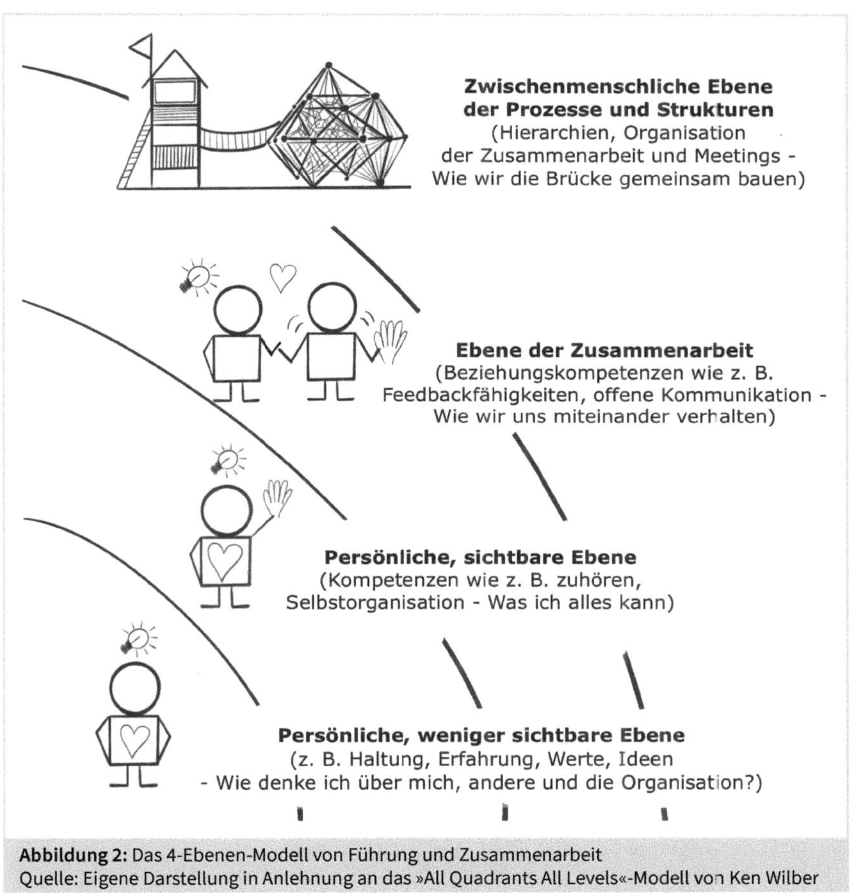

Abbildung 2: Das 4-Ebenen-Modell von Führung und Zusammenarbeit
Quelle: Eigene Darstellung in Anlehnung an das »All Quadrants All Levels«-Modell von Ken Wilber

»Wenn ein Team äußere Organisationsstrukturen und -prozesse reduziert, müssen die Teammitglieder mehr Strukturen in ihrem Inneren aufbauen. Umgekehrt gilt: Wenn ein Unternehmen starke Strukturen hat, ist es für Mitarbeiter weniger erforderlich, ihre individuellen Strukturen zu nutzen oder weiter zu entwickeln.«[3] Das System erlangt Stabilität durch eine kontinuierliche Anpassung der vier Teilbereiche.

3 Breidenbach/Rollow 2019, S. 25.

Wie bekommen Sie ein Gefühl für Ihre Organisation oder auch fremde Unternehmen? Schauen Sie einmal bewusst auf die Architektur und Raumgestaltung. Immer wenn ich eine Organisation zum ersten Mal betrete, achte ich auf die Architektur der Gebäude und Räume, die Kommunikation an der Pforte oder am Empfang.

So erinnere ich noch sehr genau an meinen ersten Besuch bei zwei verschiedenen großen Versicherungen. Das Gebäude in Düsseldorf war und ist sehr verglast, ein hoher Turm. Die Bürotüren und gesamten Büros sind aus Glas und sehr transparent. In der Mitte der Flure finden sich Sitzecken und Stehtische. Es war sofort eine offene, angenehme Atmosphäre. Bis es hoch zu den Vorständen ging. Dorthin fuhren nur wenige Fahrstühle und der Zugang war sehr gesichert.

In München hingegen war das Gebäude nicht so hoch. Von außen schien es modern. Doch innen sprangen mich gefühlte endlose, graue Gänge mit Einzelbüros an. Die meisten Türen waren verschlossen. Kein Glas.

Die Kommunikation und Kultur in den verschiedenen Konzernen nahm ich unterschiedlich wahr. In München war es sehr ungewohnt, auf den Fluren überhaupt jemandem zu begegnen, wohingegen ich in Düsseldorf die Kommunikation viel offener und ungezwungener empfand.

2.1.3 Merkmale der klassischen und neuen Arbeitswelt im Detail

Die Veränderungen auf der Struktur- und Prozessebene

Schauen wir mit den vier Ebenen auf das Modell und die Veränderungen in der Arbeitswelt. Es lassen sich folgende Tendenzen beobachten: Auf der Systemebene, in der äußersten Ebene, nehmen klassische Hierarchien ab. Es wird weiter Führungskräfte, insbesondere im oberen Management, geben. Doch werden Führungsaufgaben mehr verteilt und in die Teams und an Einzelne delegiert – in die Verhaltensebene. Die Struktur der Zusammenarbeit ist variabler. Statt rein fachlicher Teams, wie zum Beispiel puren Vertriebsteams wie im Holzhaus, gibt es eher gemischte Teams, die gemeinsam an Projekten arbeiten. Noch dazu ist es im Neuland dynamischer. Projekte, Teams verändern sich schneller. Durch die weiter zunehmende Digitalisierung wird die Zusammenarbeit in und zwischen Menschen, Teams und Organisationen grundsätzlich vernetzter und schnelllebiger. Daher ist die grundlegende Bewegung in der Arbeitswelt in Richtung des Klettergerüsts und eher weg von klassischen Strukturen. Ein häufiges Schlagwort in den Organisationen ist »Wir benötigen mehr übergreifendes, gemeinsames Denken und Handeln statt Silodenken«.

Eine häufige sehr sichtbare Veränderung ist die Umgestaltung von Arbeitsräumen. Immer mehr Organisationen reißen Wände ein. Nicht nur tatsächlich, sondern auch in den Köpfen. Es ist neu und ungewohnt, nicht mehr einen fixen Arbeitsplatz und täglich dieselben Kollegen im Raum zu haben. Stattdessen sitzt man jeden Tag in einem anderen Raum. Noch dazu mit anderen Menschen. Dies erfordert andere Kommunikations-, Toleranz- und Teamkompetenzen als in der traditionellen Arbeitswelt.

Die moderne, neue Arbeitswelt ist offener und komplexer. Die Grenzen zwischen innen und außen, zwischen Arbeiten und Nichtarbeiten gibt es immer weniger. Ebenfalls ist das Gerüst bzw. die Wände viel transparenter. Man erkennt sofort, wer sich wie im Klettergerüst verhält, wohingegen das Holzhaus eher verschlossen und intransparent ist.

Entsprechend dem 4-Ebenen-Modell heißt dies, dass die Struktur im Außen verändert wird. Dies beeinflusst natürlich die anderen Dimensionen. Zum Beispiel bedeutet ein Wechsel des Arbeitsplatzes von geschlossenen Einzel- oder Zweierbüros in offene Glasbüros mit unterschiedlichsten Kollegen eine andere Arbeitsatmosphäre. Diese wirkt sich auf die Zusammenarbeit aus. Schließlich wechseln die Kollegen am Arbeitsplatz von Tag zu Tag. Täglich müssen sich die Mitarbeitenden auf andere Menschen einstellen: Wie laut telefonieren sie, benötigen sie viel Austausch oder eher Ruhe, warme oder kalte Luft? Wie passt dies jeweils mit den eigenen Bedürfnissen zusammen? Und wie wird damit umgegangen, wenn die Bedürfnisse differieren – sind die Menschen fähig, dies anzusprechen? Die Menschen benötigen also andere Kompetenzen im Miteinander. Und auch die innerste Ebene wird beeinflusst. Ein anderes Arbeitsumfeld kann bedeuten, sich von eigenen Überzeugungen und Ansprüchen zu verabschieden. Der eigene, fixe Arbeitsplatz und die jeweilige Gestaltung sind für viele Menschen ein Anker und Ausdruck der eigenen Persönlichkeit. Menschen im Einzelbüro können sich komplett auf ihren Arbeitsrhythmus und ihre Arbeitsgewohnheiten konzentrieren und haben einen hohen Grad an Selbstbestimmung – dies geht in einem größeren Büro vermutlich verloren.

So schön und attraktiv die Architektur von neuen Arbeitswelten ist, so wichtig ist es gleichzeitig, die Menschen auf diesen strukturellen Wechsel vorzubereiten. Ansonsten werden bildlich gesprochen die Menschen aus dem Holzhaus mit einer Seilbahn ins Neue, hoch auf einen Berg, befördert, ohne sie jedoch auf diese Bergtour und die Höhenluft vorzubereiten. Manchmal stellt sich dann die Höhenkrankheit ein – den Menschen wird schlecht, sie können und wollen sich nicht bewegen, sie gehen in den Widerstand.

Auswirkungen auf der Kompetenz- und Haltungsebene

Der Wandel im *Außen* wirkt sich unmittelbar auf die *inneren* Dimensionen, auf die innere Haltung, die notwendigen persönlichen Kompetenzen sowie die Kultur und Kommunikation in Gruppen aus. Dies ist im Transformationsmodell leicht nachvollziehbar.

In der klassischen Arbeitswelt geben äußere Strukturen Halt, wie zum Beispiel Organigramme, Pflichtenhefte, Stellenbeschreibungen. Daran können sich Menschen anlehnen und stützen – wie im Holzhaus an die Wände und Geländer. Im Klettergerüst gibt es diese Art der Struktur nicht und somit entfällt eine Möglichkeit, sich zu stützen und sich an einer Struktur festzuhalten. Dafür benötigt jemand im Klettergerüst andere Muskeln bzw. Kompetenzen, um sich sicher zu fühlen. Wir benötigen bildlich und tatsächlich eine kräftige innere Haltung, um uns festzuhalten und zu bewegen. Je beweglicher und gelenkiger wir sind, umso besser werden wir im Klettergerüst zurechtkommen. Die Struktur, die in der tradierten Welt von außen gestützt hat, gibt es nicht mehr. Die Menschen sind gefordert, diesen Halt und eine innere Haltung in sich selbst aufzubauen.

Im Strukturland werden Aufgaben hierarchisch von oben nach unten weiter gegeben. Mitarbeitende warten auf die Aufgaben bzw. die Delegation dieser. Ein aktives Einbringen ist weniger notwendig. In neuen Arbeitswelten ist die eigene Arbeit ablesbarer. Dies wird häufig durch öffentliche Kanban-Boards (mehr dazu in Kapitel 5.4.2) an den Wänden für alle sichtbar. In neueren Arbeitswelten ist ebenfalls gefordert, sich aktiv in Prozesse und Projekte einzubringen, statt abzuwarten, was passiert. Das äußere Verhalten sowie die innere Psyche ist anders als in einer klassisch strukturierten Arbeitswelt.

In sehr klassischen, hierarchischen Organisationen gibt es Karriereleitern. Es ist für jeden Beteiligten klar, was zu tun ist, um befördert zu werden. Ein extremes Beispiel hierfür sind Beamtenlaufbahnen. Im Klettergerüst, in modern organisierten Unternehmen, ist dieser Weg variabler. Klassische Karrierewege gibt es dort immer seltener, da die Hierarchien tendenziell weniger bzw. anders werden. Statt aufzusteigen, geht es in vernetzten Organisationen eher darum, Themen zu erarbeiten und diese inhaltlich voranzutreiben. Ebenfalls können sehr junge Fachkräfte sehr schnell sehr viel Verantwortung übernehmen, da sie ein besonderes Potenzial oder auch Kompetenz besitzen. Dies ist insbesondere in den Software- bzw. Programmierumfeldern zu beobachten.

Mitarbeitende haben mehr Möglichkeiten, sich zu bewegen und weiterzuentwickeln. Es gibt nur wenige Stellen, die typischerweise hierarchisch führen. Der Begriff Karriereleiter ist nicht mehr angemessen. Statt fachlicher und disziplinarischer Karrierewege sind es mehr die Wege der persönlichen Entwicklung und Potenzialentfaltung.

In klassischen Arbeitsumgebungen sind Prozesse und Systeme die grundlegende Statik. Was ist das haltgebende Element im Klettergerüst? Es sind die Menschen und Beziehungen, also die individuellen Dimensionen im 4-Ebenen-Modell. Diese sind wiederum in eine Statik der Kommunikation auf der kollektiven Ebene eingebettet. Im Detail bedeutet das:

Der Einzelne sowie die Beziehungen und die Kommunikation untereinander sind entscheidend für die Stabilität in der Organisation. So gibt es zum Beispiel bei agilen Teams eine sehr strukturierte Kommunikation. Morgens wird ein kurzes Meeting veranstaltet, das sogenannte Daily. In diesem werden die individuellen Ziele und Anliegen im Team besprochen. Regelmäßig, meist alle vierzehn Tage, finden sogenannte Retrospektiven statt. In neunzig Minuten reflektiert das Team die Zusammenarbeit und erarbeitet Verbesserungsideen. Diese speziellen Besprechungsformate schauen wir uns in späteren Kapiteln an.

Schon jetzt wird deutlich, dass der konstruktive Umgang mit Feedback und Fehlern eine entscheidende, persönliche Kompetenz und Beziehungskompetenz in der zukünftigen Arbeitswelt sein wird. Nicht verwunderlich, dass immer mehr Firmen die Themen Vertrauen, Feedback- oder Kommunikationskultur auf die Agenda setzen. Gute, offene und erwachsene Arbeitsbeziehungen werden immer wichtiger.

Fazit: Kein Entweder-oder, sondern ein Sowohl-als-auch

Die Veränderungen und Unterschiede zwischen den Welten sind offensichtlich und können wie zwei gegensätzliche Pole wirken. Entweder ist ein Team noch in der klassischen Welt oder es ist in der neuen Welt. So ließe sich das Modell interpretieren. Doch das entspricht nicht der Realität. Vielmehr ist es ein Sowohl-als-auch, ein Hin-und-her-Bewegen zwischen den Welten. Schon heute merken viele, dass sie in beiden Welten arbeiten: einerseits in der klassischen, strukturierten Linie und andererseits in einer Matrixorganisation.

Außerdem wird deutlich, dass die meisten Maßnahmen im Rahmen der Personal- und Organisationsentwicklung die zweite und vierte Ebene betreffen. Bis jetzt wird die innere Haltung, die erste Ebene, zu wenig als Stellschraube für eine Zusammenarbeit betrachtet. Doch kann ein einzelner Mensch mit der inneren Haltung oder auch nur mit einem Gedanken einen enormen Einfluss auf das Team und die Zusammenarbeit haben. Dies wird insbesondere sichtbar, wenn es personelle Veränderungen in der Führung und auch im Topmanagement gibt.

In Tabelle 1 sind die vier Ebenen mit den unterschiedlichen Ausprägungen in den zwei Formen der Arbeitswelt zusammengetragen. Die Zusammenstellung erhebt keinen Anspruch auf Vollständigkeit. So können Sie selbst prüfen, in welchem Bereich Sie sich wiederfinden und welche Kennzeichen Sie ergänzen würden.

	Klassische, tradierte Arbeitswelt – Beispiele	**Moderne, neue Arbeitswelt – Beispiele**
Ebene 4: Strukturen & Prozesse	• »Maschinenraum«-/»Holzhaus«-Gefühl: Alles hat seine Ordnung • Geschäftsführung sitzt ganz oben • Vertikale Hierarchien, »Silos« • Führungskräfte werden von oben vorgegeben, eingestellt • Strategien werden »oben« entwickelt und nach unten weitergegeben • Prozessbeschreibungen strukturieren die Aufgaben und den Tag • Stellenbeschreibungen, fixe Rollenzuordnungen • Fixe Sitzordnungen • Strukturen und Prozesse definieren die Zusammenarbeit • Arbeitszeiten sind fix, wenig Spielraum zur flexiblen Zeiteinteilung • Planungssicherheit, Drei- bis Fünfjahresplanungen • Hohes Gefühl von Arbeitsplatzsicherheit • Standardisierte Abläufe • »Krawatten« und Dienstwagen – als Ausdruck von Status und Rang	• Strukturen und Prozesse auf den ersten Blick wenig sichtbar • Führungskräfte sitzen mit im Team • Führungskräfte werden von den Teams gewählt • Teams sind weniger fachlich, mehr themen- und kundenorientiert zusammengesetzt • Ein Mitarbeitender ist Mitglied in verschiedensten Teams • Teams und Mitarbeitende orientieren sich an Kundenaufgaben und weniger an Stellenbeschreibungen • Keine festen Sitzplätze mehr • Arbeiten ist immer und überall möglich durch neue Soft-/Hardware • Vertrauensarbeitszeit • Fluide Organisationsstruktur, Teamzugehörigkeiten ändern sich nach Bedarf • Situatives Planen, maximal 12 Monate • Strategien werden von den Teams und Mitarbeitenden mit entwickelt

	Klassische, tradierte Arbeitswelt – Beispiele	Moderne, neue Arbeitswelt – Beispiele
Ebene 3: Beziehungen & Zusammenarbeit gestalten	• Austausch meist nur in den jeweiligen Fachbereichen, »Silo-Denken« • Deutlicher Machtvorsprung für Führungskräfte • Führung gibt Strukturen und Prozesse vor • Lange Planungszyklen und Bedürfnis nach Planungssicherheit • Hierarchische Meetings, von oben nach unten wird eingeladen • Macht- und Ego-orientiertes Verhalten • Kommunikation fokussiert sich auf technische und inhaltliche Aspekte • Genug mit sich selbst, Checklisten und Prozessen zu tun – auch ohne den Kunden • »angepasste« Kultur und Kommunikation: Was der Chef sagt und anordnet, wird nicht hinterfragt • Angst vor Fehlern • Sehr zielorientiert im Sinne der Annahme, dass Ergebnisse sich »linear-kausal« verhalten • Jour fixe in großen Abständen innerhalb der fachlichen Teams • Projektreviews – mit fachlicher Ausrichtung • Jährliche Mitarbeitergespräche	• Hoher Grad an Austausch und Vernetzung zwischen Fachgebieten • Meetings und Tagungen sind weniger exklusiv und geschlossen sondern werden nach Bedarf für Mitarbeitende geöffnet – »das ganze System im Raum« • Kundenorientiertes Denken und Arbeiten • Ganzheitliches Denken und Agieren – über reine wirtschaftliche Kennzahlen hinaus • Kommunikation ist menschlicher, Mitarbeitende werden als gesamter Mensch betrachtet und ernst genommen und nicht nur als Ressource • Fehler werden als Lernchance akzeptiert und gewünscht • Zielorientiert im Sinne des »Großen & Ganzen« • Ausrichtung der Zusammenarbeit wird regelmäßig überprüft und bei Bedarf angepasst • Situation und Zielerreichung werden als komplex und systemisch anerkannt • Arbeitsphilosophie »Effectuation« – mit dem arbeiten, was jetzt an Ressourcen verfügbar ist • Mitarbeitende haben Macht durch Bewertungsportale, wie zum Beispiel kununu und durch Fachkräftemangel • »instant«, kurzfristig und bei Bedarf • Tägliche Meetings »Dailies« • Regelmäßige Retrospektiven zur Zusammenarbeit • Regelmäßige Feedbackgespräche, selbst organisiert

	Klassische, tradierte Arbeitswelt – Beispiele	**Moderne, neue Arbeitswelt – Beispiele**
Ebene 2: Individuelle Kompetenzen – welche werden benötigt	• Fokus auf fachliche Qualifikationen • Spezialisierungen sind vorteilhaft • Autoritäre Führung	• Kommunikationsfähigkeit im Sinne reifer, erwachsener Kommunikation insbesondere zum Umgang mit Konflikten und Unstimmigkeiten • Reflexionsfähigkeit • Bewusste Selbst- und Mitarbeiterführung • Äußern von Bedürfnissen und Grenzen in einer Zusammenarbeit • Moderation von Meetings • Eigenverantwortliches Arbeiten und Denken • Hohe Selbstorganisation • Aktives Ansprechen von Verbesserungsmöglichkeiten • Als Mitarbeitender: Verantwortungsübernahme • Als Führungskraft: Ego-Abgabe, Macht-Abgabe,
Ebene 1: Individuelle Haltung	• Eher angepasst, gehorsam als Mitarbeitende • Warten auf Ansagen und Aufgaben • »Veränderungen sind ein Projekt« • Als Führungskraft: eher autoritär, der Wunsch, recht zu haben und zu kontrollieren	• Selbstverantwortliches und mitverantwortliches Agieren • Kunden- und dienstleistungsorientiert • Gemeinsames Lernen als oberstes Ziel • »Veränderungen sind normal« • Akzeptieren von Sicherheit in der Unsicherheit • Als Führungskraft: Vertrauen haben/geben, innere Standfestigkeit

Tabelle 1: Merkmale der klassischen und neuen Arbeitswelt mit dem 4-Ebenen-Modell
Quelle: eigene Darstellung

Veränderungen gab es schon immer

Das Transformationsmodell ist zeitlos, auch wenn es im Bild um den Vergleich zwischen der klassischen und modernen Arbeitswelt geht. Es gab schon immer Veränderungen, Wandel und Weiterentwicklungen in der Welt und somit auch in der Arbeitswelt. Die damaligen Veränderungen in der sehr klassischen Arbeitswelt sollen nicht abgewertet werden.

Es wurden schon immer Unternehmensstrukturen und -Strategien weiterentwickelt. Schon immer brachen die Menschen in ein Neuland auf. Obwohl es dann vielleicht strukturierter schien und das Haus zum Beispiel nur etwas aufgeräumt oder eine Etage eingerissen wurde. Die Veränderungen wurden damals hierarchischer durchgesetzt. In offenen Unternehmen, die mehr dem Klettergerüst ähneln, sind Veränderungen transparenter und mitbestimmter.

So wird es auch in Organisationen, die sich von einer sehr klassischen Struktur in eine offenere Arbeitsweise bewegen nicht zu Ende sein. Selbst wenn diese Organisationen in einem neuen Zustand ankommen, wird dieser irgendwann wieder fester und statisch. Daraus wird sich wieder ein neues Ziel der Veränderung ableiten. Es geht immer weiter. So können wir das Modell als ein andauerndes Kontinuum verstehen. Es geht um die ständige Weiterentwicklung von einem Ist-Zustand zu einem Ziel.

Ich bin der festen Überzeugung, dass die grundsätzliche Entwicklung der Gesellschaft und der Organisationen in Richtung der neuen und modernen Arbeitswelt geht. Die Menschen an sich entwickeln sich weiter. Was braucht es dafür? Wie können Sie als Führungskraft für die Weiterentwicklung der Zusammenarbeit sorgen? Das schauen wir uns im nächsten Kapitel an.

Auf einen Blick

- Die Arbeitswelt verändert sich kontinuierlich von einem fixen zu einem offeneren, weiterentwickelten Zustand.
- Die momentanen Veränderungen in der Arbeitswelt bewegen sich zwischen einem sinnbildlichen, strukturierten Holzhaus sowie einem offenen, vernetzten Klettergerüst.
- Jede Situation lässt sich durch das 4-Ebenen-Modell mit vier Perspektiven betrachten:
  - Individuelle Haltung
  - Individuelle Kompetenzen
  - Beziehungen & Zusammenarbeit
  - Prozesse & Strukturen der Zusammenarbeit
- Je mehr sich die Strukturen und Sicherheiten im Außen reduzieren, umso mehr benötigt jeder Einzelne Struktur und Sicherheit aus sich selbst heraus.

Reflexionsfragen

Betrachten Sie das Unternehmen, in dem Sie arbeiten.

- Wo steht das Unternehmen insgesamt in dem Bild zwischen Holzhaus und Klettergerüst? An welchen Beispielen machen Sie dies fest?
- Wo stehen Sie und Ihr Team? An welchen Beispielen machen Sie dies fest?
- Wenn Maßnahmen in der Personal- und Organisationsentwicklung in Ihrer Organisation durchgeführt werden, in welcher Ebene des 4-Ebenen-Modells können Sie diese verorten?

Digitale Extras

- Arbeitsblatt 1: »Ein Bild zum Wandel der Arbeitswelt«
- Arbeitsblatt 2: »4-Ebenen-Modell in Tabelle und Bild«

2.2 Erfolgsfaktor Vertrauen: Einen übergeordneten Halt mit Herz, Kopf und Hand schaffen

Mit dem einfachen Modell aus dem vorherigen Kapitel beschäftigen wir uns nun weiter im Detail. Wo stehen die Menschen und die Organisationen insgesamt? Was braucht es, damit Führung, Zusammenarbeit und Veränderungen gelingen? Sie lernen die Prinzipien »Herz«, »Kopf« und »Hand« in der Übersicht kennen. Sie werden danach verstehen, wieso es diese drei Prinzipien sind, die uns in einer Zusammenarbeit und für Veränderungen motivieren.

2.2.1 Vertrauen überbrückt Unsicherheit

Mit dem Bild vom Holzhaus und dem Klettergerüst sowie dem 4-Ebenen-Modell fragte ich mich: Wo stehe ich und wo stehen die Menschen in den Organisationen, mit denen ich zusammenarbeite?

Zunächst reflektierte ich dies für mich in meiner professionellen Rolle. Zugegeben: Vor ein paar Jahren fühlte ich mich sehr weit rechts beim Pol des Neuen. Ich dachte von mir, dass ich schon sehr agil bin. Zugleich war ich davon überzeugt, dass sich alle Organisationen so schnell wie möglich ins Klettergerüst entwickeln müssten. Dann schaute ich mich symbolisch um und fragte mich: Wer ist denn mit mir auf dem Weg und wo sind die Menschen in den Organisationen? Ich stellte fest, dass ich in einer ziemlichen Beraterblase unterwegs war, denn diese ganzen agilen und digitalen Buzzwords hörte ich nur von Kollegen.

In Kundengesprächen hörte ich nun anders zu. Ich wollte beobachten, welche Begriffe dort fallen und welche Probleme es gibt. Der Begriff agil wurde nicht erwähnt. Das ist heute fast immer noch so. Stattdessen kamen folgenden Herausforderungen zur Sprache:

- Wie motiviere ich dauerhaft die Menschen für die anstehenden Maßnahmen und mehr Eigenverantwortung?
- Wie schaffen wir ein offeneres, menschlicheres Miteinander, ein höheres Vertrauen?
- Wie gelingt ein menschlicheres Miteinander auch im Produktionsbereich?

Nicht zuletzt hörte ich, dass es nicht nur für Führungskräfte, sondern für alle ein schmaler Grat zwischen Herausforderung und Erschöpfung ist. Viele Menschen fragen sich, wie sie neben dem Tagesgeschäft noch die übergeordneten Projekte voranbringen sollen. Wie gelingt der Spagat zwischen dem Tagesgeschäft und dem Neuen? Wie gelingt eine gute Selbstorganisation und wie kann gute Führung entwickelt werden, ohne sich selbst und das Team zu überlasten?

Die meisten Ansprechpersonen verorteten sich sehr weit links im Bild. Sie stuften sich im Holzhaus oder links auf der Brücke ein. Die wenigsten Organisationen, Teams und Menschen befinden sich komplett auf der rechten Seite, in der neueren Arbeitswelt. In großen Konzernen sind es zum Beispiel die IT-Bereiche, die sehr vernetzt und transparent miteinander arbeiten. Typischerweise und qua Rolle sind die oberen Führungskräfte und Geschäftsführende weiter rechts im Bild, weil sie sich mit der Zukunft der Organisation beschäftigen.

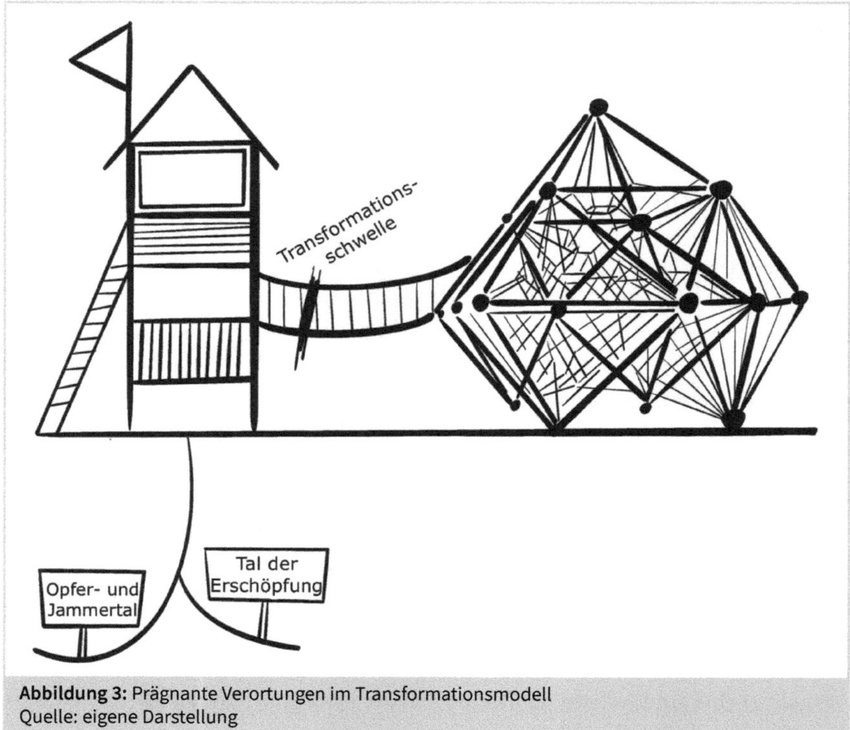

Abbildung 3: Prägnante Verortungen im Transformationsmodell
Quelle: eigene Darstellung

Viele Menschen sind noch im Holzhaus, in der tradierten Arbeitswelt. Einige schauen bereits aus dem Fenster und sehen, dass etwas Neues auf sie zukommt. Sie ahnen, dass sie sich verändern müssen, doch sie sind sich sehr unsicher, was auf der anderen Seite ist und was das bedeutet.

Häufig anzutreffen ist auch das Phänomen, dass sich Menschen im Opfer- und Jammertal befinden. Im Opfer- und Jammertal sind die Menschen sehr passiv und übernehmen keinerlei Verantwortung. Typisch ist eine Opferhaltung, wie zum Beispiel »Ich habe es besonders schwer.«, »Ich kann das nicht tun, weil ich auf die andere Abteilung warte und die machen ihren Job nicht.« oder »Soll sich doch erst einmal mein Chef ändern, bevor ich mich ändere.«.

Menschen im Opfer- und Jammertal haben immer eine gute Antwort, wieso etwas nicht geht. Die Personen dort warten darauf, dass sich die anderen und das Umfeld ändern. Erst dann bewegen sie sich wieder. Menschen im Opfer- und Jammertal haben immer etwas zu meckern und gehen in den Widerstand. Sie übernehmen wenig bis keine Selbstverantwortung, weil sie nicht erkennen, wie sie das machen können.

Oder sie liegen in einem Tal der Erschöpfung. Sie sind müde und können sich nicht bewegen. Sind überfordert von den tatsächlichen oder gefühlten Anforderungen an sie als Fach- und Führungskraft.

Selbst in den Organisationen, in denen viel in die Veränderung investiert wird und vieles richtig läuft, kommt es irgendwann zum Stocken. So als ob die Menschen sich trauen aus dem Holzhaus hinaus zu gehen, einen ersten Schritt machen und dann doch erstarren. Sie sind dann an der sogenannten Transformationsschwelle angekommen. Diese ist erreicht, wenn die alten Muster zur Lösung nicht mehr ausreichen und die Komfortzone verlassen werden muss. Mit diesem Zustand und wie Transformationsschwellen überwunden werden können, beschäftigen wir uns ausführlich in Kapitel 7.3.

Meine Hauptschlussfolgerungen sind:

Es fehlt an Verbindungen auf unterschiedlichsten Ebenen. Menschen benötigen weniger die Klettergerüste, das Neue oder Buzzwords. Das, was sie am meisten benötigen, sind Brücken. Es braucht mehr Verbindungen – zwischen den Menschen, zwischen den Menschen und der unmittelbaren und mittelbaren Zukunft, in der Struktur.

Folgende Verbindungen fehlen:
- zwischen der Zukunft und dem Jetzt und auch der Vergangenheit
- zwischen den Menschen und dem Bild von der Zukunft
- zwischen den Menschen innerhalb der Organisation und innerhalb der Teams – zum Beispiel zwischen der Geschäftsführung und der Belegschaft und zwischen den Menschen insgesamt
- zwischen den Mitarbeitenden und der unmittelbaren Führungskraft

Um mit dem Konzept des 4-Ebenen-Modells zu sprechen: Sehr häufig werden sehr viel Geld und Zeit in die Veränderung auf der kollektiven Ebene von Strukturen und der Kultur investiert. Die individuellen, menschlichen Dimensionen sind meist nur ein Nebenschauplatz. Es ist häufig unklar, wie eine neue Organisationsstruktur mit der Teamzusammenarbeit zusammenhängt und was es letztlich für den Einzelnen bedeutet.

Es wird zu viel Wert auf die fachlichen, prozessualen und inhaltlichen Themen gelegt und unter Einsatz von zu viel Zeit und Fokus daran gearbeitet. Es wird zu wenig über das Menschliche, das Softe, gesprochen. Zudem wird sehr häufig zu sehr über Zukünftiges gesprochen, über wie es sein soll, was das bedeuten könnte und was alles nicht geht. Es wird endlos analysiert, statt pragmatisch einen ganz konkreten nächsten Schritt in das Neue zu gehen. Ein häufiges Symptom ist auch, dass vor lauter Meetings einfach nichts passiert, keine Bewegung in die richtige Richtung erfolgt.

Zudem kommt hinzu, dass die Menschen Angst haben – einige weniger, andere mehr. Angst vor der Veränderung, Angst vor dem Neuen und dem Ungewissen. Bleiben wir ganz pragmatisch in unserem Modell: Es fehlt an Brücken. Es fehlt an Verbindung. Die Menschen fühlen sich nicht mit dem, was auf struktureller und kultureller Ebene passiert, verbunden. Und diese nicht vorhandene Verbindung verunsichert. Sie sehen zwischen sich, der eigenen Situation und dem, was um sie herum ist oder auch was in Zukunft sein soll, keine Verbindung. Sie fühlen sich oftmals isoliert und abgetrennt vom Geschehen. Buzzwords und hübsche Folien erzeugen keine Verbindung. Steht jemand im Holzhaus auf einem Spielplatz und möchte ins Klettergerüst, ist unter ihm Sand. Es kann nicht viel passieren, wenn es wackelig wird und er stolpert. Im wahren Leben fühlt es sich unsicherer an, wenn ich aus den gewohnten Bedingungen heraustreten soll. Im tatsächlichen Arbeitsalltag werden Umstrukturierungen und Transformationsprojekte als bedrohlich empfunden.

Wofür steht die Brücke in unserem Modell? Und wie wird sie gebaut? Es gibt eine sehr passende, bildliche Definition: Vertrauen ist die Brücke über den Fluss der Unsicherheit. Dieser Vergleich stammt von Professor Dr. Alfried Längle, einem sehr renommierten Existenzanalytiker und Logotherapeuten. Seine exakte Definition lautet wie folgt:

> *»Vertrauen heißt, sich einer tragfähigen Struktur zu überlassen und sich darauf zu verlassen, dass genügend Halt vorhanden ist, um die Unsicherheit zu überbrücken.«*[4]

4 Johner/Bürgi/Längle 2018, S. 80.

In dieser Definition steckt sehr viel. Vertrauen heißt, loszulassen. Sich einer Struktur im Äußeren überlassen und hoffen, dass sie hält. Bildlich gesprochen: Das Holzhaus ist eine sehr tragfähige Struktur per se. Es hat sehr viele strukturgebende Elemente. Außerhalb des Holzhauses fehlen diese struktur- und haltgebenden Elemente im Außen. Die gewohnten Strukturen loslassen und sich verlassen, dass es dennoch genügend Halt gibt, erfordert somit viel Mut. Das ist eine echte Herausforderung. Was trägt, wenn gefühlt nichts da ist? Es ist ein Gefühl. Das Gefühl von Vertrauen.

Längle betont, dass Vertrauen zunächst und ausschließlich eine persönliche Entscheidung ist. Jeder entscheidet, ob er die Brücke von seiner Seite aus unterstützt oder nicht. Auch ob eine Person über die Brücke zu etwas Neuem geht, ist eine individuelle Entscheidung. Vertrauen ist erst im zweiten Schritt eine Beziehungsfrage. Sprich: Wenn jemand nicht vertrauen möchte, wird die Person es nicht tun – auch wenn sich das Umfeld sehr viel Mühe gibt.

Ich ergänze diesen Gedanken. Vertrauen ist eine Entscheidung, die ich auf Basis meiner Erfahrungen in der Vergangenheit treffe. Ob jemand also zukünftig sich selbst, einem anderen Menschen, einer Beziehung oder einer Organisation vertraut, hat damit zu tun, wie diese in der Vergangenheit erlebt und *bewertet* wurden. Auf Basis dessen entscheidet sich eine Person bewusst für oder auch gegen ein Vertrauen in die Zukunft.

2.2.2 Vertrauen entsteht durch Herz, Kopf und Hand

Vertrauen wird in vielen Zusammenhängen als *der* Erfolgsfaktor benannt – nicht nur im Arbeitskontext, sondern auch für die allgemeine Lebenszufriedenheit sowie die psychische Gesundheit. Wie entsteht Vertrauen, wie entsteht eine Brücke über die Unsicherheit? Auf welcher Basis entscheidet sich ein Mensch, über die Brücke zu gehen? Ist Vertrauen nicht einfach da? Nein. Und ja. Sicherlich gibt es ein gewisses Maß an Urvertrauen, welches wir in unseren frühesten Beziehungen erwerben oder nicht. Darüber hinaus lässt sich das Gefühl von Vertrauen gezielt beeinflussen. Dies beschreibt ein weiteres Konzept, welches sich ideal mit dem Bild der Brücke verbinden lässt. In dem nächsten Konzept sind die Bausteine für die Brücke enthalten.

Das Konzept heißt »Salutogenese«. Der Medizinsoziologe Aron Antonovsky ist der Urvater dieses Modells. Salutogenese beschreibt die Grundprinzipien, wie Gesundheit entsteht (Saluto = Gesundheit, Genese = Entstehung von). Dieses Modell ist mittlerweile auch als Führungsstil etabliert, zum Beispiel im Bertelsmann Konzern[5]. Es beinhaltet die Kernfrage, wie Menschen trotz widriger Umstände psychisch gesund bleiben. Oder, um es auf unser Transformationsmodell zu übersetzen: Wie gehen Menschen auf die Brücke, obwohl das Wetter um sie herum sehr stürmisch ist? Hauptergebnis der Forschungen Antonovskys ist das Konzept des »Sense of Coherence« (SOC). Es wird mit einem Stimmigkeitsgefühl oder noch direkter mit einem Kohärenzgefühl übersetzt.

Menschen mit einem hohen SOC nehmen ihr Leben als stimmig wahr und empfinden ein hohes Maß an Wohlbefinden, Zufriedenheit und Zuversicht. Nicht nur, wenn die Lebensbedingungen angenehm sind, sondern auch, wenn die Umfeldbedingungen sehr herausfordernd sind.

In der Definition dieses Gefühls spielt Vertrauen eine sehr große Rolle:

> *»Das Kohärenzgefühl ist eine globale Orientierung […], in welchem Ausmaß man ein durchdringendes, andauerndes und dennoch dynamisches Gefühl des Vertrauens hat, daß*
> 1. *die Stimuli, die sich im Verlauf des Lebens aus der inneren und äußeren Umgebung ergeben, strukturiert, vorhersehbar und erklärbar sind;*
> 2. *einem die Ressourcen zur Verfügung stehen, um den Anforderungen, die diese Stimuli stellen, zu begegnen;*
> 3. *diese Anforderungen Herausforderungen sind, die Anstrengung und Engagement lohnen.«*[6]

Was heißt diese Definition für das Modell? Vertrauen bzw. die Brücke ist nicht einfach da oder nicht, sondern die Brücke hat drei Bausteine, die wir nutzen können. Die drei Faktoren benennt Antonovsky mit den Begriffen Verstehbarkeit, Handhabbarkeit

5 Netta 2011, S. 185.

6 Antonovsky 1997, S. 36.

und Bedeutsamkeit. Ein Mensch wird sich demnach eher auf die Brücke und damit auf eine Veränderung einlassen, wenn er oder sie:

1. die Veränderung versteht und er sich die Geschehnisse rund um die Veränderung erklären und einordnen kann. Es ist ein kognitiver Faktor, der *Kopf* möchte verstehen.
2. er das Gefühl hat, die aktuell und zukünftigen Kompetenzen zu besitzen, die mit dieser Veränderung auf die Person zukommen. Es ist ein pragmatischer Faktor, die *Hand* möchte es tun können.
3. er spürt, dass die Anforderungen und der Weg sich für ihn lohnen. Es ist ein motivationaler, tief emotionaler Faktor, das *Herz* möchte es spüren.

Ursprünglich wurde das Konzept in Bezug zur Entstehung von psychischer Gesundheit entwickelt. Antonovsky übertrug das Konzept später auf den Arbeitskontext. Diese Übertragung ist in der heutigen und zukünftigen Arbeitswelt wichtiger denn je:

> *»[…] gerade wenn die Aufgabe mehrdeutig und komplex ist, wird auch die Stärke des SOC eine Rolle spielen. Die Person mit einem starken SOC wird motiviert sein, die Aufgabe als eine Herausforderung zu sehen, ihr eine Struktur zu geben und nach geeigneten Ressourcen zu suchen. Sie wird stärker darauf vertrauen, dass das Ergebnis zufriedenstellend sein wird.«*[7]

Übersetzen wir die drei Faktoren in das Modell und in die Dynamiken der Arbeitswelt. Die drei Faktoren Verstehbarkeit, Machbarkeit und Bedeutung bedeuten in der Übersicht[8]

7 Antonovsky 1997, S. 163.

8 Antonovsky 1997, S. 36.

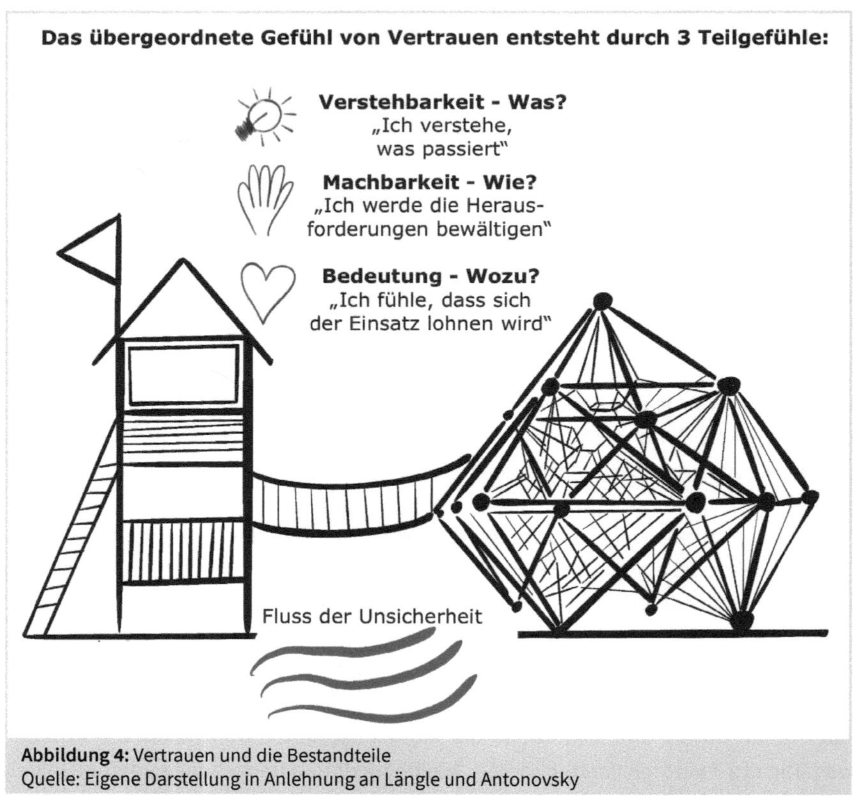

Abbildung 4: Vertrauen und die Bestandteile
Quelle: Eigene Darstellung in Anlehnung an Längle und Antonovsky

Gefühl der Verstehbarkeit:

»Ich verstehe, was passiert. Ich fühle mich orientiert.« – das kognitive Bedürfnis wird angesprochen.

Menschen in Organisationen und insbesondere in Transformationsprozessen benötigen Orientierung und möchten verstehen, was passiert. Sie möchten Informationen und Ereignisse einordnen können. Alle können besser mit Unsicherheiten umgehen, wenn sie eine Idee davon haben, wo die Reise hingeht. Das Gegenteil wäre, wenn wir aus dem Holzhaus hinausgehen sollen, jedoch nur Nebel sehen, nur verschwommene Ziele und Unternehmensausrichtungen. Dahinter steht das menschliche Bedürfnis nach Transparenz und Verständlichkeit. Wir möchten informiert sein. Strukturen,

Vereinbarungen, Informationen, Ziele und Berechenbarkeit unterstützen ein Gefühl von Klarheit. Herrscht Klarheit, stimmen wir der Aussage »Ich verstehe, was passiert. Ich kann die Geschehnisse einordnen, sie haben eine gewisse Berechenbarkeit« zu.

Letztlich suchen wir nach Antworten auf die Frage **»*Was* passiert?«** Jeder Mensch hat ein kognitives Bedürfnis nach Orientierung sowie strukturierten und strukturgebenden Informationen.

Gefühl der Machbarkeit:

»Ich habe das Gefühl, dass ich die Aufgaben schaffe. Ich empfinde mich als kompetent und sicher.« – das handlungsorientierte Bedürfnis wird adressiert.

Der zweite Bestandteil der Brücke entsteht durch persönliche Erfahrungen, durch Qualifikationen sowie Einflussmöglichkeiten. Egal, was passiert, wir fühlen uns immer besser, wenn wir die Situation beeinflussen können. Anspannungen entstehen, wenn wir uns machtlos und ausgeliefert fühlen. Unabhängig von äußeren Bedingungen oder davon, wie aussichtslos und eingeengt Situationen erscheinen, gibt es immer Handlungsspielräume. Diese lassen sich im Kopf, in der mentalen Einstellung verorten. Das Gefühl von Machbarkeit wird erhöht, wenn auch diese mentalen Spielräume erkannt und genutzt werden – statt sich damit abzufinden, im Opfer- und Jammertal zu liegen. Können wir uns selbst gut regulieren, haben wir einen konstruktiven Umgang mit Stress und Herausforderungen, dann unterstützt dies das persönliche Gefühl von Machbarkeit. Dann stimmen wir innerlich der Aussage »Ich werde die Herausforderungen bewältigen. Ich spüre meine Einflussmöglichkeiten in meinem Arbeitsleben« zu. Wir benötigen Antworten auf die Frage **»*Wie* soll ich das machen?«** Jeder von uns hat ein pragmatisches Bedürfnis nach Einfluss und Erfolgen. Unsere Hände benötigen Zuversicht und Einflussmöglichkeiten.

Gefühl der Bedeutung:

»Ich habe das Gefühl, dass sich mein Einsatz lohnt. Ich fühle mich zugehörig und respektiert.« – das motivationale Bedürfnis ist erfüllt.

Wir gehen über die Brücke der Unsicherheit, wenn wir uns davon etwas versprechen. Klarheit und Machbarkeit sind gut und notwendig. Eine Brücke über einen tiefen Graben ist eine Hängepartie. Natürlich sind wir unsicher und ängstlich. Umso mehr benötigen wir Courage und Motivation, um uns zu entscheiden, wirklich hinüberzugehen. Ob das die kleinen oder die größeren Überwindungen im Alltag sind? Was bewegt uns am meisten dazu, es zu wagen? Die größte Motivation, wirklich loszugehen und weiterzugehen, ist, zu spüren, dass es sich für uns lohnt, dass wir einen Sinn in der Überquerung sehen. Wenn wir wissen, ***wozu***[9] wir das Wagnis auf uns nehmen sollen, gehen wir los. Unsere Antwort auf diese Frage ist umso wichtiger, je wackeliger und unsicherer der Weg erscheint. Es ist der tief emotionale Aspekt. Unser Herz möchte wahrgenommen und angesprochen werden. Es ist ein tiefes, psychologisches Bedürfnis nach Verbindung, Anerkennung und Respekt. Ein individuelles Gefühl von Bedeutung entsteht, wenn sich ein Mensch mit einer Aufgabe, einem Ziel und natürlich einem Menschen verbunden fühlt. Dieses Gefühl speist sich zum Beispiel aus einem guten menschlichen Kontakt, welcher durch Zuhören, Feedback und Zeit füreinander entsteht, oder weil sich persönliche Werte mit denen anderer Menschen oder der Organisation decken. Ebenso spüren wir durch das Gehalt und Weiterentwicklungsmöglichkeiten, dass sich unser Einsatz lohnt.

Die drei Teilgefühle beeinflussen sich gegenseitig. Je besser wir eine Situation und die Anforderungen verstehen, umso eher entwickeln wir ein Gefühl dafür, wie wir die Aufgaben erledigen werden. Und selbst wenn wir eine Situation wenig verstehen und sie auch wenig beeinflussen können, hilft uns das Gefühl, dass es sich lohnen wird, uns der Situation zu stellen. Ebenso sind klare Ziele sehr viel wirksamer, wenn wir die Bedeutung und die Gründe der Ziele für die Organisation und für uns individuell begreifen. Somit ist das Gefühl von Bedeutung am wichtigsten für die Tragfähigkeit der Brücke.[10] Je mehr wir spüren, dass sich eine Aufgabe oder ein Projekt für uns persönlich lohnt, umso motivierter werden wir sein. Das Gefühl von Bedeutung und sich respektiert und anerkannt zu fühlen, ist ebenfalls am wichtigsten für eine vertrauensvolle Beziehung.

---

9 Fragen Sie eher »Wozu?« statt »Warum?«. Für das Gefühl von Bedeutung hätte ich auch das Wort »Warum« als zusammenfassenden Begriff wählen und setzen können. Ich habe mich sehr bewusst dagegen und für »Wozu« entschieden. Denn die Frage nach dem Warum erscheint mir zu sehr in die Vergangenheit gerichtet. Noch dazu impliziert und provoziert eine Frage nach dem Warum immer eine Rechtfertigung. Dagegen empfinde ich die Frage nach dem Wozu mehr auf die Zukunft ausgerichtet. Ein Warum schließt die Kommunikation eher, wohingegen ein Wozu öffnend wirkt.

10 Antonovsky 1997, S. 38.

Vertrauen mit den vier Ebenen betrachtet

Wie aus der ersten Übersicht klar wird, beeinflussen sowohl persönliche Kompetenzen und Erfahrungen als auch Faktoren der Zusammenarbeit das Gefühl von Vertrauen. Bezogen auf die vier Perspektiven beeinflussen die Ebenen 2-4 das persönliche Vertrauensgefühl. Ob ein Mensch aus einer übergeordneten Haltung des Vertrauens agiert, entscheidet er ganz persönlich und individuell aus der innersten Haltung heraus. Dies wirkt sich dann wiederum in die anderen Ebenen aus. Vertrauen ist immer ein Zusammenspiel zwischen der Selbstverantwortung des Einzelnen, der Zusammenarbeit im Zwischenmenschlichen sowie den Rahmenbedingungen im Außen.

Unsere Gefühle sind eine Schnittstelle zwischen uns und unserer Umgebung. Gefühle sind individuell und subjektiv. Sie entstehen durch die individuellen Bewertungen sowie aufgrund der psychischen Bedürfnisse der Person. Demnach ist es sehr subjektiv, wann ein Mensch Vertrauen empfindet und wann nicht, weil die Menschen unterschiedliche Erwartungen und Bedürfnisse an Wertschätzung und zum Beispiel Klarheit haben. Einige Menschen benötigen zum Beispiel sehr viel Struktur und eine recht stabile Umgebung, wohingegen andere in sich viel Halt haben und schon mit einer Hängebrücke zufrieden sind.

Das bedeutet, dass Vertrauen in jedem Moment, in jeder Situation, beeinflusst wird – positiv oder negativ. Vertrauen wird von der Person selbst beeinflusst, zum Beispiel inwiefern die persönlichen Ziele und Ressourcen aktuell sind oder die Person selbst nachfragt, wenn etwas unklar ist. Als Ergänzung dazu beeinflusst die Kommunikation in einem Meeting oder auch, wer bei einem Meeting dabei ist, das Vertrauen. Die Teilnehmer erzeugen die Rahmenbedingungen. Jeder beeinflusst, ob verständlich gesprochen wird, Informationen geteilt werden oder wie einzelne Meinungen integriert werden.

2.2.3 Vertrauen auf den Punkt gebracht – ein einfaches Instrument zur Stimmungsabfrage

Das Bild mit dem Holzhaus und dem Klettergerüst erscheint statisch. Doch mit den Menschen in dem Modell sowie den Einflussfaktoren von außen ist es immer in Bewegung, es ist dynamisch und, wie bisher dargestellt, sehr komplex. Die individuelle Psyche und die Gefühle der interagierenden Menschen sind immer in Bewegung –

die Brücke des Vertrauens ist immer in Bewegung. Sie ist eine Hängebrücke, sie wackelt auf und ab.

Was können Sie als Führungskraft tun? Wie können Sie ein Gefühl von Vertrauen bestmöglich unterstützen? Es ist an sich ganz einfach: Egal, wo Sie und Ihre Mitarbeitenden sich in dem Modell befinden, egal wo sich die Organisation und die Menschen in dieser Organisation befinden – es geht immer darum, eine Verbindung zu den Menschen aufrechtzuerhalten und aufzubauen. Unabhängig von der Situation sehnt sich jeder Mensch nach einem stimmigen Lebensgefühl und nach einer Brücke des Vertrauens.

Deshalb dürfen wir – egal wie sich die Situation darstellt – den Menschen nie vergessen. Außerdem darf nicht vergessen werden, dass der Mensch und die menschliche Psyche sich nicht ändern. Keine Veränderung, egal ob strukturell, technisch oder im Verhalten, kommt am Kopf und am Herzen der Menschen vorbei. Dies gilt in jeder Führungsposition und in jeder Beziehung. Egal ob Sie dies als Geschäftsführerin, Teamleiter oder Transformationsmanagerin lesen:

Die Arbeitsbedingungen, Umfeldbedingungen und Beziehungen unterliegen ständigen Veränderungen. Doch die menschlichen psychischen Bedürfnisse nach Verstehbarkeit, Machbarkeit und Bedeutung bleiben in ihren Grundzügen immer gleich.

Deshalb finden Sie die wichtigste Empfehlung des Buches bereits hier am Anfang des Buches. Behalten Sie die drei Bedürfnisse für Sie und für Ihr Team immer im Hinterkopf. Richten Sie Ihre Kommunikation Tag für Tag, Meeting für Meeting an den Fragen aus, die wir uns alle stellen:

- Was? bzw. Was passiert?
- Wozu? bzw. Wozu mache ich etwas/wozu machen wir das? Was sind die Gründe für die Ziele?
- Wie? bzw. Wie schaffe ich/wie schaffen wir es?

Wenn Sie sich selbst kontinuierlich diese Fragen stellen und Antworten finden, bauen Sie von Ihrer Seite die Brücke, verbinden sich mit den Aufgaben und dem Team. Denn was ebenfalls deutlich wird: Bis eine Brücke gebaut wird, dauert es lange. Mit jeder Interaktion können Sie die Verbindung unterstützen – oder nicht, denn es sind manchmal nur Worte oder Gesten, die eine Verbindung, Brücke zum Einstürzen bringen.

Die drei Fragen und die drei Prinzipien erscheinen im ersten Moment sehr einfach, fast schon banal. Die Kunst besteht darin, diese täglich umzusetzen und im eigenen Joballtag zu verankern. Letztlich beobachte ich täglich, dass jede Unstimmigkeit in Jobbeziehungen und dadurch in den Projekten immer wieder auf diese drei Bedürfnisse herausläuft. Es knartscht vor allen Dingen dann, wenn die Menschen sich nicht gesehen und dadurch bedeutungslos fühlen und wenn Aufgaben und Rollen unklar sind bzw. wenn es unterschiedliche Sichtweisen darauf gibt. Deshalb: Ja, es ist so einfach. Haben Sie Mut, die Komplexität zu reduzieren und sich den Führungsalltag zu vereinfachen. »Simplify & Amplify« – Vereinfachen und Vertiefen ist das Motto. Im weiteren Verlauf des Buches werden wir die drei Prinzipien jeweils vertiefen.

Bevor es inhaltlich weitergeht, halten Sie inne und fragen Sie sich: Wie sehr vertrauen Sie gerade? Inwiefern fühlt sich Ihr Arbeitsalltag aktuell stimmig an? Beantworten Sie dazu die folgenden Fragen in Tabelle 2.

Wenn ich an meinen aktuellen Arbeitsalltag insgesamt denke ... inwieweit treffen die folgenden Aussagen auf mich zu:		
	1 ------------------------------- 10	Anmerkungen – was ist gut, was fehlt mir?
Ich habe ein Gefühl von Verstehbarkeit und fühle mich orientiert.		
Ich habe ein Gefühl von Machbarkeit und empfinde mich als kompetent und sicher.		
Ich habe ein Gefühl von Bedeutung und dass sich mein Einsatz lohnt. Ich fühle mich zugehörig und respektiert.		

Tabelle 2: Stimmungsabfrage Vertrauen

Diese Standortbestimmung können Sie immer wieder durchführen. Mit Ihren Antworten sehen Sie, welche Bedürfnisse erfüllt sind und was Sie benötigen. Durch Ihre Antworten machen Sie Ihre Gefühle und Bedürfnisse, die meistens sehr implizit sind und mitschwingen, explizit. Sie verstehen sich selbst und Ihre Stimmung besser und können es einordnen. Das Prinzip »Kopf« wird dadurch unterstützt.

Ebenso sind diese Fragen eine ausgezeichnete Möglichkeit für eine Standortbestimmung mit einzelnen Mitarbeitenden oder im Team – entweder ganz allgemein zur Zusammenarbeit oder in Bezug zu einem Projekt. Die Ergebnisse sind eine sehr gute Basis, um miteinander ins Gespräch zu kommen: Erklären Sie sich gegenseitig Ihre Punktwahl, zum Beispiel anhand der folgenden Leitgedanken und -fragen:

- Wieso wurde der Punkt bei genau dieser Zahl gesetzt? Was ist schon da?
- Wie wäre es/was wäre anders, wenn der Punkt auf der Skala um 1 erhöht wäre?
- Was könnten Sie aus eigener Kraft tun, um diesen Effekt zu unterstützen? Was wäre ein ganz konkreter nächster Schritt?

Diese Skala setze ich regelmäßig bei Teamworkshops ein, um ein allgemeines Stimmungsbild oder zu einer bestimmten Fragestellung zu erhalten – wohl wissend, dass das Stimmungsbild und jede einzelne Stimme subjektiv und zum Teil durch einen Gruppeneffekt zum Positiven verzerrt sind. Dennoch ist dieses Gesamtbild wertvoll. Nicht nur für mich als Moderatorin, sondern auch für die Teilnehmenden. So sehen sie recht schnell, wo sie im Gesamtkontext stehen. Je nach Gruppengröße und Gruppendynamik erfolgt die Abgabe der Stimmung offen und jeder kommentiert seine Punkte oder anonym, zum Beispiel mit dem Online-Instrument Mentimeter.

Als Moderatorin appelliere ich in Workshops an alle, sich bei niedrigen Punkten an die Führungskraft zu wenden und das Gespräch zu suchen. Dies stimme ich vorher natürlich ab. Ich finde diese Abfrage und die Ergebnisse immer wieder simpel und aufschlussreich. Ich erinnere mich noch gut an eine Reihe von Workshops, in denen viele eine hohe Unzufriedenheit in Diskussionen ausdrückten. Als ich dann mit der Skala arbeitete, vermutete ich ein recht niedriges Niveau. Tatsächlich befanden sich die meisten Punkte im Bereich von mindestens 6/10. Ich erkläre mir dies dadurch, dass es leicht ist, zu jammern, die Fragen jedoch jeden von uns zwingen, die Situation konkret und konstruktiv einzuschätzen. Auch für die Workshop-Teilnehmenden war das gute Stimmungsbild ein hilfreicher Spiegel.

Arbeite ich mit Gruppen an der Umsetzung von Veränderungsstrategien, stelle ich diese drei Fragen in Bezug zum Veränderungsthema ganz am Anfang eines Workshops »Wenn ich an die zukünftige Unternehmensstrategie insgesamt denke, inwieweit ...«. Mit diesem Status und den Bedürfnissen des Teams arbeiten wir dann zum Beispiel gezielt daran, dass das Team die neue Strategie besser versteht und ein Gefühl für die Umsetzung im Alltag entwickeln kann. Am Ende eines zweitägigen Workshops lasse ich die Teilnehmenden dann nochmals zu denselben Fragen punkten – mit einer anderen Farbe. So werden sowohl Fortschritte und als auch ein weiterer Arbeitsbedarf gut sichtbar.

Mit den drei Bausteinen Herz, Kopf und Hand können wir die Brücke des Vertrauens gestalten. Im jetzigen Verständnis ist diese Brücke eine Hängebrücke. Vertrauen gibt uns einen übergeordneten Halt. Wie wir darüber hinaus eine gute Haltung aufbauen können, erfahren Sie im nächsten Kapitel.

Auf einen Blick

- Zwischen Menschen sowie zwischen Menschen und dem Neuen gibt es zu wenig Verbindungen.
- Vertrauen verbindet. Vertrauen ist die Brücke über den Fluss der Unsicherheit.
- Vertrauen ist ein individuelles, dynamisches Gefühl. Es entsteht aus einem Zusammenspiel zwischen der Person und den Umfeldbedingungen.
- Die drei Faktoren, die auf das übergeordnete Gefühl von Vertrauen einzahlen, sind die Gefühle von Verstehbarkeit, Machbarkeit und Bedeutung.
- Das Gefühl von Bedeutung ist am wichtigsten, um ein Gefühl von Vertrauen in schwierigen Situationen beizubehalten.
- Auch wenn sich unsere Lebens- und Arbeitsbedingungen dauerhaft verändern, der Mensch mit seiner menschlichen Psyche bleibt immer gleich!
- Egal wo die Organisation, das Team oder der einzelne Mensch steht, es geht immer darum, die psychischen Bedürfnisse zu unterstützen. Dies gelingt, indem wir die Kommunikation und das Agieren an den Fragen hinter den Bedürfnissen ausrichten: Was? Wie? Wozu?

Reflexionsfragen

- Wann, in welchen Situationen, mit welchen Menschen fällt es mir leicht, zu vertrauen? Wieso ist das so?
- Was brauche ich, damit ich vertraue?
- Inwieweit empfinde ich meine aktuelle Situation als stimmig?
  - ... verstehe, was passiert?
  - ... habe das Gefühl, dass ich meine Aufgaben und Herausforderungen schaffe?
  - ... habe das Gefühl, dass sich mein Einsatz lohnt?

Digitale Extras

- Video-Interview Anke von Platen zum Thema Vertrauen https://youtu.be/CgcWLUIWxxs
- Arbeitsblatt 3 »Vertrauen Selbsteinschätzung«

2.3 Persönliche Haltung: Innere Stabilität mit drei Faktoren entwickeln

Das Gefühl von Vertrauen ist sehr individuell, dynamisch und vielschichtig. Durch die drei Faktoren Verstehbarkeit, Machbarkeit und Bedeutung wird der schwammige Begriff greifbarer und konkreter. Vertrauen ist die Brücke über einen Fluss der Unsicherheit. Bis jetzt ist diese Brücke eine Hängebrücke. Sie wackelt noch.

Wäre es nicht schön, die ersten Schritte selbstbewusster zu setzen und innerlich stabiler über die Brücke zu gehen? Wann gehen Menschen über die Brücke, wann *trauen* sie sich, wann *vertrauen* sie der Hängebrücke? Wie kann die Hängebrücke für uns gefühlt stabiler werden? Wann fühlen wir uns stabiler, über die Unsicherheit zu gehen?

Wir werden stabiler, wenn wir eine Haltung haben, wenn wir in uns stabil sind und uns selbst vertrauen. Wenn wir in uns Halt finden. Um diese zusätzliche Stabilität geht es in diesem Kapitel. Sie werden in diesem Kapitel Leitplanken erfahren, an die Sie sich in jeder Situation mit Ihrer inneren Haltung ausrichten können, sodass Sie, egal, was passiert, sich sicherer und stabiler fühlen.

2.3.1 Wozu eine Haltung sinnvoll ist

Wir alle möchten einen guten Job leisten. Wir möchten es richtig und gut machen. Mit den drei Prinzipien von Herz, Kopf und Hand und den dazugehörigen Kernfragen »Wozu?«, »Was?« und »Wie?« haben Sie eine erste Orientierung für eine menschlichere Führung erhalten. Dies sind Leitplanken, an denen Sie sich ausrichten können. Dennoch beantworten diese drei Prinzipien nicht alle Fragen, die Sie sich im Führungsalltag stellen. Die drei Prinzipien benötigen noch eine Ergänzung, insbesondere für schwierige, komplexe und herausfordernde Situationen. Was mache ich, wenn Konflikte da sind? Wie gehe ich mit schwierigen Situationen um? Wie sage ich, wenn …?

Gerne hätten wir für jede mögliche Situation eine richtige Antwort, Handlungsanleitung oder sogar Methode. Dieser Anspruch ist hoch und nicht mehr zeitgemäß. Die Herausforderung ist, dass sich die Umstände um uns herum in der Organisation immer schneller ändern und wir das Gefühl haben, dass wir die Führung dementsprechend schnell anpassen sollten und neue Führungswerkzeuge benötigen. In sehr tradierten Arbeitswelten und Branchen sind die Anforderungen noch linearer, planbarer und berechenbarer. Dynamische Branchen und Organisationen sind flexibler, unvorhersehbarer und komplexer. Methoden und Werkzeuge reichen nicht mehr aus. Es benötigt eine innere Haltung, um in den unterschiedlichsten Situationen sicher und standhaft zu agieren.

Grundsätzlich bewegen sich die Arbeitswelt und die Welt insgesamt mehr in Richtung des Neuen, des Klettergerüsts. Was heißt diese Veränderung für die Haltung? Wie unterscheiden sich die Haltungen in den beiden Welten? Ich stellte mir dazu konkret vor, wie sich das Holzhaus bzw. das Klettergerüst anfühlt. Im Holzhaus sind die Wege vorgegeben und die Bewegungsspielräume sind gering. Ich kann mich hinter den Wänden sogar verstecken, mich anlehnen und einmal ausruhen. Es werden hauptsächlich meine Beinmuskeln beansprucht. Aufrichten brauche ich mich nicht.

Sprich: In der klassischen Arbeitswelt reicht eine passive, angepasste Haltung aus. Die Aufgaben und Prozesse werden hierarchisch von oben vorgegeben. Als Mitarbeitender oder auch als Führungskraft führe ich aus. Der Einzelne muss sich auch weniger Gedanken um seine Selbstregulation machen, denn die vorgegebenen Arbeitszeiten und Arbeitsorte regulieren von außen.

Steige ich ins Klettergerüst ein, stellt sich zuerst die Frage: Wo und wie fange ich an? Es ist ja alles offen. Und es sind auf einmal ganz andere Muskelgruppen gefordert: Arme, Schultern, Rücken und Rumpf. Es ist wackelig. Wenn ich nicht aufpasse, falle oder verheddere ich mich. Und wenn andere auch am Klettern sind, müssen wir uns abstimmen.

In der modernen Arbeitswelt können wir uns nicht anlehnen und verstecken. In der neuen Arbeitswelt benötigen wir eine aufrechte und aufrichtige Haltung. Je stärker wir innerlich gefestigt sind, Halt spüren, umso besser können wir mit Haltlosigkeit im Außen umgehen.

Innere Sicherheit und innere Stabilität finden wir nicht nur, indem wir uns ständig neue Methoden aneignen. Neue Methoden müssen gelernt werden. Je mehr Methoden und Werkzeuge wir in der Hand haben, umso weniger haben wir die Hände und den Kopf frei. Diese werden benötigt, um spontan zu reagieren, wenn die Brücke wackelt. Methoden sind nicht schlecht, doch sie sind nur halb so wirksam ohne eine gute innere Haltung. Oder positiv formuliert: Mit einer guten inneren Haltung machen Sie sich unabhängiger von Führungsmethoden und -werkzeugen. Zugleich katalysieren Sie mit einer guten inneren Haltung Ihre Werkzeuge.

Führung ist nicht wirksam durch die Werkzeuge. Führung ist wirksam durch die innere Haltung der Führungskraft und mit welcher Haltung sie die Werkzeuge anwendet.

Es geht zukünftig weniger um ein *Doing* – ein Handeln – in der Führung, sondern mehr um ein *Being* – ein Sein – als Führungskraft. Die Haltung der Führungskraft ist und wird *der* entscheidende Erfolgsfaktor sein. Sie entscheidet auch über die Haltung der Mitarbeitenden und mit welcher Haltung das Team in der Zusammenarbeit die Werkzeuge benutzt und die Aufgaben erledigt.

2.3.2 Was eine Haltung ist und wie sie wirkt

Körperliche und innere Haltung beeinflussen sich

Jetzt ist bereits ein paar Mal der Begriff *Haltung* gefallen. Lassen Sie uns eine gemeinsame Arbeitsgrundlage schaffen und das Konzept der Haltung definieren.

Rein körperlich ist das Thema Haltung auf den ersten Blick schnell abgehakt. Die physische Haltung ist von außen ersichtlich. Hat jemand beim Sitzen, Gehen oder Laufen eine schlappe, müde Haltung? Ist die Haltung sogar hörbar? Ja: Schlappschritt, schlurfend oder dynamisch, energievoll. Wie sitzt jemand am Tisch: Lässt sich die Person hängen oder ist sie aufgerichtet? Wie bewegt sich jemand auf einer Hängebrücke oder in einem Klettergerüst – ängstlich oder mutig? Wie hänge ich oder halte mich im Klettergerüst? Die körperliche Haltung drückt eine Menge über die innere Haltung aus. Körper und Psyche beeinflussen sich gegenseitig. Probieren Sie es direkt aus: Setzen Sie sich bewusst aufrecht hin, ziehen Sie die Schultern zurück – das fühlt sich doch besser an als vorher, oder?

Haltung gibt Halt und kommt von Innehalten

Im Wort *Haltung* steckt *Halt*, *Halt haben* oder auch *aushalten* – der mentale, emotionale und soziale Aspekt des Begriffes. Eine Haltung gibt Halt. Ein Mensch mit einer guten Haltung findet *in* sich Faktoren, die ihm Halt geben. Die Person hält sich innerlich an etwas fest im Sinne einer inneren Orientierung und Leitplanke. Es gibt eine innere Struktur, die Halt gibt. Das können zum Beispiel persönliche Werte und Ziele sein. So kann ein Mensch mit einer Haltung schwierige Situationen auch besser *aushalten*.

Des Weiteren hängt die innere Haltung zusammen mit einer Position, die jemand in sich oder seinem Umfeld gegenüber einnimmt. Die Person bezieht Stellung. Ein Mensch mit Haltung sagt *Ja!* oder auch *Halt! Stopp!* – bis hier hin und nicht weiter.

Haltung kommt auch von *Innehalten*. Die innere Haltung lässt sich nur in sich finden – und nicht im Außen. Eine Haltung ist selten einfach da oder nicht da. Eine eigene, innere Haltung benötigt Zeit, um sich zu entwickeln.

Innere Haltung als zwei unterstützende Säulen für die Brücke

Strukturieren wir das Thema Haltung inhaltlich nach dieser eher philosophisch anmutenden Definition. Stellen Sie sich dazu die Brücke zwischen dem Holzhaus und dem Klettergerüst vor. Eine Brücke hat meist nicht nur einen Gehweg oder eine Fahrbahn. Sie benötigt zwei Säulen, damit die Statik besser ist. Eine Brücke mit Säulen ist stabiler als eine Hängebrücke. Das bedeutet, dass Vertrauen uns nur einen übergeordneten Halt gibt. Wird das Gefühl von Vertrauen durch zwei Pfeiler unterstützt, fühlt es sich besser an. Die zwei Säulen symbolisieren die individuelle Haltung.

Die erste Säule in der Nähe des Holzhauses symbolisiert das Selbstvertrauen, die Haltung der Person zu sich selbst. Die zweite Säule auf der anderen Seite steht für die Haltung zum Außen, zum Beispiel zur Organisation oder das Vertrauen in das Neue, in eine andere Person.

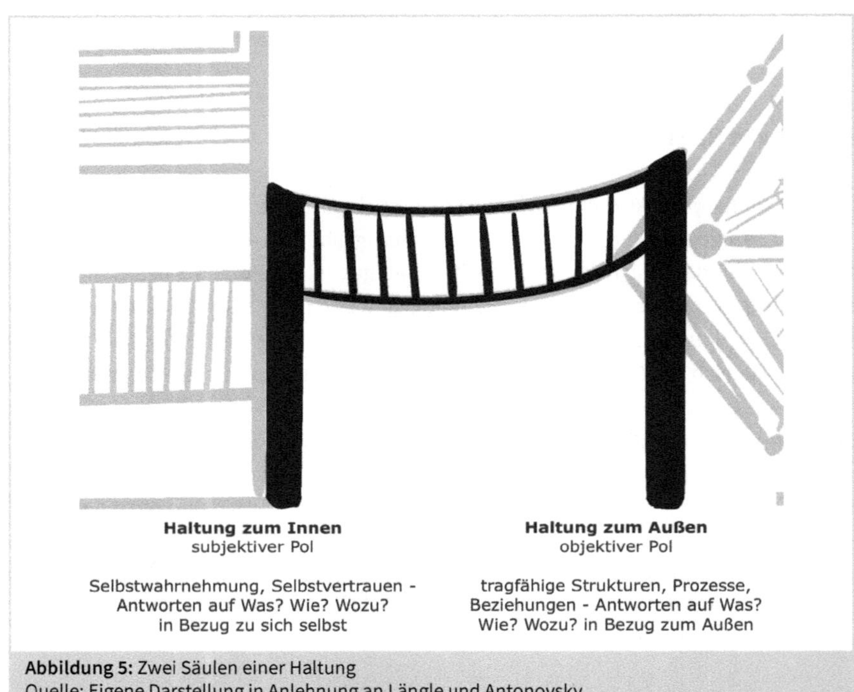

Abbildung 5: Zwei Säulen einer Haltung
Quelle: Eigene Darstellung in Anlehnung an Längle und Antonovsky

Individuelle Haltung reduziert die Unsicherheit

Die erste Säule ist der Halt, den eine Person in sich findet. Nach Alfried Längle ist es der subjektive, innere Pol der Brücke:

> *»... die Kraft von innen, der Mut, den es braucht, die Angstschwelle zu überwinden. Es gibt keine 100%ige Garantie dafür, dass beim Überqueren nichts passieren kann. Darin liegt ein existentielles Gesetz: Es gibt keine Sicherheit im Dasein, es gibt nur Halt, um mit der Unsicherheit leben zu können.«*[11]

So sehr wir es uns auch wünschen: Es gibt keine Sicherheit im Leben. Auch Sicherheit ist nur ein Gefühl. Daher benötigen wir Halt, um mit dieser grundsätzlichen

11 Johner/Bürgi/Längle 2018, S. 81.

Unsicherheit leben zu können. Menschen mit einer guten, starken inneren Haltung können besser mit externen Unsicherheiten umgehen. Das heißt nicht, dass sie nie unsicher sind. Es bedeutet, dass sie schneller in sich wieder einen Halt finden und schneller wieder ein übergeordnetes Gefühl des Vertrauens entwickeln.

Haltung zu anderen Menschen beeinflusst psychologische Sicherheit und Teamerfolg

Die zweite Säule symbolisiert den Halt und das Vertrauen einer Person in das Äußere. Es ist die Haltung gegenüber anderen Menschen und in die Welt, in die neue Organisationswelt, in die Veränderung. Es ist der objektive, äußere Pol:

> *»... die Einschätzung, das Wissen um die Tragfähigkeit und den Halt. Kaum jemand würde eine Brücke überqueren [...], wenn er objektiv nicht zur Einschätzung gelangt wäre, dass das Material trägt [...] Übertragen auf das Unternehmen können wir schlussfolgern: Alles, was Festigkeit, Sicherheit, trittfesten Boden und Berechenbarkeit vermittelt, gibt Halt und trägt.«*[12]

Der zweite Pol lässt sich von außen beeinflussen. Dennoch obliegt es der persönlichen Entscheidung und Einschätzung, ob der Struktur vertraut wird.

Im Arbeitsalltag geben uns Hierarchien und Vereinbarungen zur Zusammenarbeit Halt. Es sind Faktoren, die das Gefühl der Verstehbarkeit erhöhen. Dies schauen wir uns im Kapitel 4.2 vertiefend an. Zugleich ist der Arbeitsalltag der meisten Menschen durch viele Besprechungen und Gespräche geprägt. Kommunikation ist per se ein Faktor, der den Alltag berechenbar macht – oder nicht. Mit wem und wie kommuniziert wird und mit welcher Haltung kommuniziert wird, beeinflusst somit sehr stark, wie sicher sich die Menschen fühlen. »Fühle ich mich sicher in dieser Beziehung?« ist die Kernfrage, die wir uns in Beziehungen zum Außen stellen. Fühlt sich ein Mensch sicher genug im Kontakt zu einem anderen Menschen, wird in die Beziehung gehen.

Diese sogenannte psychologische Sicherheit ist *der* Erfolgsfaktor für Teams, zeigt auch das Ergebnis einer umfangreichen Studie beim Unternehmen Google.

12 Johner/Bürgi/Längle 2018, S. 81.

»Als wichtigsten Faktor überhaupt hat Google die psychologische Sicherheit identifiziert. Mitarbeiter müssen sich sicher fühlen, bestimmte Risiken eingehen zu können – und zwar ohne negative Konsequenzen fürchten zu müssen. Das beinhaltet auch die Möglichkeit, neue Ideen zu besprechen. Fürchten Mitarbeiter sich davor, Fragen zu stellen, weil sie von Kollegen als inkompetent betrachtet werden könnten, wird das Team keine neuen Impulse mehr identifizieren und an ihnen arbeiten können, so Google. Auch müssen sich Menschen sicher fühlen, eigene Fehler zugeben zu können. Team-Mitglieder, die für eine Fehlentscheidung geächtet werden, versuchen in der Folge entweder, keine Entscheidungen mehr zu treffen oder Fehler zu vertuschen.«[13]

Daneben sind die Erfolgsfaktoren »Zuverlässigkeit«, »Struktur und Klarheit«, »Auswirkung« und »Bedeutung der Arbeit« genannt – die Prinzipien »Kopf« und »Herz« spiegeln sich darin wider. Wie Sie dies konkret in Ihrem Arbeitsalltag ausdrücken können, erfahren Sie später ausführlich.

2.3.3 Grundstruktur einer individuellen Haltung

Die zwei Säulen stabilisieren das übergeordnete Gefühl des Vertrauens. Sie verbinden die Person mit dem Boden. Das ist es auch, was mehr benötigt wird: mehr Bodenhaftung, mehr Menschenverstand in der Gestaltung von Beziehungen und Veränderungsprozessen. Die Botschaften auf den Präsentationsfolien sind oftmals zu weit weg vom Tagesgeschäft und von den Menschen.

Woraus sind diese Säulen wiederum gebaut? Einerseits sind es die drei bereits bekannten Prinzipien »Herz«, »Kopf« und »Hand«. Darüber hinaus gibt es noch drei weitere Merkmale einer guten Haltung. Diese lernte ich abseits von Fachbüchern und Weiterbildungen kennen – nämlich im Kontext meines Hobbys Laufen. Ich besuchte Ende 2018 ein Seminar, um meine Lauftechnik und meinen Laufstil zu verbessern. Dieses Seminar öffnete mir die Augen. Ich erhielt das Feedback, dass mein Laufstil unökonomisch ist. Anscheinend lief ich sitzend, eher nach hinten gewandt und machte viel zu große Schritte. Stattdessen ist es ökonomischer, wenn ich mich beim Laufen mit einer aufrechten Haltung, nach vorne gewandt sowie kleinen Schritten

13 Aus »Erfolgreiche Teamarbeit: Die 5 wichtigsten Voraussetzungen – laut Google«, https://t3n.de/news/teamarbeit-wichtige-faktoren-laut-google-1176218/, abgerufen am 3. Juni 2021.

durch die Landschaft bewege. Tatsächlich – das lief besser und einfacher! Es ist viel kräfteschonender, mit dieser neuen körperlichen Haltung zu laufen.

Schon kurz danach wurde mir klar, dass diese drei Elemente einer guten Laufhaltung auch für den Arbeitsalltag relevant und übertragbar sind. Denn eines ist klar: Der Führungsalltag kostet Kraft. Eine Führungskraft braucht Kraft zum Führen und zum *Halten, Aushalten* der verschiedensten Dynamiken im Team und in der Organisation. Eine gute Haltung spart Energie, denn mit einer guten Haltung komme ich bildlich gesprochen in jedem Gelände und bei jedem Wetter zurecht. Ohne eine gute Haltung benötige ich mehr Kraft, weil ich in vielen Situationen neu überlege, wie ich an diese herangehe.

Beim Laufseminar lernte ich, dass ich aufrecht, dem Herzen nach vorne gewandt sowie mit kleinsten Schritten viel ökonomischer unterwegs bin. Diese drei Merkmale einer guten Haltung sind auch für den Joballtag für die individuelle, psychische Haltung relevant. Sie bedeuten:

1. *Aufrecht und aufrichtig*: Die Person agiert selbst- und mitverantwortlich.
2. *Das Herz nach vorne*: Die Person ist herzlich und menschlich in der Begegnung. Sie agiert konstruktiv und lösungsorientiert in die nahe Zukunft gerichtet.
3. *Kleinste Schritte*: Das Verhalten ist konsistent, insbesondere in Kleinigkeiten.

Die drei Faktoren einer guten Haltung für den Führungsalltag und die Zusammenarbeit sind somit

1. Selbst- und mitverantwortlich sein
2. Menschlich sein
3. Kleinste Schritte

Diese drei Faktoren einer guten Haltung sind die Basics. Sie sind die universellen Werkzeuge, um in jeder Situation und in jeder Herausforderung sicher zu agieren. Mit ihnen werden Sie unabhängiger von konkreten Werkzeugen und Methoden. Sie können damit leichter loslassen und sich wirklich auf die Situation und die Bedürfnisse anderer einlassen. Diese Prinzipien geben der Brücke eine gute Stabilität und Bodenhaftung.

Diese drei Faktoren stellen den »Kitt«, den Zement, die Verbindung zwischen Herz, Kopf und Hand sowie den Alltagssituationen dar. Sie unterstützen die Statik. Sie sollen eine Orientierung für die eigene Haltung sein und uns zeigen, *wie* wir eine Haltung im Alltag wirklich merken und ausdrücken. Was meinen sie im Detail?

2.3.4 Haltungsfaktor: Selbst- und mitverantwortlich sein

Der erste Faktor meint, innerlich aufrichtig zu sein. Das bedeutet, sich immer wieder bewusst zu machen, dass wir in jeder Situation selbst- und mitverantwortlich agieren können.

Im Klettergerüst, in der neuen Arbeitswelt können wir uns nicht hinsetzen und abwarten. Wir brauchen eine andere Spannung in uns und im übertragenen Sinne andere Muskelgruppen. Statt abzuwarten, was auf dem eigenen Schreibtisch landet und was für Aufgaben anstehen, ist es wichtiger, sich für sich und seinen Aufgabenbereich verantwortlich zu fühlen. *Selbst-ver-antworten,* statt auf Antworten von außen zu warten.

Eine selbstverantwortliche Person wartet nicht auf Antworten und Vorgaben oder sitzt eine Situation aus. Vielmehr ist sie innerlich aktiviert und schaut, was sie tun kann. Aus sich heraus. Sie übernimmt Verantwortung für sich, ihre Aufgaben, ihre Fehler und für ein Thema – statt die Verantwortung nach außen abzugeben.

Sie bezieht Position, statt sich herauszuhalten. Die Einstellungen »das hat mir keiner gesagt« oder »ich weiß nicht, was meine Ziele und der wirkliche Arbeitsauftrag sind« gelten immer weniger. In diesen Situationen meint ein selbstverantwortliches Agieren, den Auftrag und die Ziele aus sich heraus zu formulieren und dann abzustimmen. Es bedeutet, aktiv Informationen einzufordern oder den Arbeitsauftrag eigenständig zu formulieren und abzustimmen. Auch wenn zu viele Aufgaben und vermeintliche Prioritäten auf dem Tisch sind, ist es leicht, sich als Opfer zu fühlen. Typisch ist der Gedanke »Ich habe keine Prioritäten, die werden mir nicht vorgegeben.« Besser und zeitgemäßer ist es, einen Vorschlag für die Prioritäten zu erarbeiten und diesen dann mit der eigenen Führungskraft abzustimmen und auch zu begründen.

Mitverantwortlich agieren bedeutet, sich für Beziehungen, Entscheidungen, Prozesse, Erfolge und Fehler mitverantwortlich zu fühlen. Es meint, sich auch in schwierigen Situationen zu fragen, was der eigene Anteil ist. Insbesondere wenn etwas nicht rund läuft, ist es einfacher, die Schuld bei anderen zu sehen.

Es bedeutet, dass der Einzelne sich des eigenen Verantwortungsbereichs bewusst ist und ihn ausfüllt. Dazu passen wiederum die Kernfragen aus den Prinzipien »Herz«,

»Kopf« und »Hand«. Diese für sich aktiv zu beantworten, erhöhen den ersten Faktor einer guten Haltung:

- *Was* mache ich?
- *Wozu* mache ich das?
- *Wie* mache ich es?

So werden Sie sich Ihrer Rolle und Ihrer Stärken bewusster und verstehen sich besser. Das heißt nicht, dass Sie Ihre Antworten alleine finden sollen. Sie können diese auch im Austausch mit anderen erarbeiten oder sogar gemeinschaftlich im Team. Das hätte den Vorteil, dass Sie eine hohe Transparenz über die verschiedenen Ziele und auch die persönlichen Stärken schaffen. Diese werden durch die Antworten auf das *wie* sichtbar.

Denn es hilft keinem, wenn wir unreflektiert weiter unseren Job machen. Es ist allen mehr geholfen, wenn jeder seine Stärken und Potenziale einbringt – auch das meint Mitverantwortung. Das sind wir uns selbst und anderen schuldig. So können wir uns im Klettergerüst, in einer agileren Welt, viel besser einbringen und individuelle Potenziale gemeinsam nutzen.

Wir erkennen eine Haltung ebenfalls daran, *was* wir tun. Es ist das, was uns wichtig ist oder auch was getan werden muss. Dahinter steckt die Frage, was wir als Selbst- und Mitverantwortung in der Führungsrolle oder in der Zusammenarbeit sehen. Des Weiteren ist die Haltung ersichtlich, *wie* wir unsere Aufgaben erledigen. Sind wir begeistert, freudig, ängstlich oder haben wir bei einigen Dingen einen Widerwillen?

Und letztlich bemerken wir eine Haltung daran, *wozu* wir eine Aufgabe oder auch unsere Rolle ausüben. Welche Intention steckt dahinter? Die Antwort auf diese Frage zu finden, benötigt ein Innehalten. Diese Zeit lohnt sich. Denn danach wird das *Was* und das *Wie* klarer und leichter. Die eigene Intention wird dann zur Kraft- und Inspirationsquelle für den Führungsalltag.

Diese innere Haltung, die tiefer liegende Intention des Handelns, ist ein blinder Fleck der Führung[14]. Es ist das, was wenigen Führungskräften bewusst ist. Die persönliche Intention und das reflektierte, selbstverantwortliche Finden der Antworten auf die

14 Scharmer 2019, S. 23.

Kernfragen haben einen elementaren Einfluss darauf, wie wirksam eine Führungskraft ist.

> *»Der blinde Fleck bezieht sich auf den inneren Ort – die Quelle –, aus der unser Wirken hervorgeht, wenn wir handeln, kommunizieren, wahrnehmen oder denken. … In unserem alltäglichen Handeln wissen wir meistens sehr wohl,* was *wir tun und* wie *wir es tun – d. h. wir kennen den Prozess. Stellt man uns aber die Frage* woher *{das* Wozu *– Anmerkung der Autorin} unser Handeln kommt, könnten die meisten von uns keine klare Antwort darauf geben.«*[15]

Inneren Halt finden Sie nicht im Außen durch neue Werkzeuge. Inneren Halt können Sie nur in sich finden. Inneren Halt finden wir nicht in einem neuen Tun, sondern vielmehr in einem anderen Sein.

Ich erfahre dies persönlich in meiner Funktion als Coach und Moderatorin immer wieder. Mit welcher inneren Haltung, mit welcher Qualität der Aufmerksamkeit gehe ich in einen Prozess hinein? Sie bestimmt, wie ich mit den Personen interagiere und kommuniziere. Letztlich entscheidet sich aus der Haltung heraus auch die Struktur eines Prozesses oder Workshops. Vor ein paar Jahren fokussierte ich mich stark auf einen Prozess und das Ziel. Die innere Aufmerksamkeit und Haltung waren sehr eng, *ich* möchte etwas erreichen – und sei es, dass es ein gutes Feedback am Schluss ist. Diese starre innerliche Fokussierung beinträchtige und verhinderte zum Teil einen guten Dialog. Nach vielem Innehalten ist nun die innere Aufmerksamkeit und meine Quelle und Haltung des Handelns deutlich weniger egoistisch. Die Teilnehmenden und ihre Anliegen stehen im Mittelpunkt. Danach richte ich die Methodiken und den Prozess aus, bin im Prozess sehr offen für das, was passiert.

Die innere Haltung zu einem selbst, die innerste Dimension im 4-Ebenen-Modell, beeinflusst sichtbar und erlebbar alle drei anderen Ebenen. Dies wird noch deutlicher in Bezug zur zweiten Säule – der Haltung zum Außen, zum Anderen und ganz konkret zu Veränderungen im Arbeitsbereich. Auch hier leiten sich die Kernfragen aus den drei Prinzipien ab:

- *Was* sind die Ziele der Veränderung?
- *Wozu* soll die Veränderung erfolgen? Was ist Intention der Veränderung?
- *Wie* wollen wir es/möchte ich es gestalten?

15 Scharmer 2019, S. 23 f.

Je klarer Sie sich über Ihre Antworten sind, umso stabiler und besser wird Ihre Haltung zur Veränderung sein. Umso besser werden Sie Fragen, Unsicherheiten und Widerstände aushalten. Im Kapitel 2.4 zum Thema Führung nehmen wir diese Fragen weiter unter die Lupe.

2.3.5 Haltungsfaktor: Menschlich sein

Der zweite Punkt einer guten Haltung vertieft und kombiniert hingegen »Führen mit Herz«. Dieser zweite Aspekt ist meines Erachtens der wichtigste. Er ergänzt den Faktor der inneren Aufrichtigkeit perfekt. Einfach zusammengefasst bezieht sich der läuferische Tipp »mit dem Herzen nach vorne« darauf, sich mehr als Mensch zu zeigen, herzlich und menschlich in den Beziehungen zu sein.

Die Maske abnehmen und echt sein

Es bedeutet, sich selbst und andere als Menschen mit Stärken, Schwächen und Fehlern anzuerkennen. Das Gegenteil davon wäre, sich als unfehlbare Maschine zu begreifen und andere Menschen als Objekte und Erfüllungsgehilfen zu sehen. Was viel häufiger vorkommt, ist das Phänomen, dass Menschen sich eine Fassade oder auch eine Maske aufsetzen, hinter der sie sich verstecken. Eine Maske kann auch dazu dienen, sich Rollenbildern anzupassen. Wie verhält sich eine Führungskraft, was muss sie anziehen, wie artikuliert sie sich, was sagt sie und was nicht, was liest sie und so weiter und so fort. Dies sind vielleicht Muster aus einer tradierten Arbeitswelt oder auch aus Glaubenssätzen, die wir von engen Bezugspersonen oder Vorbildern übernehmen. Dies muss nicht schlecht sein. Doch manchmal ist die Maske zu dick und die eigene Persönlichkeit ist für sich selbst und andere Menschen nicht mehr ersichtlich. Dann wird es anstrengend, die Maske aufrechtzuerhalten. Anderen fällt es dann zugleich schwerer, den Menschen einzuschätzen und zu verstehen, wie er oder sie tickt. Die persönliche Note und Haltung wird nicht sichtbar. Stattdessen hört das Umfeld Phrasen, Ausreden und uneindeutige Stellungnahmen. Oder es entsteht dieses Instagram-Gefühl: Alles ist toll bei dem Menschen, es gibt nur Positives und keine Unsicherheiten, Ängste, Zweifel.

Menschlich zu sein heißt nicht, alles weichzuspülen. Es bedeutet, verletzlich und fehlbar zu sein. Ecken und Kanten zu haben. Und vor allen Dingen heißt es auch, Gefühle zu haben und diese auch gelegentlich zu zeigen. Die heutige Wirtschaftswelt ist immer noch viel zu verkopft und zu sachlich. Allzu häufig wird über Emotionen nicht gesprochen. Es herrscht die Meinung, dass diese nicht an den Schreibtisch gehören. Dahinter steckt sehr wahrscheinlich die Angst, mit Emotionen nicht umgehen, sie nicht kontrollieren zu können.

Abbildung 6: Verhalten mit Maske oder mit Menschlichkeit
Quelle: Eigene Darstellung

In Organisationen kommt erst so richtig Schwung in die Zusammenarbeit und in Veränderungen, wenn die Maske ab und zu zur Seite gelegt wird – vor allem von der Führungskraft. Auch sie ist ein Mensch mit Gefühlen wie Angst, Wut, Freude, Stolz und Neid. Zeigt sie diese, macht sie das nahbarer, berechenbarer, menschlicher. Wenn Mitarbeitende sich in Meetings trauen und mutig sagen, wie es ihnen geht und was sie stört, bewegt das sehr viel mehr, als wenn es hinter der Maske nur gedacht und gefühlt wird.

Ich erinnere mich in diesem Kontext an einen Teamworkshop vor einigen Jahren. Die Teamleitung ist erst ein paar Monate in der Funktion. Die Stimmung ist angespannt. Die Mitarbeitenden arbeiten eher gegeneinander. Sowohl das Team als auch die Teamleitung fühlen sich missverstanden. Im Workshop spüre ich regelrecht die Anspannung bei der Führungskraft nach der ersten Retrospektive der Zusammenarbeit. In der Pause ermutige ich sie, die Maske fallen zu lassen und ihre Gefühle zu zeigen. Die Mitarbeitenden hören, wie es ihrem Vorgesetzten wirklich geht, wofür er sich einsetzt, welche Spannungen er intern abpuffert. Sie hören auch, wie erschöpft er ist, wo seine Grenze ist und was er sich wirklich in der Zusammenarbeit wünscht. Es herrschen einige Momente Stille. Das Team ist betroffen und berührt. Ihnen war nicht bewusst, wie es ihm geht. Gleichzeitig erleben sie, wie ihr Verhalten, das ständige Gemecker und der tägliche Widerstand, sich auswirkt. Das erste Mal werden sie damit konfrontiert. Diese ehrliche Auseinandersetzung ist nicht nur ein Wendepunkt an diesem Tag, sondern auch in der zukünftigen Zusammenarbeit. Noch heute treffe ich Teammitglieder immer wieder zufällig. Sie berichten freudestrahlend, dass die gelöste, ehrliche Stimmung weiterhin anhält.

Nehmen Menschen ihre Maske ab, werden sie automatisch echter und authentischer. Carl Rogers, ein sehr renommierter Gesprächspsychotherapeut, benennt dies als einen wesentlichen Erfolgsfaktor. Natürlich sind Sie als Führungskraft kein Therapeut und führen keine therapeutischen Gespräche. Doch Sie nehmen tagtäglich an vielen Gesprächen teil und möchten diese erfolgreich gestalten. Gespräche und Begegnungen werden besser, wenn es menschelt. Wenn Sie sich trauen, sich zu zeigen.

> *»Eine Therapie ist mit größter Wahrscheinlichkeit dann erfolgreich, wenn der Therapeut in der Beziehung zu seinem Klienten er selbst ist, ohne sich hinter einer Fassade oder Maske zu verbergen. … bedeutet, daß der Therapeut seiner selbst gewahr ist, daß ihm seine Gefühle und Erfahrungen nicht nur zugänglich*

> *sind, sondern daß er sie auch durch sein Erleben in die Beziehung ... einbringen kann. Es bedeutet, daß es sich um eine direkte, personale Begegnung ... handelt, eine Begegnung von Person zu Person.«*[16]

Menschlich sein meint, sich seiner Gedanken und vor allen Dingen der eigenen Gefühle bewusst sein und diese als solche benennen zu können. Je besser Sie in Kontakt mit Ihrer eigenen Innenwelt sind, umso eher werden Sie sich verstehen und auch ausdrücken können. Des Weiteren erhöhen Sie dadurch auch Ihr Einfühlungsvermögen in andere Menschen.

Wohlwollend sein und sich verbinden wollen

Menschlich sein bedeutet ebenfalls, mehr aus dem Herzen heraus zu agieren – statt nur aus dem Kopf. Es meint, sich auf einer emotionalen Ebene mit der Aufgabe und den Menschen zu verbinden. Zahlen und Sachlichkeit verbinden nur bedingt. Gemeinsamkeiten verbinden. Und unsere wichtigste Gemeinsamkeit: Wir sind alle Menschen mit den gleichen Bedürfnissen. Wir möchten alle verstehen, was passiert. Wir möchten alle unsere Herausforderungen möglichst gut bewältigen und wir möchten, dass wir gesehen und anerkannt werden. Wir möchten fühlen, dass wir eine Bedeutung für andere Menschen haben. Wir möchten alle geliebt werden.

Marie-Luise Wolff, die Vorstandsvorsitzende des Ökostrom-Anbieters Entaga, fasst das Menschlichsein in andere Worte zusammen:

> *»Man muss so eine Beziehungsorientiertheit haben, dass man seine Leute in einer besonderen Form liebt. ... eine Art von Interesse an Menschen kultivieren. Interesse herauszufinden, wie jemand tickt, ..., wo er Stärken hat ... Wenn ich führe, indem ich immer nur im Büro sitze und Zettel schreibe, werde ich das nie herausfinden.«*[17]

Ein Interesse am Menschen zu haben, meint auch, grundsätzlich wohlwollend zu sein, die Potenziale des anderen Menschen sehen und fördern zu wollen – statt den Menschen verletzen zu wollen. Daher kann und darf menschlich sein und aus dem

16 Rogers 2012, S. 30 f.

17 Marie-Luise Wolff über Leadership, »Macht ist eine Frage der Beziehung«, https://taz.de/Marie-Luise-Wolff-ueber-Leadership/!171706/, abgerufen am 3. Juni 2021.

Herzen heraus wohlwollend zu agieren nicht instrumentalisiert werden. Dann wird es nicht wirken, sondern ist wiederum eine Fassade. Der Unterschied ist spürbar. Plastik-Menschlichkeit hilft nicht. Menschen sehnen sich nach wirklichen Begegnungen aus dem Herzen, von Mensch zu Mensch. Egal, welche Funktion und Rolle wir im Job haben. Das können kleine Begegnungen sein. Ein ehrlich ausgesprochenes Danke, ein Zuhören, eine positive Rückmeldung oder auch nur ein nettes Wort.

Wie wir gesehen haben, kommen wir in der heutigen und zukünftigen Arbeitswelt nicht am Menschen und an der menschlichen Psyche vorbei. Dies sollte uns alle ermutigen, uns menschlicher zeigen! Sieht man einen Menschen ohne Maske, ist es leichter, eine Verbindung bzw. Vertrauen aufzubauen als ohne. Und das ist es, was wir zukünftig mehr und schneller benötigen.

Das heißt für Sie im Führungskontext: Zeigen Sie sich menschlich, zumindest menschlicher. Kommunizieren Sie ehrlich und offen, wie es Ihnen geht, was Sie beschäftigt, was Sie in der Zusammenarbeit puzzelt. Als Führungskraft sind Sie zuerst gefordert, sich zuerst unmaskiert zu zeigen, bevor andere Ihnen folgen. Wie fragte mich eine Kundin sehr treffend: »Muss ich so wie ein vermeintlich typischer Manager sein, wie es viele Magazine vermitteln? So glatt, unnahbar und kontrollierend? Das bin ich doch gar nicht.« Meine Antwort an die Kundin und auch an Sie: Finden Sie Ihren ganz persönlichen Stil, der zu Ihnen passt ohne sich zu viel anzupassen.

2.3.6 Haltungsfaktor: Kleinste Schritte

Der dritte Faktor einer guten Haltung ist leicht nachvollziehbar. Er schließt die Lücke zwischen den bisher skizzierten Faktoren und der tatsächlichen Umsetzung im Alltag. Wie viele Begegnungen, Interaktionen haben Sie als Führungskraft in einer Woche, an einem Tag? Und wie viele größere Workshops führen Sie durch? Vermutlich sind der Großteil Alltagsinteraktionen.

Eine gute Haltung zeichnet sich nicht nur an wichtigen Tagen, bei großen Taten und Highlights aus. Vielmehr ist eine vertrauensvolle Zusammenarbeit das Ergebnis vieler kleiner Interaktionen. Es heißt, Tag für Tag dranzubleiben und die kleinen Dinge immer wieder zu tun. Kontinuität und Regelmäßigkeit sind viel wichtiger als die einmalig gute Show im Quartal.

Die Highlights und größeren Meilensteine werden meistens besser gelingen, wenn die vielen kleinen Schritte im Vorfeld ebenfalls zielführend waren. Erfolg ist dann kein Glück, sondern das Ergebnis eines kontinuierlichen Könnens. »Glück muss man können.«[18] ist dazu ein passender Spruch.

Darüber hinaus meint »kleine Schritte«, sich zu trauen, einfach anzufangen und loszulegen. Sich nach und nach Ziele zu setzen. Schritt für Schritt. Wir können in jedem Moment aufrecht und mit dem Herzen dabei sein. Zugleich meint »kleinste Schritte«, dass es kleinste Veränderung in der eigenen Haltung sind, die in einer Zusammenarbeit einen großen Unterschied machen. Gehe ich offen in ein Gespräch oder voreingenommen und spreche meinen Mitarbeitenden von Anfang an Kompetenz ab oder an?

Wir erkennen eine starke Einstellung an einem konsistenten Verhalten, insbesondere bei Kleinigkeiten, zum Beispiel in Meetings. Es sind die kleinen Gesten einer Zusammenarbeit, an denen die Haltung spürbar ist. Zum Beispiel: Jeder übernimmt Verantwortung, ist pünktlich, weil die gegenseitige Zeit respektiert wird, die Gesprächspartner lassen sich ausreden und sind konzentriert. Unterschiedliche Standpunkte können dargestellt werden, Enttäuschungen, Wut oder auch Freude werden ausgedrückt.

Große Ergebnisse, auch die große Brücke des Vertrauens, sind das Resultat vieler kleiner Überbrückungen. Im Alltag besteht unser Leben, unser Berufsleben aus Beziehungen. Wir reden über Verbindungen zwischen Menschen. Bis diese stark und belastbar sind, braucht es viele Begegnungen. Jeder Kontakt ist ein symbolischer Baustein für eine Beziehungsbrücke.

!

Eine gute Haltung einnehmen

Die drei Faktoren einer guten Haltung unterstützen uns, jeden Tag unser Bestes zu geben, mit einem Motivationstief, Energiemangel oder auch wenn wir uns im Opfer- und Jammertal abgelegt haben. Die folgenden drei kleinen Fragen unterstützen uns, immer wieder eine gute Haltung einzunehmen:

1. Was kann ich jetzt selbstverantwortlich aus eigener Kraft tun, damit ich mich besser fühle?

18 »Glück muss man können« ist der Titel eines gleichnamigen Buches von Peter T. Schulz.

2. Wie kann ich mit mir und anderen gerade menschlicher agieren und meine Maske ein wenig absetzen?
3. Was ist der erste kleinste Schritt in diese Richtung?

Zusammen mit einer tatsächlichen körperlichen Aufrichtung machen Sie dann genau diesen kleinsten Schritt.

Eine aufrechte, offene und zugewandte Haltung wird immer wichtiger, da die Zusammenarbeit immer vernetzter wird. Teams und Abteilungen sind immer fluider und weniger statisch. Das bedeutet, dass es ein Erfolgsfaktor für Teams und die Zusammenarbeit sein wird, dass sich die Menschen schnell aufeinander einstellen und gute Beziehungen zueinander aufbauen. Das gelingt besser mit den dargestellten Faktoren, wohingegen eine aufgesetzte Maske die Sicht im Klettergerüst eher hemmt und zum Stolpern führt. Ein weiterer Erfolgsfaktor für eine konstruktive Zusammenarbeit ist ein offener sowie wirksamer Umgang mit Fehlern und Feedback, um möglichst gut und schnell aus diesen zu lernen. Neue und bunt anmutenden Methoden wie ein Kanban-Board oder ein morgendliches Daily sehen im ersten Moment einfach aus. Doch sie fordern von den Beteiligten Offenheit und das Abnehmen der Maske – zum Beispiel, wenn es darum geht, um Hilfe zu fragen oder ehrlich zu sagen, dass gerade zu wenig zu tun ist.

Als Führungskraft nehmen Sie dabei eine Schlüsselfunktion ein, wie wir im nächsten Kapitel sehen werden. Schon jetzt halten wir fest: Je mehr ein Mensch in sich gefestigt ist und eine gute Haltung hat, umso besser wird er mit schwierigen Situationen umgehen, sei es durch unbequemes Feedback oder das Ansprechen von Konflikten. Es ist ausschlaggebend, ob wir diesen Situationen in uns gefestigt oder haltlos begegnen. Ein eher haltloser Mensch wird aus Angst und Unsicherheit Konflikte und Feedback vermeiden. Fatal, wenn wir das Business voranbringen möchten.

Auf einen Blick

- Haltung gibt Halt.
- Es gibt zwei Säulen der Haltung: zu sich selbst und zum Äußeren.
- Eine Haltung ist nicht einfach da. Eine Haltung kommt von innehalten.
- Eine Person mit Haltung sagt »Halt!« und kann schwierige Situationen »aus-halten«.
- In der Arbeitswelt gibt es einen Trend von einer angepassten Haltung hin zu einem Bedarf an einer aufrechten und menschlichen Haltung.
- Die drei Faktoren einer guten Haltung sind: Selbst- und Mitverantwortung, Menschlichkeit sowie das Prinzip der kleinsten Schritte.

Reflexionsfragen

- Welche Personen in Ihrem Umfeld verbinden Sie mit einer guten Haltung – und wieso?
- Wann sind Sie in einer guten Haltung bzw. in welchen Situationen, mit welchen Menschen fällt es Ihnen leicht, eine aufrechte, menschliche Haltung einzunehmen?
- Gegenüber welchen Menschen fällt es Ihnen leicht, Ihre »Maske« abzunehmen und welche Erfahrung sammeln Sie dabei?
- Beobachten Sie Ihre körperliche Haltung und wie Sie sich auf die innere, psychische Haltung auswirkt!
- Stellen Sie sich immer wieder die Frage nach mehr Selbstverantwortung, auch in unangenehmen und herausfordernden Situationen: Was kann *ich* jetzt tun?

Digitale Extras

- Video-Interview Anke von Platen zum Thema Haltung https://www.youtube.com/watch?v=NktqZfZeYfE&t=17s

2.4 Führung mit Haltung: Menschlich und standhaft sein

Bringen wir nun die drei ersten kleinen Kapitel zusammen und übertragen die Aussagen auf das Thema Führung. Die Kernaussagen bis hierhin sind:

1. Die Arbeitsbedingungen ändern sich. Die Arbeitswelt bewegt sich immer mehr zu einer vernetzten, offenen und dynamischen Welt. Die klassischen Strukturen im Außen nehmen ab. Statt Prozessen und Strukturen stehen Menschen im Mittelpunkt – die Beziehungen werden immer wichtiger für die Statik einer Organisation.
2. Egal wo Ihre aktuelle Organisation steht und wo Sie stehen – es braucht mehr Verbindungen, es braucht mehr Brücken – Brücken und Verbindungen zwischen den Menschen, dem System und dem Mitarbeitenden sowie Brücken zwischen dem Jetzt und der Zukunft. Die Brücke symbolisiert Vertrauen über den Fluss der Unsicherheit. Vertrauen setzt sich aus den drei Grundbestandteilen Verstehbarkeit, Machbarkeit sowie Bedeutung zusammen. Verbindung ist das übergeordnete Bedürfnis von Menschen.
3. Da die Strukturen und der Halt im Außen abnehmen, benötigen die Menschen mehr Halt in sich. Die Brücke des Vertrauens stabilisiert sich durch zwei Säulen, die für Haltung stehen. Eine stabile, gute Haltung speist sich aus den Faktoren Selbst- und Mitverantwortung, Menschlichkeit sowie dem Prinzip der kleinsten Schritte.

Was bedeuten diese Feststellungen und Entwicklungen für Führung? Welche Rolle hat Führung im Übersichtsbild? Dieses Kapitel gibt dazu einige Antworten. Lassen Sie sich Zeit für die nächsten Seiten und die Reflexionsfragen. Dieses Innehalten wird sich lohnen.

Führung ist oftmals unsicher und zu fachlich

Wenn ich mit Führungskräften arbeite, beobachte ich bei aller Neugier auf das Neue auch immer Unsicherheit. Viele fragen sich: Werde ich als Führungskraft in Zukunft noch gebraucht? Was sind meine Aufgaben und Rollen? Ist die Führungskraft nun Coach? Wie soll ich führen, wenn alles so unsicher ist und ich keine Antworten weiß?

Gleichzeitig drehen sich viele Anfragen und Aufträge in meiner Arbeit um diese Herausforderung: Die Rolle der Führungskraft ändert sich, die Führungskräfte benötigen eine neue Haltung, einen Impuls. Was bedeutet das und können Sie dazu als Expertin konkrete Werkzeuge liefern?

Auf dem Papier und auch im Transformationsmodell sehen die Veränderungen für die Führung recht einfach aus, zum Beispiel:

- Die Teamleitenden sollen sich weniger um fachliche Details kümmern, sondern die Mitarbeitenden mehr inspirieren und entwickeln.
- Die Führungskräfte sollen interdisziplinärer und proaktiver agieren, selbstverantwortlicher sowie übergreifender denken, statt sich in Silos abzuschotten.

Würde ich die in diesem Buch beschriebene Entwicklung, dass es vermutlich immer weniger Führung geben wird, als Führungskraft wahrnehmen … wäre ich ängstlich und unsicher. Ich stände selbst am Anfang der Brücke und hätte Bedenken, vielleicht in ein paar Jahren nicht mehr in der Führungsrolle zu sein, überflüssig zu sein. Das ist kein schöner Gedanke. Und zusammengefasst hieße das: Es sind nicht nur die Mitarbeitenden ob der Zukunft verunsichert, sondern auch die Führenden. Das ist kontraproduktiv – und gleichzeitig so nachvollziehbar. Ganz klar, dass einige Führungskräfte das Gegenteil tun: nicht über die Brücke gehen, im Holzhaus weiter verweilen, den eigenen Bestand sichern, Abwehrmechanismen etablieren, indem sie sich profilieren, sich wenig reinreden lassen. Den eigenen Job sichern.

Dieses mögliche Verhalten ist sehr gut nachvollziehbar. Wenn jemand seinen Job in Gefahr sieht, tut er alles, um sich abzusichern. Woher kommen die Angst und diese zum Teil massive Unsicherheit? Ich erkläre es mir folgendermaßen: Es wird zu wenig miteinander über das Miteinander gesprochen: Wie sieht unser Zukunftsbild wirklich aus? Wie verstehen wir Führung jetzt und in Zukunft? Was braucht die Organisation an Führung und was benötigen die Mitarbeitenden an Führung?

Es wird einfach geführt. Selten gleichen sich Leitende und Mitarbeitende darüber ab, wie sie zusammenarbeiten wollen. Die Menschen inklusive der Chefs bewegen sich zwar mehr auf das Neue zu und haben die Strategie fest im Blick. Doch das Inhaltliche und Prozessuale steht oftmals weiter im Vordergrund der Kommunikation. Also entsteht eine Art Scheinwelt. Das obere Management sagt, es wird alles anders. Doch es gibt wenig bis keinen Austausch darüber, was sie unter Führung und Zusammenarbeit in Zukunft verstehen. Weil – ... die Zeit dazu fehlt. So sind wir weiterhin mit alten Werkzeugen in einer neuen Welt unterwegs – kann das gut gehen? Ja. Muss aber nicht.

Allen düsteren Thesen zur Führung trotze ich. Ich bin der festen Überzeugung, dass wir mehr denn je Führung benötigen. Wir müssen uns die Zeit nehmen, über Führung nachzudenken und uns auszutauschen. Wir müssen uns die Zeit nehmen, eine klare Haltung zum Thema Führung zu bekommen.

Führung neu definieren

Halten wir uns eine klassische und ursprüngliche Definition von Führung vor Augen: Führung ist »durch Interaktion vermittelte Ausrichtung des Handelns von Individuen und Gruppen auf die Verwirklichung vorgegebener Ziele«.[19] Diese Definition erscheint zu abstrakt, technisch und linear. Mir persönlich kommt die menschliche Verbindung zu wenig zum Ausdruck. Daher dient in diesem Buch die folgende Definition als Arbeitsgrundlage.

> *»Führung ist die Fähigkeit, andere in einen Prozess der Zielerreichung mit einzubeziehen.«*[20]

Führung wird demnach als ein Zusammenspiel und ein geteilter Prozess sowie eine Fähigkeit verstanden – und nicht als eine hierarchische Position. Diese Unterschei-

19 https://wirtschaftslexikon.gabler.de/definition/fuehrung-33168, abgerufen am 4. März 2021.

20 Wilmsen/Schaeffer 2020; im Original »Leadership ist the ability to involve others in a process of goal achievement«. Impeccable meint sinngemäß eine zutiefst menschliche Führung.

dung ist wichtig. In der aktuellen und zukünftigen Arbeitswelt wird situative Führung abseits klassischer Führungspositionen wichtiger. Letztlich führt jeder – egal in welcher Position – Beziehungen und Projekte und ist gefordert, andere in seine Zielerreichung mit einzubeziehen.

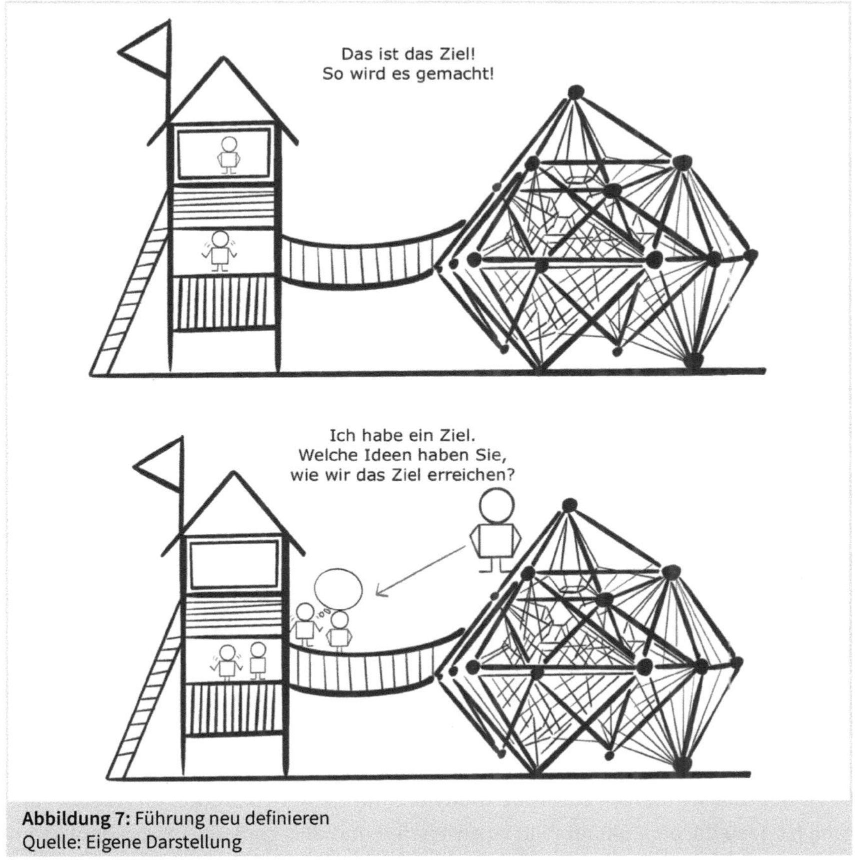

Abbildung 7: Führung neu definieren
Quelle: Eigene Darstellung

Dieses Führungsverständnis übersetzt sich gut in das bildliche Transformationsmodell. Den Mitarbeitenden wird nicht gesagt: »Das ist das Ziel und nun arbeitet die Aufgaben zur Zielerreichung ab«. Dies wäre ein Vorgehen im Holzhaus, in der klassischen Arbeitswelt. Dafür werden die Menschen auf dem Weg zum Ziel in den Prozess mit einbezogen. Dies kann sich unterschiedlich zeigen. In einigen Organisationen arbeiten die Mitarbeitenden zum Beispiel mit an der Strategieentwicklung. Das Zielbild wird gemeinsam statt im Elfenbeinturm entworfen. In anderen Unternehmen werden die Prioritäten auf dem Weg zum Ziel abgestimmt.

Führung ist die Fähigkeit, beziehungsorientiert zusammenzuarbeiten. Es bedeutet, kontinuierlich die Verbindungen im Auge zu haben und die Brücke des Vertrauens zu stabilisieren. Damit ermutigt eine Führungskraft die Menschen, eigenständig über die Brücke zu gehen.

Die Hauptführungsaufgabe ist, Beziehungen menschlich mit Herz, Kopf und Hand zu gestalten. Schauen wir uns dies im Detail an und gehen den Fragen nach: Wozu gibt es Führung? Was ist die Aufgabe von Führung und Wie gestaltet sich Führung?

2.4.1 »Führen mit Herz«: Ein starkes *Wozu* ist die Grundlage

Fangen wir mit der komplexesten Frage an. *Wozu* gibt es Führung? Wozu benötigen Ihre Mitarbeitenden Führung, wozu benötigen Sie Führung? Was würde fehlen, gäbe es keine Geschäftsführung? Eine lohnenswerte Frage.

Führung reduziert die Komplexität. Führung ist dazu da, Zukunftsbilder zu entwerfen und die vielen Themen und übergeordneten Entwicklungen im Blick zu haben. Der Mensch an sich hat ein Bedürfnis nach Führung. Der Mensch ist oftmals ängstlich und unsicher, er sehnt sich nach Orientierung, nach Leitplanken – er sehnt sich nach Führung. Ein Teil der persönlichen Verantwortung und Unsicherheit delegiert man so an die Führungskraft. Das persönliche Risiko wird reduziert. Dahinter steckt das Bedürfnis nach Sicherheit. Wenn jemand sagt, wo es entlanggeht und was zu tun ist, ist die Verantwortung weniger bei einem selbst als bei der Führungskraft.

Das emotionalste und am stärksten motivierende Element bedeutet im Modell: Führung ist dazu da, ein Zukunftsbild zu entwerfen und dies gemeinsam mit dem Team in die Gegenwart zu übersetzen. Also die Frage zu beantworten: Wo gehen, wo entwickeln wir uns hin und wozu? Das Wozu muss die Gründe für diesen Weg aufzeigen. Als Führungskraft sind Sie gefordert, die Zukunft in die Gegenwart zu holen und dabei die Vergangenheit, die Muster des Holzhauses, nach und nach loszulassen.

Führung ist des Weiteren dazu da, die übergeordneten Verbindungen zu schaffen: zwischen dem Unternehmen und der Außenwelt. Der Zweck der Geschäftsführung und der Chefetagen ist, das Unternehmen im Gesamtkontext gesellschaftlicher, wirtschaftlicher und globaler Entwicklungen zu verorten, eine Zukunftsvision in diesem Kontext zu entwickeln und mit den Beteiligten in den Alltag zu übersetzen. Diese Vision ist umso wirksamer, je emotionaler und bedeutsamer sie für die Menschen ist. Zahlen alleine sind keine Vision.

Führungskräfte verbinden die hübschen Folien und die Strategie auf dem Papier mit der Realität im Alltag. Aufgabe und Zweck der Führung ist, sich selbst mit der Strategie zu verbinden, sie zu verinnerlichen und aus einer klaren Haltung heraus die Mitarbeitenden dafür zu gewinnen, sodass diese sich ebenso mit der Vision verbinden.

Das liest sich so logisch und einfach. Persönlich nehme ich eine andere Realität wahr. Am Anfang einer Zusammenarbeit frage ich meist nach den Zukunftsbildern und Strategien für den Bereich und die Organisation. Ich bin immer wieder erstaunt, wie selten diese tatsächlich vorhanden sind. Noch überraschter bin ich, wie selten sie an die Führungsmannschaft und die Mitarbeitenden kommuniziert werden.

Sind Strategien vorhanden, sind diese sehr häufig nur Ziele und Kennzahlen. Im besten Falle gibt es eine Vision wie zum Beispiel »Wir wollen nachhaltig wirtschaften«, doch allzu oft bleibt dies leider unkonkret. Noch dazu fehlt zumeist die Begründung für diesen Weg, ein klares Wozu. Dies ist jedoch wichtig. Ein starkes Wozu ist eine Stütze, ein Back-up für die Aufgaben und das Was von Führung.

Verorten wir das Wozu der Führung noch in unserem Modell sowie im 4-Ebenen-Modell. So ist das Wozu einerseits ein Fixstern, der uns Orientierung gibt. Als Fixstern übersetzt er sich täglich in die Kommunikation. Als Leitungskraft haben Sie im besten Fall den Fixstern im Herzen sowie im Kopf und agieren aus diesem heraus. Es ist also in der individuellen Psyche, der innersten Ebene, verankert. Der übergeordnete Zweck der Organisation funktioniert am besten, wenn er sich mit den individuellen Zielen sowie der individuellen Haltung verbindet.

2.4.2 »Führen mit Kopf«: Die Aufgaben von Führung neu denken

Die Mitarbeitenden bei der Zielerreichung mit einbeziehen, ist die originäre Aufgabe einer Führungskraft. Sie werden dafür bezahlt, dass sich die Mitarbeitenden zusammen mit Ihnen auf die Brücke wagen, sich auf das Neue zubewegen und Sie gemeinsam das Ziel erreichen. Das grundsätzliche *Was* der Führung verändert sich nicht. Egal wo die Organisation und wo Ihr Team steht. Doch auf dem Weg von tradierten Arbeitswelten hin zu offeneren und vernetzten Strukturen entwickeln sich die Teilaufgaben weiter. Der Anteil der fachlichen Aufgaben in der Führungsposition nimmt ab. Die sozialen und übergeordneten Aufgaben und geforderten Fähigkeiten nehmen zu, wie zum Beispiel:

- Einen Gesamtüberblick über die Entwicklung des Teams im Kontext der Gesamtorganisation behalten.
- Sich ein Bild von der entstehenden Zukunft machen und das Team darauf vorbereiten und dazu motivieren.
- Den Gesamtrahmen, die gesamte Einbettung des Teams und der Teamaufgaben sehen und im Auge behalten.
- Darauf einwirken, dass sich das Team in diesem Kontext in die richtige Richtung bewegt – auf die Organisations- und Teamziele zu.
- Ziele für das Team und die einzelnen Mitarbeitenden definieren und übersetzen, sodass die Ziele von den Menschen verstanden und eingeordnet werden können.
- Rahmenbedingungen schaffen und unterstützen, dass das Team an diesen Zielen arbeitet.
- Die Beziehungen im Team im Blick haben und die Beziehungen im Team unterstützen. Schauen, dass das Klettergerüst gut gespannt ist, dass die Beziehungen möglichst stabil sind.
- Die übergeordnete Stabilität in den Beziehungen im Team im Blick haben und diese unterstützen. Unstimmigkeiten spüren, diese ansprechen und sie gemeinsam mit dem Team lösen.
- Brücken und eine vertrauensvolle Zusammenarbeit bauen und so die Arbeitsatmosphäre unterstützen.
- Die Mitarbeitenden dabei unterstützen, über die Unsicherheiten bzw. die Transformationsschwellen auf ihrem persönlichen Weg sowie dem kollektiven Weg zu gehen.

Diese Aufzählung verdeutlicht, dass Führung immer mehr bedeutet, übergeordnete Entwicklungen und Themen zu steuern. Es bedeutet weniger, sich in fachlichen Details gut auszukennen und fachliche Experten zu sein.

Fachliche Themen werden gemeinschaftlicher erarbeitet. Die Hauptführungsaufgabe ist, die menschliche Basis, die Beziehungen im Team, immer wieder zu stabilisieren. Als Führungskraft werden Sie weniger für fachliche Aufgaben und Antworten bezahlt, sondern mehr für die Beziehungsarbeit.

Dieses Was der Führung verändert sich zum Beispiel in Produktionsbetrieben durch eine Änderung der Organisationsstrukturen. In klassischen Produktionsbereichen sind Teams meist fachlich aufgeteilt. Durch die Digitalisierung und höheren Wettbewerb gehen immer mehr Unternehmen davon weg und hin zu einer sogenannten Smart Factory. Hinter diesem Begriff steht die Idee einer intelligenten Fabrik, die sich durch digitale Systeme weitestgehend selbst organisiert. Auf dem Weg dorthin werden Prozesse überprüft und verbessert. Häufig ist ein Schritt, die Produktionsbereiche nicht mehr nach Fachlichkeiten aufzuteilen, sondern nach dem Wertstrom, dem Value Stream. In einem Value Stream sind verschiedenste Fachbereiche vertreten.

Ehemalige Teamleiter für einen bestimmten Produktionsbereich werden somit Value Stream Manager. Diese müssen als Value Stream Manager umdenken, denn die Aufgaben ihrer Führung verändern sich mit der neuen Struktur. Es geht weniger um fachliche Fragestellungen als vielmehr um ein übergreifendes Denken und Ausrichten. Die Mitarbeitenden werden zu Experten für ihr jeweiliges Fachgebiet im Value Stream. Ein Personaldirektor beschreibt es als einen Wandel von einem »fachlichen Werkstattleiter, der den ganzen Tag in seiner Werkstatt sitzt und wenig Kontakt zu den Menschen hat« hin zu einem »Manager, der die Mitarbeiter entwickelt, die Kommunikation zu den Schnittstellen regelt. Statt sich in vielen Details auszukennen und Probleme selbst zu lösen, geht es mehr um die Organisation der Lösung.« Statt in jede Kommunikation eingebunden zu sein, stellt der Manager sicher, dass im Team die richtige Kommunikation, zum Beispiel bei Schichtwechseln, stattfindet. Statt vorgegebene Ziele abzuarbeiten, werden Ziele selbst und zusammen mit dem Team erarbeitet.

Wie kann dies gelingen?

2.4.3 »Führen mit Hand«: Das *Wie* der Führung neu gestalten und Beziehungssicherheit geben

Nun kommen wir der Sache näher, wieso und was genau sich bei Führung verändert. Es ist meines Erachtens hauptsächlich das *Wie* der Führung, welches im Umbruch ist. Hierarchisch oder stark verbunden sowie beziehungsorientiert sind die zwei Pole von Führung im bildlichen Transformationsmodell. Der beziehungsorientierte, sehr menschliche Führungsstil ist stärker an den psychischen Bedürfnissen nach Verstehbarkeit, Machbarkeit und Bedeutung ausgerichtet. Es ist ein Führungsstil, der von innen bzw. aus dem ersten Quadranten führt.

Das neue *Wie* der Führung ist durch eine authentischere sowie natürlichere Macht und weniger durch einen autoritären sowie instrumentellen Stil gekennzeichnet. Die Führung wirkt mehr von innen, aus der psychischen Haltung heraus statt durch Prozesse, Checklisten und Skills. Die neue Führung zeichnet sich durch mehr Menschlichkeit und weniger Mechanik aus.

Die neue Art der Führung wird sich stark im Außen an den Menschen orientieren und zugleich aus der inneren Dimension geschehen. Dies kann im ersten Moment widersprüchlich wirken. Ist es aber nicht. Denn je stärker eine Person in sich gefestigt ist, umso mehr kann sie sich auf eine andere Person komplett einlassen. Je mehr Haltung und Halt eine Führungskraft in sich hat, umso besser wird sie anderen Halt geben können – egal was passiert.

Stellen wir uns dies bildlich vor: Eine Führungskraft, die selbstsicher, aufrecht ein paar Schritte voraus ist … die aufrecht auf der Brücke geht und sich wenig am Geländer festhalten muss, diese Führungskraft hat die Hände mehr für Ihre Mitarbeitenden frei und kann ihnen mehr die Hand reichen und ihnen über die Brücke helfen.

So werden Sie als Führungskraft selbst zum Stabilitäts- und Haltefaktor für die Menschen im Team. Sie geben durch sich selbst, durch Ihre innere Haltung im besten Falle eine Beziehungssicherheit.

Gerade in Veränderungsprozessen benötigen Menschen sehr viel Beziehungssicherheit. Wenn die Umgebungsbedingungen weniger kontrollierbar und vorhersehbar werden, sehnen sich Mitarbeitende nach mehr Sicherheit in den Beziehungen, nach Menschen, die stabil und standfest sind. Mit Standfestigkeit sind Führungskräfte gemeint, »[…], die … Veränderungen erklären, vertreten und ihren Empfindungen, Gefühlen und auch ›kontroversen‹ Ideen standhalten«. Eine Führungskraft mit diesem inneren »Standing« zeichnet sich dadurch aus, dass sie eine authentische, verantwortliche und vertrauenswürdige Persönlichkeit ist.«[21]

21 Hagehülsmann 2014, S. 49.

Standfest werden Sie ganz automatisch, wenn Sie die drei Faktoren einer guten Haltung beherzigen: Selbst- und mitverantwortlich sein, menschlich sein sowie in kleinsten Schritten agieren und vertrauensvoll sein. In den nächsten Kapiteln erarbeiten Sie sich die Grundlage für Ihre innere Haltung als Führungskraft und wie Sie mit anderen zusammenarbeiten möchten.

2.4.4 Haltung zu sich selbst stärken

Innere Stabilität erreichen Sie, indem Sie sich klarer werden, was Sie als Führungskraft motiviert. Je mehr Sie Ihre innere Haltung und Intention spüren, umso weniger werden Sie Tools und Techniken benötigen. Sie werden verstehen, wieso Führung mehr mit dem Führungskraft-Sein zu tun hat als mit dem Tun als Führungskraft.

Was genau die jeweilige innere Haltung ist und wie genau sich Ihre innere Haltung auszeichnet, steht in keinem Fachbuch. So erhalten Sie an dieser Stelle Fragen. Mit Ihren Antworten finden Sie noch mehr zu Ihrer Haltung. Sie stabilisieren dadurch die erste Säule der Brücke.

Vielleicht hatten Sie gehofft, an diesem Punkt Antworten zu erhalten. Das kann ich verstehen. Und genau das ist der Wandel der Arbeitswelt, von Führung und Zusammenarbeit. Es gibt immer weniger *die* richtigen Antworten von außen. Es geht darum, dass wir die Antworten selbst finden. Das ist ungewohnt. Das kostet gefühlt mehr Zeit. Es fühlt sich anstrengend an. Und gleichzeitig ist es befreiend, denn dann haben Sie alles dabei und sind von außen unabhängiger. Ihre Antworten kann Ihnen auch kein Coach oder Berater geben. Jemand von außen kann Sie unterstützen – mehr nicht.

Bevor es losgeht, können Sie eine Selbsteinschätzung zu Ihrer inneren Haltung vornehmen. Dieses Arbeitsblatt finden Sie auch in den ergänzenden Online-Materialien.

		Eigene Einschätzung auf einer Skala 1 -------------- 10	**Anmerkungen**
Gefühl von Bedeutung – Ich weiß, wozu ich es mache.	Ich weiß, wozu ich Führungskraft geworden bin.		Wenn Sie schon länger Führungskraft sind, denken Sie einmal zurück, was Sie ursprünglich an der Rolle motiviert und inspiriert hat.
	Ich kann benennen, wozu es sich für mich lohnt, Führungskraft zu sein.		Dahinter steckt die Frage, wann Sie sich in Ihrer Rolle als stimmig und im Flow empfinden. Wann sagen Sie innerlich: So macht mir das Spaß, so finde ich es gut und wertvoll. Was ist es, was dahinter steckt?
	Ich habe eine klare Vorstellung davon, was ich unter Erfolg verstehe.		Manche verstehen unter Erfolg einen gewissen Geldbetrag und Position, andere verstehen es als Erfolg, sich selbst treu zu bleiben.
	Ich weiß, wozu ich in meiner Rolle entlohnt werde.		Eine banale Frage, hinter der viel mehr steckt. Wozu sind Sie in der Organisation da? Diese Frage ist immer hilfreich, wenn das Gefühl oder die Gefahr da ist, sich zu sehr anzupassen.
	Ich weiß, was meine tiefste Intention und Motivation in meiner Tätigkeit ist.		Spüren Sie immer wieder nach, um was es Ihnen wirklich geht. Was möchten Sie ermöglichen und erschaffen? Fragen Sie sich bei Ihren Antworten immer tiefer »Wozu ist mir das wichtig?«

		Eigene Einschätzung auf einer Skala 1 -------------- 10	Anmerkungen
	Ich kann beschreiben, wann ich meine Tätigkeit als lohnenswert empfinde und was ich benötige, damit ich mich in meinem Job anerkannt und respektiert fühle.		Je besser sie wissen, was Sie an Anerkennung und Respekt benötigen, umso eher können Sie es auch kommunizieren und danach fragen.
Gefühl von Verstehbarkeit – ich weiß, was ich mache.	Ich bin mir meiner Rolle bewusst und weiß, was dazu gehört und was nicht.		Rollenklarheit ist elementar für eine gute Zusammenarbeit. Zugleich ist es wichtig, sich abzugrenzen und Nein zu sagen.
	Ich kann Ziele für mich in meiner Rolle benennen.		Die Ziele sind bestimmt vielfältigster Art. Schauen Sie, inwieweit Sie mit Ihren Antworten zu der Frage nach Motivation passen.
	Ich kenne meine Erwartungen an andere und umgekehrt und äußere diese.		Oftmals meinen wir, dass alles klar ist, und sprechen nicht darüber. Verdeutlichen Sie sich Ihre Erwartungen und besprechen Sie diese.
	Ich weiß, was ich an Klarheit, Informationen und Vereinbarungen von anderen benötige, damit ich Situationen verstehe.		Je besser sie wissen, was Sie an Informationen und Transparenz benötigen, umso eher können Sie es auch kommunizieren und danach fragen.

		Eigene Einschätzung auf einer Skala 1 -------------- 10	**Anmerkungen**
Gefühl von Machbarkeit – ich weiß, wie ich es mache.	Ich weiß, was meine Stärken sind.		Jeder hat Stärken und Schwächen. Je klarer wir uns über unsere Stärken sind, umso eher können wir sie nutzen und so auch unsere Energie sinnvoll einsetzen oder sparen. Das, was nicht zu unseren Stärken gehört, können wir an Menschen delegieren, die dort ihre Stärken haben.
	Ich kann meine Stärken in meinem Job gut einsetzen.		
	Ich bin mir meiner Erfahrungen und Kompetenzen bewusst.		Durch viel Unruhe und Bewegung im Joballtag vergessen wir manchmal, was alles an Erfahrung da ist. Sind wir uns dessen bewusst, gibt es uns innere Stabilität und Sicherheit.
	Ich kann mich, meine Gedanken, Emotionen sowie meinen allgemeinen Energiehaushalt gut regulieren. Ich kenne meine Belastungsgrenzen und kann auch Nein sagen.		Eine Haltung zu haben und aufrichtig zu sein, kostet auch Kraft. Deshalb ist es zuträglich, wenn wir grundsätzlich ein Gefühl für unseren Energiehaushalt haben und diesen regulieren können. Dazu gehört auch, dass wir uns selbst Erholung gönnen, gut schlafen, gut essen und gut denken.
	Ich weiß, was ich an Einflussmöglichkeiten, Gestaltungsspielräumen und Unterstützung im Alltag benötige, damit ich mich sicher und kompetent fühle.		Je besser Sie wissen, was Sie an Einfluss und Unterstützung benötigen, umso eher können Sie es auch kommunizieren und danach fragen.

Tabelle 3: Selbsteinschätzung innere Haltung
Quelle: Eigene Darstellung in Anlehnung an Antonovsky

Wie zufrieden sind Sie mit dem Ergebnis Ihrer ersten Selbsteinschätzung? Anhand Ihrer Antworten können Sie nun entscheiden, auf welche Fragen bzw. Kategorie Sie Antworten finden möchten.

2.4.5 Haltung zu Veränderungen entwickeln

Die Brücke über den Fluss der Unsicherheit ist stabiler mit zwei Säulen. Im vorherigen Kapitel haben Sie Ihre innere Haltung gefestigt. Nun möchte ich Sie beim Aufbau Ihrer Haltung zu Veränderungsmaßnahmen unterstützen. Fangen wir wieder mit einer Selbsteinschätzung an.

		Eigene Einschätzung auf einer Skala 1 ------------- 10	**Anmerkungen**
Gefühl von Bedeutung – Ich weiß, wozu ich es mache.	Ich kann die Gründe für die Veränderungen gut benennen und anschaulich erläutern.		Was sind die Antworten auf die Frage nach dem Wozu? Es ist wichtig, dies auch anschaulich und in der Sprache der Mitarbeitenden erläutern zu können.
	Ich habe ein ziemlich genaues Bild davon, was passiert, wenn sich nichts verändert. Ich kenne den Leidensdruck, der hinter der Veränderung steht.		Dieser Aspekt verdeutlicht ebenfalls eine Antwort auf das Wozu?
	Ich weiß und kann gut erläutern, was sich die Geschäftsführung und auch ich uns von den geplanten Maßnahmen versprechen, was die Hoffnung bzw. das Lohnenswerte ist.		Was ist nicht nur das Lohnenswerte für die Organisation, sondern vielleicht darüber hinaus?

<table>
<tr><th></th><th></th><th>Eigene Einschätzung auf einer Skala
1 ------------- 10</th><th>Anmerkungen</th></tr>
<tr><td></td><td>Ich habe ein gutes Verständnis davon, was die Veränderung für mich in meiner Rolle und für das Team bedeutet.</td><td></td><td>Stellen Sie die Verbindung zu Ihren Menschen dar.</td></tr>
<tr><td>Gefühl von Verstehbarkeit – ich weiß, was ich mache.</td><td>Ich kenne das Zielbild für die Veränderung und habe die Ziele der Veränderung verstanden.</td><td></td><td>Was ist das Bild abseits der Zahlen? Hier sollte es emotional werden. Was ist anders, wenn sich etwas verändert? Woran merkt man es im Alltag?</td></tr>
<tr><td></td><td>Ich weiß, was die konkreten nächsten Schritte und Meilensteine sind.</td><td></td><td>Sie müssen nicht alle nächsten Schritte im Detail kennen, schon gar nicht für die nächsten 24 Monate. Doch eine erste Idee ist sehr hilfreich.</td></tr>
<tr><td></td><td>Ich habe eine Vorstellung, wie ich mir die zukünftige Zusammenarbeit vorstelle, und kann diese auch kommunizieren.</td><td></td><td rowspan="2">Was genau ist anders in der Zusammenarbeit, wie sehen Meetings aus, wer arbeitet mit wem zusammen? Auch hier reichen erste Ideen. Es geht um eine grobe Orientierung und Perspektive – die Menschen möchten verstehen, wohin die Reise geht.</td></tr>
<tr><td></td><td>Ich habe eine Idee davon, wie wir Fortschritte bemerken, und kann diese auch kommunizieren.</td><td></td></tr>
</table>

		Eigene Einschätzung auf einer Skala 1 ------------- 10	**Anmerkungen**
Gefühl von Machbarkeit – ich weiß, wie ich es mache.	Ich habe eine grundsätzliche, positive, konstruktive und unterstützende Haltung der Veränderung gegenüber.		… diese haben Sie noch nicht? Dann nehmen Sie sich noch Zeit und suchen Sie auch das Gespräch mit Ihren Führungskräften. Vielleicht ist das Wozu noch nicht klar genug oder/und es ist für Sie persönlich nicht stimmig.
	Ich kenne den Gestaltungsspielraum im Veränderungsprozess sowohl für mich als auch für uns als Team.		Sie wissen, was Sie tun können und was nicht. Wo sind die Leitplanken?
	Ich weiß, welche Stärken und Kompetenzen mein Team hat und wie wir diese einsetzen könnten.		Oftmals können bestehende Stärken und Kompetenzen ein wenig anders ausgerichtet werden.
	Ich bin mir nicht zu schade, um Unterstützung im Prozess zu bitten – zum Beispiel bei Kollegen.		Sie müssen weder alles können noch alles wissen.

Tabelle 4: Selbsteinschätzung zu anstehenden Veränderungen
Quelle: Eigene Darstellung

Nehmen Sie sich Zeit zum Finden Ihrer Antworten oder diskutieren Sie die Fragen mit Kollegen.

2.4.6 Menschlich mutig bleiben

Nach so vielen Fragen und Tabellen ist es Zeit für etwas anderes. Zum Abschluss des Kapitels möchte ich Sie ermutigen. Wie Sie auf den letzten Seiten erfahren haben, kommen Sie als Führungskraft nicht drum herum, sich den Menschen mehr zuzuwenden und sich zugleich ebenfalls menschlich zu zeigen. Diese andere Form der Führung ist die wahre Transformation der Zusammenarbeit, denn sie erfordert von den meisten von uns, uns zu öffnen und verletzlich zu zeigen.

Während eines Urlaubs in Oslo sehe ich zu diesem Punkt ein sehr passendes Kunstwerk. Oslo ist eine traumhafte Stadt voller Kunst, Skulpturen, traditioneller und moderner Architektur. Zwischen dem Hafen und der neuen Oper steht auf einmal ein Kunstwerk, an das ich nun oft denke, weil es mich immer wieder ermutigt, offen und entspannt mit meinen Mitmenschen und Kunden umzugehen.

Diese Installation ist auf den ersten Blick ein hölzerner Dachstuhl. Zwischen den Bohlen flattern weiße T-Shirts, Blusen und Hemden. Zusammen mit dem blauen Himmel ergibt es ein sehr schönes Bild. Neugierig betrachte ich den Titel des Objektes: »We are still the same«. Die Beschreibung sagt sinngemäß aus: »In jedem Shirt ist eine Geschichte, weil jemand mit einem warmen Herz es getragen hat. Alle möglichen Menschen sind hier, doch wir sind alle gleich. Nicht klüger als Fische ...«

»We are all the same« ist der Kerngedanke, den ich von dieser Skulptur mitnehme. Egal, was wir anziehen, welche Rolle wir bekleiden, wie viel Erfahrung wir haben – wir alle sind Menschen. So unterschiedliche Typen es auch geben mag, so gibt es doch ein Grundbedürfnis, das uns eint: Wir alle sehnen uns nach Zuwendung, nach Liebe, nach Mitgefühl. Wir möchten gesehen, anerkannt und respektiert werden in unserer Situation, in unserer Angst, Unsicherheit, Verzweiflung, aber auch in unserer Freude und Würde. Wir sehnen uns nach Wertschätzung. Wir möchten in unserem Grundwert als Mensch mit Ecken und Kanten, mit Bedürfnissen und mit einem Herz geschätzt werden.

Mitmenschlichkeit in Organisationen fängt genau dann an, wenn wir den Menschen sehen – und nicht die Maske oder Fassade. Wenn wir uns als Menschen aus Fleisch und Blut, mit Emotionen und Bedürfnissen sehen – und nicht nur als Funktionsträger.

Das gelingt leichter, wenn wir zunächst uns selbst als Menschen mit Stärken, Schwächen, Fehlern und Bedürfnissen anerkennen, also wenn wir vor uns selbst und vor anderen unsere Maske fallen lassen und uns mit unseren Emotionen zeigen.

Am Rand der Brücke, auf dem Weg ins Unbekannte darf jeder von uns ängstlich, traurig, wütend, verzweifelt sein. Oder erschöpft von den ewigen Neuerungen, dem Hin und Her, den internen Positionierungsspielchen. Drücken wir diese Gefühle weg und akzeptieren sie nicht, kommen sie eher wieder. »Ich darf nicht ängstlich sein, ich darf jetzt nicht erschöpft sein, gerade jetzt muss ich doch Stärke zeigen« könnte eine Reaktion sein. Hilft uns das? Nein. Es kostet Kraft, wenn wir die Maske immer aufsetzen. Wir sind dann zu sehr mit der Maske beschäftigt. Negative Gefühle sind erlaubt, wir dürfen sie zum Ausdruck kommen lassen. Genauso wie wir positive Gefühle erleben dürfen. Wir Menschen sind emotionale Wesen – keine Roboter.

Menschlichkeit und Mitgefühl verbinden. Wenn wir uns wie ein Mensch von vielen fühlen, weder schlechter noch besser, fühlen wir uns mit vielen Menschen verbunden.

Last, but not least kommt es nun nicht darauf an, alles auf einmal zu wollen und zu können. Vielmehr ist die Haltung zielführender, jeden Tag einen kleinen Schritt zu tun. Eine aufrichtige, menschliche Haltung ist immer möglich, in jeder Beziehung – zu Ihnen selbst, zu anderen, zu Ihrem Team, zu Ihrer Führungskraft. So oder so: An der Beziehungsarbeit kommen Sie nicht vorbei. Wie Sie Beziehungen gestalten, ist eine direkte Wirkung aus Ihrer innersten Haltung. Führung wird mehr ein Thema des Seins als des Tuns.

Ihr Sein, Ihre Aufrichtigkeit und Menschlichkeit haben Sie immer dabei. Ergänzt mit Ihrer inneren Ausrichtung auf ein Antworten finden auf die Fragen »Was?«, »Wozu?« Und »Wie?« steht Ihnen alles zur Verfügung, um in unsicheren Situationen Halt zu finden und zu geben. Denn eines ist deutlich und ich bin sicher, dass auch Sie es spüren: Mitarbeitende benötigen keine weitere Technik oder Informationen. Davon gibt es mehr als genug.

Was mehr denn je benötigt wird, ist die Beziehungssicherheit – wir benötigen den Menschen, wir benötigen das Weiche. Wir sehnen uns nach jemandem, der uns in seine Welt und seine Gedanken und Beweggründe mitnimmt, der uns Zahlen erklärt, der verspricht, zu unterstützen und zu halten, wenn es unsicher ist.

Auf einen Blick

- Es braucht Führung mehr denn je.
- Führung hat die Aufgabe, die Zukunft in die Gegenwart zu holen und die Menschen zu ermutigen, gemeinsam in die Zukunft zu gehen und dabei das Alte loszulassen.
- Führung meint immer mehr, Beziehungen zu gestalten und Beziehungssicherheit zu geben.
- Eine Führungskraft führt mehr durch ihr Sein und ihre Vorbildfunktion als durch die Anwendung von Tools.
- Gute Führungskräfte sind diejenigen, die ihre Führung am Menschen und an ihren psychischen Bedürfnissen ausrichten – und nicht nur an Zahlen.

Digitale Extras

- Arbeitsblatt 4 »Selbsteinschätzung innere Haltung«
- Arbeitsblatt 5 »Selbsteinschätzung innere Haltung zu Veränderungen«

3 Die Erfolgsfaktoren vertiefen und in die Zusammenarbeit einbringen

Im nächsten Teil des Buches erfahren Sie, wie sich die einzelnen Prinzipien »Herz«, »Kopf« und »Hand« in den Führungsalltag vertiefen lassen. Die vier Perspektiven aus dem 4-Ebenen-Modell persönliche Haltung, persönliche Kompetenzen, Zusammenarbeit sowie Prozesse strukturieren den Aufbau der Kapitel.

Die Kapitel beleuchten jeweils die drei Grundprinzipien aus der Sicht der individuellen Haltung. Dies ist eine Vertiefung der persönlichen Haltung für den jeweiligen Faktor der Zusammenarbeit. Danach wird eine Kernkompetenz, die es zum Führen mit Herz, Kopf und Hand benötigt, beschrieben. Aufbauend darauf erfahren Sie, wie Sie dies konkret in der Zusammenarbeit anwenden können und wie Sie Meetings so anpassen können, dass Sie menschlicher sind.

Da »Führen mit Herz« der wichtigste Faktor für eine vertrauensvolle Zusammenarbeit ist, betrachten wir diesen zuerst. Danach erhalten Sie Klarheit darüber, wie Sie mit dem Prinzip »Führen mit Kopf« die Teamarbeit verstehbarer gestalten. Abschließend bekommen Sie Impulse, wie Sie durch »Führen mit Hand« Ihr Team bei der Umsetzung im Alltag unterstützen.

Manche Empfehlungen erscheinen banal und sehr einfach. Das bedeutet jedoch nicht, dass sie leicht umsetzbar sind. Die Kunst von Führung und Zusammenarbeit ist, genau diese Kleinigkeiten jeden Tag erneut und gut zu machen. Sie werden hier viele Instrumente und konkrete Tipps finden. Das bedeutet nicht, dass das Thema Haltung instrumentalisiert wird. Vielmehr liegt dahinter die Intention, es zu veranschaulichen und zu strukturieren. Schließlich ist die häufigste Frage meiner Kunden »Und wie geht das jetzt konkret?«. Diese Frage beantworten die nächsten Kapitel so gut wie möglich.

Die vorgestellten Maßnahmen entfalten ihre Wirkung am besten durch eine gute, tiefer liegende Haltung. Aber auch der umgekehrte Weg ist möglich. Wenn wir ein Instrument, eine Methode ausprobieren und einen positiven Effekt spüren, beeinflusst dies wiederum die Haltung.

Ich möchte Sie ermutigen, sich wirklich gründlich mit den Aspekten auseinander zu setzen. »Simplify & Amplify« ist das Motto dieses Buches – Vereinfachen und Vertiefen.

Sie können die Kapitel entweder nacheinander lesen oder, falls Sie anhand des kurzen Check-ups erkennen, dass Sie einen speziellen Bedarf haben, dieses Kapitel zuerst lesen:

Wenn ich an die aktuelle Zusammenarbeit mit meinem/in meinem Team denke …		
Es gibt häufig Diskussionen, was die Ziele sind, wer was macht. Ich habe das Gefühl, dass ich als Führungskraft nicht gut verstanden werde. (niedriges Gefühl von Verstehbarkeit im Team ➔ lesen Sie Kapitel »Erfolgsfaktor Kopf«)	←-------------------→	Ich habe das Gefühl, dass alle verstehen, worum es geht, was die Ziele sind und dass mein Team mich versteht. Es gibt selten Diskussionen über die generelle Ausrichtung. (Hohes Gefühl von Verstehbarkeit im Team)
Wir haben zu viele Prioritäten und Themen auf der Agenda. Es herrscht eine sehr hohe Arbeitsbelastung. Wir fühlen uns fremdbestimmt und rennen hinterher. (Niedriges Gefühl von Machbarkeit im Team ➔ Lesen Sie Kapitel »Erfolgsfaktor Hand«)	←-------------------→	Ich habe das Gefühl, dass wir bzw. mein Team die Anforderungen bewältigen können. Es herrscht eine gute Belastungsbalance im Team. Wir agieren insgesamt sehr selbstbestimmt und sind den Zeitplänen voraus. (Hohes Gefühl von Machbarkeit im Team)
Es herrscht eine schlechte Stimmung. Es fehlt an Teamgeist und dem Gefühl, an einem Strang zu ziehen. Es wird viel gemeckert und wenig das Positive gesehen. (Niedriges Gefühl von Bedeutung im Team ➔ Lesen Sie Kapitel »Erfolgsfaktor Herz«)	←-------------------→	Ich habe das Gefühl, dass die Anforderungen und Ziele als lohnenswert im Team empfunden werden, es herrscht ein guter Teamgeist und wir sind stolz auf unsere Arbeit. (Hohes Gefühl von Bedeutung und Zugehörigkeit im Team)

Tabelle 5: Einschätzung zur momentanen Zusammenarbeit
Quelle: Eigene Darstellung in Anlehnung an Antonovsky

4 Erfolgsprinzip Herz: Respektvoll, anerkennend und menschlich führen und zusammenarbeiten

Starten wir mit dem fundamentalen Baustein für die Brücke und die Verbindung zum Menschen: dem Herzen. Ein persönliches Gefühl von Bedeutung ist am wichtigsten für das Vertrauen und für die Beziehungen – in der direkten Zusammenarbeit oder übergeordnet in der Beziehung zur Organisation. Diese Verbindung zu anderen entsteht, wenn wir uns als Mensch gesehen fühlen. Je mehr wir empfinden, dass sich unser Einsatz lohnt, umso besser geht es uns. Das Prinzip »Führen mit Herz« steht im direkten Zusammenhang mit dem Faktor »Menschlich sein« einer guten Haltung.

Fragen Sie sich selbst: Wann fühlt sich eine Zusammenarbeit für Sie gut an, wann motiviert Sie eine Zusammenarbeit? Die Antworten sind dann das Lohnenswerte in der Beziehung: offener Umgang, Ehrlichkeit, auf Augenhöhe, werde ernst genommen, wertschätzend, bekomme Feedback – das sind nur einige Beispiele.

Die Zusammenarbeit mit Herz ist an sich sehr einfach umzusetzen, weil sie so menschlich ist. Und zugleich am schwierigsten zu beschreiben, da sie sehr emotional und sozial ist.

Mangelnde Wertschätzung kostet Produktivität und Gesundheit

Dennoch sind mangelnde Wertschätzung, Anerkennung und fehlender Respekt häufig *die* Frustthemen in Teams und Organisationen. Was sich groß anhört, wird im Kleinen offensichtlich und nachvollziehbar. Mitarbeitergespräche werden verschoben oder sind schlecht vorbereitet. Außerordentliche Leistungen werden von den Beteiligten als zu wenig gewürdigt empfunden, geschweige denn positiv bewertet. Feedbackgespräche sind selten. Fortschritte werden zu wenig anerkannt. Ein weiteres Symptom dafür, dass Führungskraft und Team in keiner guten Beziehung sind, ist ein Ablehnen oder auch ein Widerstand gegen Neuerungen oder Veränderungen.

Das renommierte Gallup Institut untersucht jährlich die Motivation und Mitarbeiterbindung in deutschen Unternehmen. Demnach sind nur 15 % mit Engagement bei der Arbeit dabei. 70 % machen Dienst nach Vorschrift und der Rest verhält sich sogar illoyal bzw. hat innerlich gekündigt. Der bundesweite jährliche Produktivitätsverlust ist mit bis zu 105 Mrd. Euro enorm, ganz zu schweigen von höheren Fluktuationen und Fehlzeiten. Diese Zahlen werden durch den AOK-Fehlzeitenreport von 2018 gut ergänzt. In diesem Report wurde ein deutlicher Zusammenhang zwischen Gesundheit und erlebter Sinnhaftigkeit, also dem Gefühl von Bedeutung, bei der Arbeit festgestellt. Menschen, die ihre Arbeit als sinnvoll und bedeutungsvoll empfinden, sind deutlich weniger krank und psychisch erschöpft. »Passen der eigene Anspruch an das Sinnerleben im Beruf und die Wirklichkeit in der Wahrnehmung der Beschäftigten gut zueinander, berichten sie nur von 9,4 krankheitsbedingten Fehltagen. Unterscheiden sich Wunsch und Wirklichkeit stark voneinander, liegen die Zeiten mit 19,6 Fehltagen mehr als doppelt so hoch.«[22]

Woran mangelt es? Marco Nink, der Gallup-Studienleiter, benennt es mit dem Stichwort »emotionale Bindung«[23] – emotionale Bindung zur direkten Führungskraft, zur Aufgabe und zum Sinn und Zweck des Unternehmens. Der größte Frust entsteht in den direkten Beziehungen, wenn wir uns nicht gesehen fühlen, wenn wir uns nicht wertgeschätzt fühlen. Der Frust entsteht weniger durch die neue Strategie. Frust ist die Folge davon, dass es zu wenig Verbindung zwischen der Strategie und ihrer Bedeutung für den Einzelnen gibt. Es wird zu wenig klargemacht: Was bedeutet die Strategie für mich? Wozu sollte ich mich darauf einlassen?

Dafür ist wiederum die direkte Führungskraft die wichtigste Stellschraube. Obwohl die Ergebnisse ein Führungsdefizit aufweisen, ist die Eigenwahrnehmung eine andere. »97 Prozent halten sich selbst für eine gute Führungskraft«. Führungskräfte haben also einen blinden Fleck in Sachen Führung. Aus Sicht der Führung gibt es kein Problem mit Führung. Die Verantwortung wird eher den Mitarbeitenden zugeschoben, zum Beispiel indem behauptet wird, dass sie zu hohe Ansprüche an die Zusammenarbeit haben.

Was sind die Ursachen für diese unterschiedliche Wahrnehmungen und auch diesen Mangel an emotionaler Verbindung? Meines Erachtens ist es eine Mischung aus Angst und einem falschen Fokus von Führung. Angst davor, Fehler zu haben. Angst davor, sich ohne Maske verletzlich zu zeigen. Emotionen, Gefühle und das Menschliche im

---

22 https://aok-bv.de/presse/pressemitteilungen/2018/index_20972.html, abgerufen am 7. Juni 2021.
23 Quelle: https://www.wiwo.de/erfolg/beruf/gallup-studie-fuehrungskraefte-sind-der-wahre-produktivitaetskiller/19552634.html.

Business werden allzu oft immer noch als zu weich und als »nicht Business« angesehen. Nur selten höre ich von Situationen, in denen Führungskräfte sich offen zeigen, indem sie zum Beispiel vor ihren Kollegen berichten, dass sie unsicher sind, dass sie strategische Entscheidungen nicht verstehen, dass sie ob der anstehenden Veränderungen Existenzängste haben oder dass sie nicht weiter wissen. Bloß keine Schwäche zeigen ist das Motto. Das verkrampft noch mehr – sowohl in der Zusammenarbeit unter den Kollegen als auch mit dem eigenen Team. Denn wenn die eigene Befindlichkeit nicht mit den Peers bzw. mit dem Chef geklärt ist, lasse ich mich vermutlich auch weniger auf Diskussionen mit meinem Team ein – aus der eigenen Angst und Unsicherheit. Ein Teufelskreis.

Zudem glaube ich, dass der Fokus noch viel zu stark auf dem Inhaltlichen und Prozessualem liegt. Zahlen, Daten, Fakten – das sind die Themen, in denen sich viele sehr sicher fühlen. Das ist rational und linear, leichter zu kontrollieren. Doch Emotionen, gar Tränen? Das ist unheimlich und unkontrollierbar. Gefühle sind unprofessionell. Sie gehören nicht ins Business. Doch wenn das Gefühl nicht stimmt, wie soll ich mich dann auf den Rest konzentrieren? Wir wissen es doch alle aus unseren ganz persönlichen Beziehungen. Fühlt sich die Beziehung nicht stimmig an, weil etwas vorgefallen ist, jedoch nicht angesprochen wird, schwingt es mit. Erst wenn diese Emotion Raum bekommt, klären sich die sachlichen Dinge leichter.

Aber das Menschliche, das emotional Verbindende kommt auch in Meetings und im Unternehmensalltag viel zu kurz. Und irgendwann steht ein Elefant im Raum – ein unausgesprochenes, emotionales Thema, ein ungeklärtes Beziehungsthema. Dies beeinflusst jedoch alle sachlichen Diskussionen negativ.

Und last, but not least, erfahren Führungskräfte an sich auch wenig Wertschätzung. Je weiter oben in der Hierarchie sie sind, umso dünner wird dazu die Luft.

Worauf kommt es nun in der Zusammenarbeit an, sodass mehr Motivation und Engagement entstehen kann? Marco Nink, der Leiter der Gallup-Studie bringt es auf den Punkt: »Führungsqualität, eine herausfordernde, abwechslungsreiche und als sinnvoll empfundene Tätigkeit und die Kollegen. Emotionale Bindung wird im direkten Arbeitsumfeld erzeugt und der direkte Vorgesetzte ist dabei das A und O.« All dies passiert abseits von gekünstelten Workshops und Klausurtagungen. Es geht einfach um einen regelmäßigen, kontinuierlichen Austausch.

In diesem Kapitel schauen wir uns diese grundsätzliche Richtung auf den verschiedenen Ebenen an. Sie erfahren, wie Sie mehr und mehr mit und aus dem Herzen führen können. Die Impulse gehen weit über die üblichen »Loben Sie mehr«-Floskeln hinaus. Das Gute: Sie sind in den Grundzügen einfach und sie kosten nichts!

4.1 Eine wohlwollende Haltung in der Zusammenarbeit etablieren

Eine positive Grundhaltung sich selbst gegenüber aufbauen

Betrachten wir zuerst, wie wir die Zusammenarbeit aus dem Herzen heraus erfolgreicher gestalten können. Wir beginnen mit der Haltung, mit der Sie in eine Zusammenarbeit oder in ein Meeting gehen. Es ist ein Schritt, bevor Sie sichtbar für andere etwas tun.

Es ist der innere Ort der Aufmerksamkeit, von dem aus wir uns selbst und andere führen, der maßgeblich beeinflusst, wie wir wirken. Es ist die innere Haltung, mit der Sie in ein Gespräch gehen bzw. vor einem anderen Menschen stehen, noch bevor Sie überhaupt etwas sagen. Und nicht zuletzt ist es die innere Haltung, mit der Sie vor sich selbst stehen.

Diese grundsätzliche Einstellung bestimmt, wie ich mich selbst und andere in einer Situation wahrnehme. Vielleicht kennen Sie auch Phasen, in denen Sie allgemein positiver und akzeptierender gestimmt sind. Zum Beispiel weil alles gerade gut läuft, Sie sich gesund und munter fühlen oder weil Sie frisch verliebt sind. In solchen Phasen fällt es einem leichter. Doch dann gibt es auch Situationen oder bestimmte Menschen, wo eine positive Grundhaltung schwerer fällt.

Das erste Mal habe ich von dieser inneren Grundhaltung im Einführungskurs der Transaktionsanalyse im Sommer 2014 gehört. Klang logisch und einfach: Am besten ist, uns selbst und anderen gegenüber eine positive Grundhaltung zu haben – das umgangssprachliche »Ich bin okay, du bist okay.« Eine positive Grundhaltung ist am besten zu übersetzen mit einer *bedingungslosen Akzeptanz und Liebe zu* sich selbst, einem anderen Menschen und der Welt gegenüber.

Was bedeutet diese Grundhaltung sich selbst gegenüber im Businessalltag? Es bedeutet, dass Sie sich grundsätzlich wertschätzen – egal, was Sie leisten oder nicht leisten oder wie Sie sich verhalten. Sie sind okay, auch wenn Sie Fehler machen. Sie sind okay, auch wenn Sie nicht alles erledigen, was auf der Agenda stand. Auch wenn ein Gespräch, ein wichtiger Termin nicht perfekt gelaufen sind. Sie verurteilen sich innerlich dann nicht – oder zumindest nicht so sehr. Ihr Selbstwert als Mensch ist unabhängig von Ihrem Verhalten. Kognitiv ist dies leicht zu verstehen. Die Kunst ist, es wirklich zu fühlen. Gelingt dies, ist es befreiend und erleichternd. Doch wie oft lassen wir uns von außen beeinflussen und denken, dass wir nicht gut genug sind?

Wie oft wird uns durch die Medien suggeriert, dass wir einem Ideal entsprechen müssten? Das ist Quatsch. Wir sind gut so, wie wir sind. Diese Grundhaltung entspannt die Zusammenarbeit, sie macht psychisch satt und unabhängig. Wenn Sie für sich wissen und vor allen Dingen spüren, dass Sie gut sind und es Ihnen gut geht, benötigen Sie dazu keine Bestätigung von außen. Sie können aufhören, sich zu verkrampfen. Sie können sich entspannen, innerlich loslassen und sich mehr auf den Prozess und die Beziehungen einlassen.

»Ich akzeptiere mich als Mensch mit Stärken, Schwächen, mit guten Seiten und mit schlechten Seiten« ist die Zusammenfassung dieser positiven Grundhaltung. Sie beinhaltet auch, dass wir daran glauben, dass jeder Mensch – auch Sie selbst – in jeder Situation das Beste gibt. Also müssen Sie sich auch nicht verurteilen, wenn es anders läuft, denn Sie haben in dieser Situation Ihr Bestes gegeben.

Mir persönlich fällt es oft schwer genug, dies zu akzeptieren. Schließlich möchte ich es doch perfekt machen, und es allen recht machen! Mein Ehrgeiz entflammt. Nach einem Termin, der aus Sicht meiner inneren Antreiber nicht gut genug gelaufen ist, tendiere ich dazu, mich innerlich zu analysieren und zu kritisieren. Die innere Kommunikation läuft auf Hochtouren. Das Gute: Diese kann ich steuern. Ich beobachte, dass mein Kopf, mein Ego in diesen Analysephasen stark ist und recht haben will. Schaffe ich es, auf mein Herz zu hören und auf mein Herz zu vertrauen, werde ich ruhig.

Die innere Haltung »ich bin okay, du bist okay« ist nichts, was aus dem Kopf kommt. Sie kommt aus dem Herzen. Gelingt es, einen inneren oder äußeren Dialog aus dem Herzen zu führen, sind Sie automatisch in einer guten Grundhaltung.

Eine positive Grundhaltung uns selbst gegenüber ist wie ein sehr starkes Fundament für unsere erste Säule der Brücke. Wir vertrauen uns mehr. Sie macht uns von innen stabil. Gleichzeitig bedeutet es nicht, dass wir unfehlbar sind und dass wir nichts zu lernen haben. Mit einer positiven Grundhaltung sind Sie offener für diesen Prozess.

!

Genug sein

Eine passende Übung hierzu beschreibt Brené Brown in diesem Zitat aus ihrem Buch »Dare to Lead«: »I define wholeheartness as engaging in our lives from a place of worthiness. It means cultivating the courage, compassion, and connection to wake up in the morning and think, *No matter what gets done and how much is left undone, I am enough.* It's going to bed at night thinking, *Yes, I am imperfect and vulnerable and sometimes afraid, but that doesn't change the truth that I am brave, and worthy of love and belonging.«*

Wohlwollend anderen gegenüber sein

Unsere Grundeinstellung uns selbst, anderen und der Welt gegenüber kann positiv oder negativ sein. Je nachdem, wie wir gerade innerlich eingestellt sind, gehen wir durch die Welt. Wir können unser Umfeld durch vier verschiedene Fenster oder auch Sichtweisen[24] betrachten:

1. Sehen wir uns selbst und unser Umfeld als negativ, ist alles schlecht. Es ist so, als ob wir etwas Faules auf der Nase sitzen haben. Uns stinkt es, egal, wo wir hingehen und was wir sehen. Wir haben an allem und jedem etwas zu auszusetzen. Die Stimmung, die Sie aussenden, wird negativ sein.
2. Wenn wir uns als negativ sehen und alles um uns herum als positiv, dann sind wir ständig im Selbstzweifel. Wir fühlen uns unterlegen. »Alle anderen sind besser« ist ein typischer Gedanke dieser Sichtweise.
3. Wenn wir denken, dass nur wir gut sind, unsere Mitarbeitenden grundsätzlich weniger wertvoll sind als wir und der Rest der Welt uns unterlegen ist, sind wir überheblich oder sogar narzisstisch. »Alles muss ich selbst machen« oder »Alle anderen haben doch keine Ahnung« sind typische Gedanken. Kritisiert uns jemand oder hat einen Verbesserungsvorschlag, fällt es uns schwer, dies anzunehmen.
4. Wir sehen sowohl uns selbst als wertschätzend/positiv als auch unser Umfeld, unser Team. Das bedeutet nicht, dass wir eine rosarote Brille aufhaben. Vielmehr heißt es, dass wir uns selbst wohlwollend begegnen und unsere Mitmenschen grundsätzlich, unabhängig von ihrem Verhalten, ebenfalls respektieren. Feedback und Kritik werden gehört und angenommen. Es ist eine sehr erwachsene Haltung. Diese Haltung ist die Grundlage von »Führen mit Herz«.

24 Diese vier Sichtweisen stammen aus der Transaktionsanalyse. Gut skizziert zum Beispiel in Hagehülsmann/Hagehülsmann: »Der Mensch im Spannungsfeld seiner Organisation«, 2007, S. 143 ff.

Abbildung 8: Vier Grundhaltungen zu sich selbst und dem Umfeld
Quelle: Eigene Darstellung in Anlehnung an Hagehülsmann/Hagehülsmann, 2007

In der Zusammenarbeit mit Herz verfolgen wir die letzte Grundeinstellung. Wir sind im Kern in Ordnung und liebenswert und die Menschen, mit denen wir zusammenarbeiten ebenfalls.

Genauso wie Sie grundsätzlich ein wertvoller Mensch sind, so sind auch alle anderen Menschen per se gute Menschen. Dies gilt auch in der Zusammenarbeit. Es gibt keine besseren oder schlechteren Menschen. Als Führungskraft sind Sie nicht besser oder spezieller als Ihre Mitarbeitenden. Sie haben lediglich andere Aufgaben und eine andere Verantwortung.

Ohne Ihr Team wären Sie keine Führungskraft. Sie brauchen Ihre Mitarbeitenden genauso wie die Mitarbeitenden Sie benötigen. Viele Privilegien und Glaubensmuster sind veraltet: Ich bin der Chef, ich bin etwas Besseres, die Mitarbeiter haben auf mich zu hören, ich sage ihnen, wo es lang geht. Es gibt keinen Grund, dass Sie von oben herab auf Ihr Team schauen. Das ist oldschool. Das ist Holzhaus. In der tradierten Arbeitswelt wurde diese hierarchische Haltung unterstützt. Diese Haltung verbindet aber nicht und unterstützt auch kein Vertrauen. Deshalb ist es an der Zeit, diese Haltung loszulassen und sich innerlich, menschlich, auf eine Ebene mit den Kollegen zu stellen. Jeder ist ein vollwertiges Mitglied des Teams und leistet einen Beitrag zum Gesamterfolg.

»Jeder von uns kommt mit konstruktiven Anlagen auf die Welt, fähig und aus sich selbst bereit zu wachsen und sich als Person zu verwirklichen.«[25] ist die tiefe Annahme unter dieser Haltung. Es ist also ein starkes Vertrauen in eine andere Person und darin, dass sie sich aus der eigenen Kraft entwickeln kann und auch möchte! Menschen sind per se motiviert, zu arbeiten – es sei denn, sie werden demotiviert. Zum Beispiel, weil sie nicht ernst genommen werden.

Diese tiefe, wertschätzende und wohlwollende Grundhaltung bedeutet, daran zu glauben, dass sich die Mitarbeitenden grundsätzlich weiterentwickeln möchten, und dass Führungskräfte diese zutiefst menschliche Tendenz unterstützen. Es ist eine grundsätzliche Intention, einen anderen Menschen zu fördern und zu ermutigen – statt ihn zu kritisieren und klein zu halten.

Diese grundsätzliche Haltung heißt nicht, dass Sie jedes Verhalten tolerieren und alles weichspülen. Wie sich jemand verhält, kann ich gut oder schlecht finden – wohl wissend, dass jedes Verhalten für die betreffende Person auch einen Grund hat. Brené Brown beschreibt den Unterschied sehr treffend. Es ist in Ordnung, wütend oder frustriert zu sein. Emotionen sind willkommen. Ein abwertendes Verhalten, wie

25 Hagehülsmann/Hagehülsmann 2007, S. 144.

zum Beispiel Augenrollen oder Schreien, ist dagegen nicht zulässig.[26] Besser wäre es, Missbilligung so äußern, dass es keinen angreift. Dies schauen wir uns ein wenig später in Kapitel 4.3.4 an.

Letztlich ist im Wort »Anerkennung« an sich alles enthalten, was es für ausgezeichnete Arbeitsbeziehungen und eine positive innere Haltung braucht: Ich erkenne mich selbst und den anderen Menschen an – mit all seinen Stärken und Schwächen, Kanten und Ecken. Ich erkenne die Leistung an. Ich respektiere die Person, so wie sie ist.

Der Rosenthal-Effekt

Diese grundsätzlich positive und wertschätzende Grundhaltung wird nun weiter mit einer interessanten Theorie untermauert. Sie zeigt, dass sich die innere Einstellung einer Person sich selbst gegenüber direkt auf ihre Leistung auswirkt.

Eine Studie zu der Lehrer-Schüler-Beziehung hat den Effekt zwischen der Erwartung des Lehrenden auf die Leistung von Schülern untersucht. Den Lehrern wurde vor dem Unterricht mitgeteilt, dass es in der Klasse ein paar Schüler mit außerordentlichem Potenzial gibt. Daraufhin hat sich die Leistung dieser benannten Schüler besser entwickelt als bei den Schülern, die angeblich kein Potenzial hatten. Tatsächlich waren alle Schüler jedoch anfangs auf einem ähnlichen Niveau und wurden rein zufällig als Potenzialträger ausgewählt. Eine positive, zugewandte und aufrichtige Haltung des Lehrers bewirkte bei den Schülern ein höheres Niveau der Leistung. Diesen Effekt gab es auch bei Schülern, die zuvor sehr schlechte Leistungen zeigten.[27]

Dies ist der sogenannte Rosenthal-Effekt. Dieser besagt, dass das Verhalten anderer Menschen durch die eigenen Erwartungen und dem daraus resultierenden eigenen Verhalten gesteuert werden kann.

Was wäre, wenn auf jedem Stuhl eine Führungskraft sitzt?

Sich nicht besser als andere dünken, sich nicht als minderwertig empfinden, sich menschlich auf Augenhöhe befinden und zugleich noch an die Mitarbeitenden glau-

26 Brown 2018, S. 68.
27 https://de.wikipedia.org/wiki/Pygmalion-Effekt, abgerufen am 7. Juni 2021.

ben – das ist viel. Dies lässt sich in einem Gedankenspiel, das ich in einem Blogartikel[28] las, zusammenfassen. Er ermutigt dazu, Führung und Zusammenarbeit zu demokratisieren – zumindest gedanklich.

Der Autor stellt die Frage: »What if there is a leader in every chair?« Was wäre, wenn auf jedem Stuhl in jedem Meeting eine Führungskraft sitzt – ein Mensch, der enormes Wissen, Erfahrungen in seinem Gebiet und das Potenzial für Lösungen hat? What if … Was wäre, wenn Sie dieses Potenzial erst gedanklich annehmen, akzeptieren und dann auch tatsächlich ermöglichen?

Das Gedankenexperiment bzw. diese Grundannahme ermöglicht viel in einer Zusammenarbeit. Statt dass Sie als Führungskraft alles wissen und die Lösungen vorgeben, können Sie mit dieser Einstellung das Potenzial der Gruppe mit den individuellen Persönlichkeiten ideal nutzen. Ihre Arbeit wird auf eine Art leichter. Zugleich spüren die Mitarbeitenden, dass ihr Potenzial, ihre Meinung wertgeschätzt wird. Das zahlt auf das individuelle Gefühl von Bedeutung ein. Die Mitarbeitenden spüren, dass es sich lohnt, auf diesem Stuhl zu sitzen. Sie spüren dadurch eher, wozu sie da sind und sich engagieren.

Sowohl die Erläuterungen zum Rosenthal-Effekt als auch die Frage »What if?« sollen Sie ermutigen und vor allen Dingen sensibilisieren. Ihre innere Haltung gegenüber dem Team ist spürbarer und wirksamer, als Sie meinen. Diese Studie macht deutlich, dass jede Information über eine Person unsere innere Haltung beeinflusst. Umso wichtiger ist es, sich möglichst eine persönliche Meinung zu bilden.

!

Sich täglich mit der eigenen Grundintention verbinden

Auch wenn Sie die Führung mit den Mitarbeitenden teilen, haben Sie natürlich weiterhin Führungsaufgaben. Sie halten den übergeordneten Rahmen der fachlichen und persönlichen Zusammenarbeit. Sie fühlen sich einerseits Ihrem Team menschlich ebenbürtig. Andererseits behalten Sie fachlich und übergreifend den Helikopterblick. Auch wenn es in der Zusammenarbeit raschelig, unübersichtlich und vielleicht unangenehm wird, bleiben Sie stabil. Dies gelingt Ihnen besser, wenn Sie Ihr *Wozu* wissen und spüren. Dies haben Sie im vorherigen Kapitel mit den folgenden Fragen definiert: Wozu sind Sie Führungskraft? Wozu setzen Sie sich für das Unternehmen ein? Was ist Ihre größte Hoffnung für die Zusammenarbeit, für die Organisation insgesamt? Was ist Ihre Absicht hinter all Ihrem Handeln?

---

28 https://kommunikationslotsen.de/what-if-we-are-all-leaders/, abgerufen am 7. Juni 2021.

Je klarer Ihr *Wozu*, Ihr Grund für die Zusammenarbeit sind, umso stabiler werden Sie innerlich sein. Zugleich können Sie sich darauf immer wieder beziehen. Eine Empfehlung von Otto Scharmer ist, sich jeden Tag neu und immer wieder mit der eigenen Grundintention zu verbinden, am besten direkt morgens.[29] Dies kann auf die Schnelle mit einem Atemzug passieren. Oder Sie nehmen sich 15 Minuten Zeit, um sich mit einem Kaffee oder Tee auf den Tag einzustimmen und sich mit Ihrer Intention zu verbinden. Leitfragen dazu können zum Beispiel sein:

- Was ist Ihre grundlegende Intention in Ihrem Job?
- Was möchten Sie heute unterstützen?
- Welche Grundintention haben Sie heute den Menschen und Aufgaben gegenüber?

Dies gibt Ihrem Handeln eine gute Ausrichtung, die Ihnen Spaß macht, Ihr Herz erfüllt und zugleich ein schöner Referenzrahmen für die Zusammenarbeit ist. So können Sie immer, wenn es unangenehm wird, an Ihre Leitidee und Grundintention anknüpfen und diese auch kommunizieren. So wird den Mitarbeitenden deutlich, dass neue Meetingregeln bzw. mehr eigenverantwortliches Arbeiten kein Selbstzweck sind, sondern einem höheren, bedeutungsvollen Ziel und einer tieferen Absicht dienen.

Nun haben Sie Ihren inneren Ort der Aufmerksamkeit reflektiert und gestärkt. Dieser innere Ort der Aufmerksamkeit, von dem Sie agieren, wird sich in allen seinen Ausprägungen auf Ihr Team auswirken. Nutzen Sie diese Möglichkeit! Gehen Sie mit einer positiven, offenen Grundeinstellung in die nächste Besprechung, glauben Sie an das Potenzial der Menschen im Raum und verbinden Sie sich mit Ihrer Intention. Und dann lassen Sie los und hören Sie zu.

Auf einen Blick

- 97 % der Führungskräfte halten sich selbst für eine gute Führungskraft. Doch etablierte Studien beweisen das Gegenteil. Allzu oft mangelt es an emotionaler Bindung zwischen der Führungskraft und dem Team.
- Eine wohlwollende, positive Grundhaltung ist die Voraussetzung für ein vertrauensvolles Miteinander und genau diese emotionale Bindung.
- Eine positive Grundhaltung meint, an die Entwicklungsfähigkeit und den guten Kern im Menschen zu glauben und diesen fördern zu wollen. Es bedeutet nicht, alles weichzuspülen.
- Studien haben belegt, dass eine persönliche Erwartung an andere sich in den Leistungen widerspiegelt. Glaubt ein Mensch an das Potenzial eines anderen, erzielt dieser höhere Leistungen.

29 Scharmer 2015, S. 412.

Reflexionsfragen

- Wie wertschätzend empfinden Sie Ihre direkte Beziehung zu Ihrer Führungskraft?
- Wann fühlt sich eine Zusammenarbeit für Sie gut und lohnenswert an?
- An welche Mitarbeitenden glauben Sie? Wie ist bei diesen Menschen Ihr Verhalten?
- Bei wem spüren Sie, dass an Sie geglaubt wird? Woran merken Sie dies?

4.2 Führungskompetenz Zuhören

Zuhören – ein uraltes Thema. Ein Basis-Thema. Wir lernen es früh in unseren Karrieren und im Studium begegnet uns das klassische »Kommunikationsquartett« oder auch »Vier-Ohren-Vier-Schnäbel-Modell« genannt von Schulz von Thun[30]. Doch über Zuhören theoretisch Bescheid zu wissen und es tatsächlich gut zu können, darin liegt ein sehr großer Unterschied. In diesem Kapitel möchte ich Sie für die Kraft des Zuhörens sensibilisieren.

Zuhören in Organisationen: Wieso es immer wichtiger wird

Zuhören ist die Basis aller Kommunikation. Dennoch wird meistens viel zu wenig zugehört. Menschen lassen sich nicht ausreden. Gesagtes wird mit persönlichen Meinungen kommentiert und beantwortet, ohne dass danach gefragt wurde. Schweigen oder eine Stille wird selten zugelassen.

Es ist erwiesen, dass Menschen, die sich in der Zusammenarbeit im Team und mit der Führungskraft wohlfühlen, motivierter und produktiver sind. Ein erwachsenes Miteinander im Klettergerüst ist erfolgsentscheidend. Wenn wir erwachsen kommunizieren, Feedback geben und nehmen, konstruktiv im Sinne der Organisationsziele agieren, kommen wir viel weiter, als wenn Schuldige gesucht und Selbstverantwortung und Mitverantwortung abgelehnt wird. Konflikte und Unstimmigkeiten werden schneller geklärt. All dies sollen Instrumente wie Dailies, Retrospektiven und übergeordnete Themen wie zum Beispiel eine Feedbackkultur unterstützen.

30 Migge 2007, S. 35 f.

Zuhören – Wieso fällt es uns so schwer?

Wir verlernen, uns und anderen zuzuhören. Die Begründung für meine These sind folgende Beobachtungen:

- Es gibt zahlreiche Bücher und Seminare zu den Themen Verkaufen, Präsentieren, Keynotes halten. Bücher und Seminare zum Thema Zuhören gibt es dagegen kaum.
- Unsere Welt wird immer sendungsorientierter. Jeder kann durch die sozialen Medien seine Meinung kundtun. Die Medienvielfalt und -breite nimmt stetig zu. Es bedarf eines sehr hohen Maßes an Selbstdisziplin, um keine (sozialen) Medien zu konsumieren.
- Die Welt wird gefühlt immer lauter, insbesondere in den sozialen Netzwerken. Wer gehört werden will, »schreit« immer wilder – postet mehr Beiträge bzw. mehr polarisierende Beiträge.
- Letztlich sehnen wir uns alle danach gehört zu werden und deshalb sagen wir immer mehr und immer lauter.

Auch im organisationalen Umfeld wird viel kommuniziert. Manchmal auch so viel, bis jeder etwas gesagt hat. Es wurde schon alles gesagt, jedoch noch nicht von jedem. So entsteht schwerlich Neues und nur selten eine Verbindung zwischen den Menschen. Noch dazu fühlen sich Menschen nicht gehört, wenn viel gesendet wird.

Wie soll sich eine neue Haltung entwickeln oder überhaupt etwas Neues entstehen, wenn immer nur geredet wird? Haltung kommt von innehalten.

Zuhören ist mehr als eine Technik – Zuhören ist eine Kunst

Zuhören ist so viel mehr als eine Technik. Wie wir zuhören, mit welcher Grundeinstellung wir zuhören, ist ein sehr machtvolles Instrument. Im Duden steht unter Zuhören: »Aufmerksamkeit zuwenden« bzw. »mit Aufmerksamkeit hören«. Im ersten Moment sind diese Definitionen nicht aussagekräftig, auf den zweiten Blick doch. Es ist der feine Unterschied zwischen hören und zuhören. Hören ist beiläufig, passiv. Radio hören, ein Gespräch hören. Zuhören erfordert eine aktive Zuwendung auf etwas *zu*, eine innere Ausrichtung des Hörenden auf eine andere Person, auf ein Thema. Der Fokus verändert sich. Beim *Zuhören* ist man mehr beim anderen als bei sich selbst. Zuhören erfordert ein *Loslassen* von den eigenen Themen und ein *Einlassen* auf etwas Neues. Gutes Zuhören verbindet. Wenn zugehört wird, fühlen wir uns zugehörig.

Der renommierte amerikanische Coach Jim Dethmer weist darauf hin, wie wichtig Zuhören ist. Durch gutes, bewusstes Zuhören werden andere ermutigt:

> *»Conscious listening is one of the most important skills for effective leadership and, in our experience, most leaders still need a lot of practice in this area.«*[31]

Zuhören neu entdecken – ohne Filter

Zuhören ist zurückhaltend, leise und still. Zuhören will nichts. Zuhören meint, sich mutig auf das einzulassen, was vom anderen kommen mag. In diesem Moment gibt man die Kontrolle über das Gespräch ab. Es werden keine vorgefertigten Bausteine in das Gespräch hineingeben. Stattdessen wartet man ab. Mit einer grundsätzlich wertschätzenden, offenen Haltung. Dies knüpft ideal an das vorherige Kapitel an.

Jim Dethmer und Kollegen beschreiben eindrücklich, wie wir bessere Zuhörer werden. Es hilft zunächst, sich seiner eigenen Zuhörmuster und automatischen Reaktionen bewusst zu werden. Sie beschreiben, dass der häufigste Zuhörfilter bei Führungskräften das »Reparieren« ist. Führungskräfte fühlen sich häufig aufgefordert, in Lösungen zu antworten, obwohl vielleicht gar nicht nach einer Lösung gefragt wurde. Doch sie interpretieren das Gesagte als Aufforderung, eine Lösung zu bieten. Um besser zuzuhören, hilft es, sich seiner eigenen Filter beim Zuhören bewusst zu sein. Die Tabelle 6 gibt eine Übersicht.

Art des Filters	Erläuterung	Beispiel
Reparieren	Es wird eine Lösung angeboten.	»Gehen Sie mal mit ihm Mittagessen und lernen Sie sich auf einer anderen Ebene kennen.«
Diagnose	Es wird das Problem dahinter benannt.	»Das tatsächliche Problem ist doch ganz woanders, nämlich ...«
Korrektur	Die Aussage wird korrigiert.	»Das ist kein Kommunikationsproblem, das ist ein Rollenproblem!«

31 Dethmer/Chapman/Klemp 2014, S. 125.

Art des Filters	Erläuterung	Beispiel
Konflikt vermeiden	Das Problem wird nicht gesehen, anerkannt bzw. wird eine Begründung für die Situation gegeben.	»Der Vertrieb meint es doch nur gut, die bekommen halt auch Druck von ihren Handelspartnern. Das wird schon wieder besser.«
Verteidigen	Der Zuhörer fühlt sich angegriffen und verteidigt sich.	»Soll ich jetzt die Wogen glätten oder meinen Sie sogar, dass ich dafür verantwortlich bin?«
Bestätigen	Gewohnheitsmäßiges Zuhören. Es wird nur das gehört, was wir schon kennen.	»Ach ja, wie immer, der schon wieder.«
Personalisieren	Die Aussage des Anderen wird auf das eigene Leben bezogen.	»Was Sie beschreiben, kenne ich zu gut. Ich hatte auch mal so eine Situation mit einem Kollegen.«

Tabelle 6: Filter beim Zuhören am Beispiel »Ich habe Probleme mit dem Vertriebsleiter, irgendwie kommunizieren wir aneinander vorbei und geraten aneinander«
Quelle: Eigene Darstellung in Anlehnung an Dethmer/Chapman/Klemp S. 126 und Scharmer 2019, S. 57

Bemerken wir diese Filter, sind wir mehr bei uns statt bei der Person, der wir zuhören. Wir hören dann nicht zu und sind nicht offen für einen echten Dialog.

Diese Filter laufen häufig automatisch ab. Zum Teil ist dies auch gut. Doch wenn wir sie zu oft anwenden, überhören wir leicht etwas. Wir hören und spüren nicht, um was es dem Gegenüber wirklich geht. Was bewegt den Anderen und welches tatsächliche Bedürfnis steckt dahinter? Was braucht die Person von Ihnen als Führungskraft? Braucht sie eine Diagnose oder eine Korrektur?

Es ist etwas anderes, diese in einem Gespräch automatisch und ungefragt zu geben oder mit einer offenen Haltung in das Gespräch zu gehen: Es geht jetzt beim Zuhören nicht um Sie, sondern um die andere Person. Sie möchten diese Person unterstützen. Das machen Sie am besten, indem Sie komplett mit Ihrer Aufmerksamkeit bei der anderen Person sind – und nicht bei Ihnen.

Das fühlt sich im ersten Moment passiv und nicht gut an. Weil es sich nach wenig anhört. Es widerspricht dem übergeordneten Anspruch unserer Leistungsgesellschaft, dass wir aktiv sein und leisten müssen. Da passt das von außen passiv wirkende Zuhören vermeintlich nicht hinein.

Dass Sie einem Menschen damit helfen, dass Sie »nur« zuhören, fühlt sich vielleicht schräg an. Sie müssen doch Antworten haben und den Prozess beschleunigen. Probieren Sie es einmal aus oder erinnern Sie sich an eine Situation, wo Ihnen zugehört wurde oder Sie ohne Filter zugehört haben.

Zuhören ist sehr wirkungsvoll. Es bringt Kontakt – zwischen Menschen, die sich zuhören, aber vor allem auch dem Menschen selbst, dem zugehört wird. Kontakt mit sich selbst, mit seinem Körper, mit seiner Intuition, mit den Zukunftsmöglichkeiten. Zwischen den Menschen vertieft sich die Beziehung. Es entsteht Vertrauen, denn wir fühlen uns im Zuhören gesehen.

Mir persönlich gibt die folgende Sichtweise immer wieder die Lizenz zum Zuhören:

> *»Just being able to be there for others and to listen to them is one of the most important capacities a leader can have. It calls forth the best in people by allowing them to express what is within them. If someone listens to me say what I am feeling, then my feelings are given substance and direction, and I can act. … His listening allowed me to develop my thoughts. … gave me his full attention, as if nothing else mattered in that moment. The more he listened, the more I was able to express myself and the more certain I became about what I was saying.«*[32]

32 Jaworski 2011, S. 66 / auf deutsch: »Die Fähigkeit, für andere da zu sein und ihnen zuzuhören, ist eine der wichtigsten Fähigkeiten, die eine Führungspersönlichkeit haben kann. Sie ruft das Beste im Menschen hervor, indem sie ihm erlaubt, das auszudrücken, was in ihm steckt. Wenn mir jemand zuhört, wenn ich sage, was ich fühle, dann erhalten meine Gefühle Substanz und Richtung, und ich kann handeln. … Sein Zuhören ermöglichte es mir, meine Gedanken zu entwickeln. … Er schenkte mir seine volle Aufmerksamkeit, als ob in diesem Moment nichts anderes wichtig wäre. Je mehr er zuhörte, desto mehr konnte ich mich ausdrücken und desto sicherer wurde ich in dem, was ich sagte.«

Zuhören neu entdecken – vor allen Dingen mit dem Herzen

Wirklich zuhören meint, die eigenen schönen Werkzeuge und Lösungen im Kopf komplett fallen zu lassen und mit allen Sinnen möglichst präsent bei dem Menschen zu sein, welcher gerade etwas sagt. Das ist ein schöner Übungsweg. Ich selbst ertappe mich auch beim konzentrierten Zuhören, wie ich im Kopf hin und her springe, über das Abendessen oder die nächste Sequenz im Workshop nachdenke. Dann gilt es, mich wieder in den Moment und zum anderen zurückzubringen. Es ist einfach nur ein kurzer Moment des inneren »Stop«-Denkens.

Grundsätzlich können wir mit drei verschiedenen Ausrichtungen zuhören: mit dem Kopf, mit dem Herzen und mit der Hand bzw. dem Bauch[33].

Den meisten fällt es am leichtesten, mit dem Kopf zuzuhören. Wir achten dann auf Zahlen, Daten und Fakten – auf all das Faktische und Objektive. Es ist ein neugieriges Zuhören statt eines bestätigenden Zuhörens. Das Zuhören ist darauf ausgerichtet, etwas Neues und Interessantes zu entdecken. Neugierige Zuhörer fragen interessiert nach.

Mit dem Herzen zuzuhören meint, in den Dialog sowie in die andere Person hineinzuspüren. Im besten Falle wird der Kopf ein wenig zur Seite gelegt und Sie konzentrieren sich auf Ihre Wahrnehmung aus dem Herzen heraus: Was nehmen Sie an Gefühlen des Anderen wahr? Welche Emotionen werden bei Ihnen ausgelöst, wenn Sie zuhören? Wo und wie bemerken Sie dies in Ihrem Körper? Fühlen Sie sich in den anderen Menschen ein, wie fühlt er sich in der Situation, die er Ihnen schildert? So verlassen Sie Ihre eigenen Filter und Ihre Sichtweise und sind komplett beim Anderen. Äußern Sie, was Sie empfinden, wenn Sie zuhören, wie zum Beispiel »Ich habe eine Idee davon, wie wütend Sie sein müssen.« oder »Wenn ich Ihnen zuhöre, merke ich, wie mein Puls steigt. Ich glaube, das regt Sie sehr auf?« Teilen Sie der anderen Person Ihre Empfindungen mit und schauen Sie, was passiert. Auch wenn Ihr Erleben erst einmal für die andere Person keinen Sinn ergibt, wird es dennoch einen tieferen Dialog ermöglichen.

33 Streng genommen müsste Zuhören mit Kopf und Hand zu dem jeweiligen anderen Kapitel zugeordnet werden. Da die Kompetenz des Zuhörens jedoch am meisten auf das Zugehörigkeitsgefühl einzahlt, hat sich die Autorin entschieden, das Thema hier komplett aufzuzeigen. Die drei Instrumente des Zuhörens sind in Anlehnung an Scharmer 2019, S. 57 f. sowie Dethmer/Chapman/Klemp dargestellt.

Abbildung 9: Mit drei Prinzipien zuhören
Quelle: Eigene Darstellung in Anlehnung an Scharmer 2015

Und zu guter Letzt hören Sie pragmatisch mit der Hand, mit dem Tun hin. Wie entschlossen wirkt das Gehörte auf Sie? Welches Potenzial bzw. Zukunftspotenzial spüren Sie? Gerade am Ende von langen Gesprächen oder Workshops finde ich dies hilfreich. Überzeugt mich die Entschlossenheit in der Stimme? Dies spiegele ich zurück: »Das hört sich sehr entschlossen an« bzw. »Ich höre da noch Zweifel und zu wenig Entschlossenheit, was fehlt noch?«

Es ist wahrlich unmöglich, in jedem Gespräch mit allen drei verschiedenen Arten zuzuhören. Fokussieren Sie sich situativ auf ein Prinzip, mit dem Sie vermehrt zuhören möchten. In klassischen Businessmeetings ist ein objektives, neugieriges Zuhören sinnvoll, wohingegen es in Mitarbeiter- oder Feedbackgesprächen menschlicher ist, mit dem Herzen und der Hand zuzuhören.

Einfach besser zuhören

!

So wichtig zuhören ist, so wichtig ist es auch, sich damit nicht selbst zu stressen. Es ist unrealistisch, in jedem Gespräch vollumfänglich zuzuhören. Erinnern Sie sich einfach immer wieder daran. Je nach Gesprächssituation können Sie dann bewusst und intensiv zuhören. Was Sie immer tun können, sind folgende Kleinigkeiten, die Ihre Zuhörqualität enorm steigern werden:

1. Lassen Sie andere vollständig ausreden.
2. Bevor Sie antworten, atmen Sie einmal tief durch und halten einen Moment inne. Sie müssen nicht sofort antworten.
3. Fragen Sie öfter nach oder fordern Sie zum Weiterreden auf, zum Beispiel mit »Erzählen Sie dazu mehr«.

Auf einen Blick

- Zuhören ist aktiver als Hören.
- Zuhören ist eine sehr wichtige Führungskompetenz. Zuhören ist die Grundlage für einen guten Dialog.
- Es ist normal, dass wir mit verschiedensten Filtern zuhören und automatisch antworten. Damit hören wir aber am meisten uns selbst zu. Die Kunst des Zuhörens ist, sich der eigenen Filter bewusst zu sein, diese zu parken und mit Herz, Kopf und Hand zuzuhören.

Reflexionsfragen

- Wann war das letzte Mal, dass Ihnen jemand so zugehört hat, dass Sie sich wahrgenommen gefühlt haben? Woran haben Sie bemerkt, dass Ihnen wirklich zugehört wird?
- Welchen Filter benutzen Sie am meisten? Wie erklären Sie sich dies?
- Wann haben Sie das letzte Mal einfach nur zugehört ohne Absichten und mit einer grundsätzlichen Haltung der Offenheit und Neugierde? Wie haben Sie sich dabei gefühlt?
- Welchen Menschen möchten Sie mehr zuhören?

4.3 Team-Beziehungen motivierend gestalten

Eine positive Grundhaltung wirkt sich nicht nur auf das Zuhören aus. Vielmehr hat sie einen direkten Effekt auf die kleinen und großen Gesten in der Zusammenarbeit. »Die Beziehung zur unmittelbaren Führungskraft ist die Achillesferse der Arbeitszufriedenheit«, meint der renommierte Managementberater Reinhard Sprenger[34]. In Führung und Zusammenarbeit sind vertrauensvolle Beziehungen die Achillesferse, also der entscheidende Punkt. Je gesünder diese Beziehungen sind, umso kraftvoller und aus sich selbst heraus werden Menschen sich bewegen und Veränderungen bewirken, also über die Brücke gehen.

Es sind die kleinsten Schritte und Gesten, aus der die Brücke gebaut wird. Das Prinzip »Herz« ist der wichtigste Kitt der Beziehungsbrücken. Das Gefühl von Bedeutung übersetzt sich für Beziehungen in das folgende Grundgefühl:

»Ich empfinde die Zusammenarbeit als wertschätzend und respektvoll. Ich fühle mich gesehen. Meine Arbeit und die Zusammenarbeit bedeuten mir etwas und ich fühle mich als Teil vom Team.«

Als Einstieg in dieses Kapitel führen Sie eine Selbsteinschätzung durch.

Merkmale eines niedrigen Gefühls von Bedeutung	**Wie empfinden Sie dies bei sich selbst bzw. im Team?**	**Merkmale eines hohen Gefühls von Bedeutung**
Ich bin in Kleinigkeiten in Beziehungen oftmals nachlässig (unpünktlich, gehetzt etc.)	←--------------------→	Ich bin in jeder Zusammenarbeit, in jedem Kontakt wertschätzend und respektvoll.
Wir nehmen uns keine Zeit, Fortschritte und Erfolge zu sehen.	←--------------------→	Wir nehmen uns regelmäßig Zeit, um Fortschritte zu sehen, zu würdigen und stolz zu sein.
Wir sprechen nur fachlich. Feedback steht auf dem Papier, wird aber nicht praktiziert.	←--------------------→	Wir geben uns im Team regelmäßig Feedback.

34 Sprenger 2015, S. 164.

Merkmale eines niedrigen Gefühls von Bedeutung	Wie empfinden Sie dies bei sich selbst bzw. im Team?	Merkmale eines hohen Gefühls von Bedeutung
Unstimmigkeiten werden unter den Teppich gekehrt.	←--------------------→	Unstimmigkeiten werden zeitnah angesprochen.
Bei uns geht es nur um Zahlen und Prozesse. Ziele sind rein sachlich.	←--------------------→	Ziele sind bei uns mit Zielbildern emotional verbunden. Zahlen und Prozesse sind mit Emotionen verbunden.

Tabelle 7: Selbsteinschätzung: Wie motivierend ist die Zusammenarbeit?
Quelle: Eigene Darstellung in Anlehnung an Antonovsky

Anhand Ihrer Selbsteinschätzung können Sie nun sehen, welches Kapitel für Sie besonders interessant sein könnte.

4.3.1 Kleine Tugenden – große Wirkung

Mit manchen Menschen oder Kunden fühle ich mich einfach motiviert in der Zusammenarbeit. Dagegen gibt es immer auch einmal welche, wo ich die Kooperation anstrengend empfinde. Wie ist es bei Ihnen – bei welchen Menschen fühlen Sie sich motiviert, respektiert und wertgeschätzt? Und was meinen Sie, wie fühlen sich Ihr Team oder einzelne Mitarbeitende von Ihnen in der Zusammenarbeit gesehen?

Die Antworten sind meist banal. Es geht nicht um die großen Gesten oder um Lobhudelei in der Zusammenarbeit. Der größte Frust entsteht, wenn sich die Menschen nicht gesehen fühlen.

Motivation entsteht häufig durch Kleinigkeiten: Mein Gegenüber ist pünktlich, gut vorbereitet, hört mir zu. Deshalb: Achten Sie auf die kleinen Basics! Sie sind wertvoller, als Sie meinen.

In unzähligen Workshops mit Teams habe ich die Bedürfnisse von Mitarbeitenden an ihre Führungskraft gehört und fasse sie wie folgt zusammen:

- »Ich möchte meine Führungskraft mal sehen, sie soll sich nicht in ihrem Zimmer bzw. hinter ihrem Bildschirm verstecken.«
- »Ich wünsche mir, dass sie sieht, was ich/wir Außerordentliches leiste/n.«
- »Ich möchte spüren, dass ich ernst genommen werde mit meinen Anliegen.«

Ein respektvoller Umgang motiviert und gibt uns positive Energie. Wir sehnen uns alle nach Aufmerksamkeit und Interesse, denn dadurch fühlen wir uns verbunden. Das gibt uns das Gefühl, dass wir für einen anderen Menschen eine Bedeutung haben.

All dies ist kein Hokuspokus. Auch das Statement »Ich habe viel zu wenig, fast gar keine Zeit zum Führen«, gilt nicht. Denn selbst wenn Sie operativ eingespannt sind, führen Sie Meetings, Gespräche und vieles mehr.

Seien Sie mit der folgenden Checkliste ehrlich zu sich selbst. Welche Punkte treffen auf Sie zu und wo sehen sie für sich noch Potenzial?

ja	nein	
		Ich bin pünktlich und zeige dadurch, dass ich die Zeit meines Gesprächspartners schätze und mir der Termin wichtig ist.
		Ich bin in Gesprächen und Terminen präsent – und nicht mit E-Mails oder anderen Themen innerlich beschäftigt.
		Ich nehme mir Zeit für die Gespräche – statt häufig zu sagen oder zu denken »ich habe so viel tun und eigentlich gar keine Zeit«. Persönliche und/oder wichtige Themen kommuniziere ich verbal statt per E-Mail.
		Ich bedanke mich – für ein Gespräch, für Leistungen/Vorarbeiten etc.
		Ich möchte, dass eine Begegnung mit mir als lohnenswert empfunden wird, und bereite mich gut vor.
		Ich höre offen zu und interessiere mich für die andere Person, ihre Situation und ihren Standpunkt.
		Ich lasse meine Gesprächspartner ausreden.
		Ich bin feedbackfähig und dankbar für Verbesserungsideen. Ich schätze konstruktive Rückmeldungen, weil diese auch zeigen, dass mein Gesprächspartner mir vertraut und sich traut.
		Ich begegne meinen Kollegen und Mitarbeitenden respektvoll auf Augenhöhe – statt mich überlegen zu fühlen. Für mich ist jeder Mensch wichtig.
		Ich zeige mich als Mensch, auch einmal verletzlich ohne Maske, und gebe so der anderen Person die Sicherheit, sich ebenfalls zu öffnen und als Mensch zu zeigen.

Tabelle 8: Selbsteinschätzung: Wertschätzender und respektvoller Umgang
Quelle: Eigene Darstellung

Wie meinen Sie, würde Ihr Team Sie in der Zusammenarbeit einschätzen? Seien Sie mutig und fragen Sie nach einem Feedback!

Die Punkte in der Checkliste sind selbsterklärend. Dennoch möchte ich den einen oder anderen Aspekt erweitern, mit dem Ziel zu sensibilisieren.

Danke sagen und aus dem Herzen meinen

Wir können in den sozialen Medien mit einem Klick »Instant-Feedback« geben. Im wahren Leben scheitern wir oft an einem banalen und dennoch wirksamen »Danke«. Danke für eine Ausarbeitung, eine gute Vorbereitung oder die Zeit für ein kurzes Gespräch. Wann haben Sie sich zuletzt bei Ihrem Team oder einzelnen Mitarbeitern aufrichtig bedankt?

Wie berührend ein einfaches Danke und eine Zuwendung sein können, habe ich selbst in einer Gruppe mir unbekannter Menschen erlebt. Auf dem internationalen Kongress der Transaktionsanalyse 2017 in Berlin nahm ich an einem Workshop bei Sari van Poelje teil. Im Workshop ging es um das Thema »Kooperation und Zusammenarbeit«. Nach knapp drei Stunden waren 40 Teilnehmer und die Moderatorin von dem Input und den Diskussionen erschöpft. Wir alle brauchten Energie.

Zum Abschluss wurden wir aufgefordert, uns in einem Kreis aufzustellen. Wir sollten uns nach unserer Erfahrung mit Transaktionsanalyse aufstellen. Von null bis 45 Jahren war alles dabei. Die Aufgabe: Die jeweils weniger erfahrenere Person sagte zu der erfahreneren:

»Danke, dass du hier bist. Ohne dich wäre ich jetzt nicht hier.«

Teilnehmer nach Teilnehmer wandte sich dem anderen zu, schaute ihr oder ihm in die Augen und sagte immer wieder den gleichen Satz. Ich war sehr berührt von der Atmosphäre im Raum. Als sich der Kreis geschlossen hatte, sprach Sari als Moderatorin die gleichen Worte. Die Stimmung im Raum war gefüllt mit tiefer Verbundenheit und großer Dankbarkeit zwischen uns Fremden. Unsere Herzen waren berührt, ein paar Taschentücher feucht. Keiner war mehr erschöpft.

Diese Übung und Erfahrungen zeigen:

1. Wir sollten die Erfahrung von anderen und älteren Menschen in Organisationen würdigen. Ohne sie wären die Unternehmen nicht da, wo sie jetzt stehen.
2. Unsere Gegenwart und unsere individuellen Leistungen sind das Ergebnis der Verbindung zu vielen anderen Menschen. Es sind ganz selten wirkliche Einzelleistungen, sondern wurden durch den Beitrag vieler Menschen an unterschiedlichen Stellen ermöglicht.
3. Wir können nur führen, wenn wir Menschen haben, die mit dabei sind.

Diese Einstellung und diese Dankbarkeit sind insbesondere wichtig, wenn es um das Verlassen der alten in Richtung der neuen Arbeitswelt geht. Ältere Mitarbeiter fühlen sich manchmal abgehängt von den Entwicklungen und Technologien. Da kann das Gefühl entstehen, nicht mehr gebraucht zu werden oder auch, dass die bisherigen Entwicklungen umsonst waren und nun im Neuen nicht mehr zählen. Doch die Älteren und Erfahreneren haben die Organisation mit aufgebaut, den Umsatz und Gewinn generiert, sodass die neuen Entwicklungen überhaupt möglich sind!

Pünktlich sein

Unterschätzen Sie nicht den positiven Effekt, wenn Sie pünktlich zu Terminen erscheinen und Zusagen verlässlich einhalten. Damit geben Sie dem anderen nicht nur das Gefühl, dass er oder sie gerade die größte Bedeutung für Sie hat. Die Marotte, zu spät zu Terminen zu kommen und andere warten zu lassen, drückt implizit auch ein Machtverhältnis aus. »Ihr müsst auf mich warten.« Oder »ich bin so wichtig, ich habe so viele Termine und mir ist dieser Termin hier nicht wichtig genug, um pünktlich zu sein.«

Präsent sein

Eine weitere häufig anzutreffende Angewohnheit ist, nicht voll und ganz im Meeting zu sein – sondern sich mit E-Mails oder sonstigen Dingen am Laptop oder Smartphone zu beschäftigen. Wie würde es Ihnen gehen, wenn Sie eine für Sie wichtige Präsentation halten und so ein Verhalten beobachten? Welches Gefühl würde das bei Ihnen erzeugen? Unsicherheit, Wut, Ärger? Es unterstützt auf jeden Fall nicht das Gefühl von Vertrauen. Also lassen Sie es. Es sei denn, Sie machen sich Notizen. In einem kleinen Meeting könnten Sie das kommunizieren und so transparent machen. Dennoch bleiben das Gefühl und die Tatsache, dass ein technisches Gerät zwischen

Ihnen und dem anderen ist. Schenken Sie der Person, dem Meeting stattdessen die volle Präsenz. Hören Sie mit Neugierde zu. Wenn wir mit allen unseren Sinnen voll und ganz bei einer Person oder Aufgabe sind, sind wir präsent. »Präsent« ist sehr nah am englischen Wort für Geschenk, »present«. Wenn wir voll und ganz bei einer anderen Person sind, schenken wir diesem Menschen unsere vollste Aufmerksamkeit.

Persönlich statt per E-Mail kommunizieren

Ein weiteres Mittel für Machtspielchen ist die Form der Kommunikation, die Wahl des Kommunikationskanals. Eine Kommunikation per E-Mail wirkt schnell hierarchisch. Der Sender sendet eine Information. Als Leser und Empfänger bekomme ich diese. Ein Dialog mit dem Sender ist nicht möglich. Das ist bei reinen, sachlichen Infos okay. Bei Inhalten, die persönliche Beziehungen betreffen oder Auswirkungen haben, wie zum Beispiel Entwicklungen, Teamzugehörigkeiten, Konfliktbearbeitungen etc. greifen Sie bitte mindestens zum Telefonhörer oder noch besser: Laden Sie zu einem Meeting ein.

Dies hat mehrere Vorteile. Zum einen gibt es weniger Interpretationsspielräume als in einer E-Mail. Ein Text kann je nach Stimmung und Erfahrung beim Empfänger in unterschiedlichsten Sichtweisen gelesen werden. Kommunizieren Sie mit Ihrer Stimme, erhalten die Hörer ein Gefühl für Ihre Stimmung, Ihre Intention etc. Zum anderen sind persönliche Kommunikationskanäle immer »bedeutungsvoller« und wertvoller. In einem kurzen Meeting geben Sie den Empfängern einer Nachricht bitte auch immer die Möglichkeit, sich zu äußern, Fragen zu stellen etc.

In einer E-Mail schwingt das Gefühl »Das will ich jetzt vom Tisch haben und nicht darüber sprechen« mit. Wichtig für das Gefühl von Bedeutung und für das Vertrauen ist jedoch, dass Sie genau das zulassen – den Austausch. Dann fühlen sich die Empfänger ernster genommen.

Was ein Mittelweg darstellen könnte, ist: Versenden Sie eine E-Mail und kombinieren Sie es mit einem persönlichen Austausch im Anschluss, zum Beispiel am nächsten Tag. Damit geht der Aspekt einher, Emotionen nicht auszugrenzen und Konflikte und unangenehme Gespräche nicht zu vermeiden, sondern zuzulassen und zu führen.

4.3.2 Das Gute sehen und Fortschritte würdigen

Was haben Sie zuletzt gut gemacht? Worüber haben Sie sich zuletzt gefreut? Was ist diese Woche oder auch nur heute Gutes passiert? Wenn ich diese Frage in Workshops stelle, kommt häufig erst einmal Leere und große Augen. Ich gebe den Teilnehmenden fünf Minuten Zeit, sich dazu Stichworte aufzuschreiben und sich auszutauschen. Danach werden die Erlebnisse geteilt. Die Gesichter entspannen sich mehr und mehr und es kommt ein Hauch von Leichtigkeit in den Raum. Auf einmal wird deutlich, was jeder persönlich an guten Dingen erlebt hat. Wieso ist das so wichtig? Ganz einfach: Weil es gut tut. Weil es immer etwas gibt, was gut läuft und gut gelaufen ist. Weil es motiviert, wenn wir uns bewusst machen, was Gutes passiert ist.

Das, was nicht läuft oder auch das, was wir nicht gut können, das fällt uns viel eher auf. So ist unser Gehirn programmiert. Es ist ein uralter Überlebensmechanismus. Wir haben sehr feine Antennen dafür, wo mögliche Risiken und Gefahren sind, was nicht gut läuft. Dieses Verhalten schützt uns vermeintlich und sichert unser Überleben. Doch es fühlt sich weder gut an, noch hilft es uns, Projekte motiviert weiterzuführen.

Stattdessen möchte ich ermutigen: Gehen Sie als ein gutes Beispiel voran. Nehmen Sie zuerst wahr, was Ihnen gut gelingt, was Sie gut können. Erfreuen Sie sich an dem Guten und dem guten Gefühl daran – statt direkt im Alltag weiterzurennen, denn wenn Sie die Fortschritte und das Gute bei sich erkennen, stärken Sie Ihre Fähigkeit, diese auch im Team zu beobachten.

In den vielen Begegnungen mit Führungskräften aller Hierarchiestufen beobachte ich, dass das Muster häufig ein anderes ist: Da wird nach einer guten Präsentation eher an den letzten 5%, die nicht gut liefen, herumgemäkelt. Die eigenen Stärken und Erfolge werden nicht gewürdigt. Nach erfolgreichen und herausfordernden Meetings wird einfach weitergemacht. »War gut, ja. Okay.« Doch Zeit zum kurzen Genießen, zum kurzen Feiern des Erreichten bleibt nur sehr selten. Und wenn, dann wird es nur sehr selten ausgekostet.

Ich sage nicht, dass es jedes Mal ausufern soll. Um was es mir geht: Sich selbst mit den eigenen Erfolgen würdigen und für 10 Sekunden sich selbst feiern. Einmal kurz durchatmen mit einem guten Gefühl.

Denn wenn Sie Ihre eigenen Erfolge nicht bewusst feiern, machen Sie es auch weniger mit und für Ihr Team. Das ist auf Dauer demotivierend und keine gute Basis für Ihre Verbindung. Viel kraftvoller ist, auch dem Team bzw. einzelnen Teammitgliedern gegenüber das Positive und Fortschritte zu sehen und anzusprechen. Das Team wiederum sieht bei sich ja auch eher die negativen Dinge. Hier sind Sie gefordert, die Sichtweise zu steuern. Sowohl Ihrem eigenen Team gegenüber als auch »nach oben« zu Ihren Chefs. Insbesondere, wenn die Stimmung angespannter wird. Da kann es sein, dass Sie von oben Aussagen hören wie »Ihr Bereich ist noch überhaupt nicht agil« oder »Was macht ihr eigentlich den ganzen Tag?«. Aus dem eigenen Team kann es wiederum ein Statement wie »Wieso sollen wir uns ändern, wozu machen wir den ganzen Quatsch?« geben.

Zeigen Sie in diesen rascheligen Situationen auf, welche Fortschritte Sie wahrnehmen. Zum Beispiel: »Wir reden viel offener miteinander. Entscheidungen treffen wir im Team, statt dass ich sie vorgebe. Wir wissen viel mehr voneinander.«

Auf der anderen Seite platzieren Sie immer wieder Ihr großes Wozu – Wozu machen Sie das alles? Was ist die Zielsetzung dahinter? Das gibt den unbequemen Veränderungen einen Rahmen und eine Bedeutung. So könnte eine Veränderung, die Sie erzielen möchten, sein, dass Sie die Mitarbeitenden zu mehr Eigenverantwortung motivieren möchten. Statt dass Sie als Führungskraft also die Entscheidungen treffen, delegieren Sie diese zurück. In der Kommunikation könnte das dann bedeuten, dass Sie sagen: »Liebe Mitarbeitende, ich könnte jetzt die Entscheidung treffen. Doch das ist langfristig nicht das, was wir erreichen wollen. Wir haben uns als Zielrichtung gesetzt, dass Ihr als Team eigenverantwortlicher und selbstorganisierter arbeitet. Deshalb möchte ich das jetzt an Sie zurückdelegieren. Wie würden Sie entscheiden? Erarbeitet das und dann schauen wir gemeinsam drauf.«

Das übergeordnete Wozu gibt also die grobe Richtung in der Zusammenarbeit vor. Es ist besonders dann wichtig, wenn es unangenehm ist, wenn es Widerstände im und oder außerhalb des Teams gibt. Hier sind Sie gefordert, das Wozu der Veränderung aufrichtig zu vertreten.

Fortschritte würdigen und das Wozu dahinter aufzeigen, erzielt übergeordnet einen weiteren wichtigen Effekt. Die Mitarbeitenden und natürlich auch Sie, werden Teil eines gemeinsamen Erfolges. Das macht stolz und gibt jedem im Team ein Gefühl, dazu einen Beitrag zu leisten und Bedeutung zu haben.

!

Das Gute sehen und wirklich fühlen

Persönlich bin ich sehr ehrgeizig. Mir fällt es schwer, mich nach guten und wichtigen Terminen oder Projekten auszuruhen und den Erfolg zu genießen. Meistens habe ich schon das Nächste im Blick und renne sinnbildlich weiter. Außerdem fällt es mir schwer, das Negative nicht zu groß zu machen und das Große und Ganze zu sehen. Sprich: Auch wenn Dinge sehr gut gelaufen sind, hakt sich mein Kopf an Kleinigkeiten fest, die ich noch besser machen könnte und müsste.
Zwei Techniken oder auch einfach nur Gedanken helfen mir dann weiter.

1. Das weiße Blatt Papier und der blaue Punkt

Nehmen Sie sich ein leeres DIN-A4-Blatt. Setzen Sie darauf mit einem beliebigen Stift einen kleinen Punkt. Dann schauen Sie mit etwas Abstand auf das Blatt Papier. Beantworten Sie sich ehrlich die Frage, was Ihnen zuerst auffällt. Der Punkt? Oder das Weiße? Mir fällt zuerst der Punkt auf. Der Punkt symbolisiert all das, was gerade nicht gut ist, womit ich unzufrieden bin. Darauf fokussiere ich mich gerne. So wird aus einem kleinen Punkt in meinem Kopf etwas Riesiges. Das, was alles gut läuft, fällt mir dann gar nicht mehr auf.
Es gilt, Abstand zum Blatt Papier und zum Arbeitsleben zu bekommen. Die weiße Fläche symbolisiert all das, was gut ist oder was gut läuft. Weil vieles selbstverständlich ist, nehmen wir dies meist gar nicht mehr wahr. Wie gut eine Abstimmung oder ein Termin gelaufen ist oder dass wir einen Arbeitsplatz haben.
Die zweite Technik hilft dabei, dies mehr zu verinnerlichen.

2. 10 Sekunden das Gute fühlen

Diese Technik ist aus dem Buch »Denken wie ein Buddha – Achtsamkeit und Gelassenheit im Alltag«. Die Kernmethode aus dem Buch ist sehr einfach: Sich öfter im Tagesverlauf zehn Sekunden Zeit nehmen, um etwas Gutes wirklich zu fühlen. Das kann der Geschmack des Kaffees sein. Das Vogelgezwitscher. Das zufriedene Gefühl, eine Aufgabe erledigt zu haben. Der Autor Rick Hanson beschreibt, dass es darauf ankommt, die angenehmen Momente nicht nur zu registrieren, sondern wirklich zu fühlen. Wenn wir sie nur registrieren, bleiben sie nicht in unserem Gehirn hängen. Fühlen wir sie, speichern wir sie ab.
Bisher war ich super darin, Listen zu schreiben – von guten Dingen, die passieren oder meinen Erfolgen. Kognitiv alles registrieren kann ich. Es wirklich fühlen … nur 10 Sekunden … ungewohnt … ich probiere es aus. Tagsüber oder spätestens abends vor dem Einschlafen.
Am Schreibtisch mache ich besonders gerne folgende Zehn-Sekunden-Übung: Ich richte mich bewusst auf, setze mich aufrecht hin, Schultern zurück und fühle meine Freude (oder auch Zufriedenheit, Erleichterung, Kreativität) über eine erledigte Aufgabe oder wie ich einen Schreibprozess gerade genieße. Das ist nicht nur gut für den Rücken. Sondern auch für die innere Haltung. Sitze ich aufrechter, fühle ich mich energievoller, souveräner und

selbstbewusster für die nächsten Schritte. Die körperliche Haltung wirkt sich auf die Psyche aus – das spüre ich direkt.
Ich bin begeistert, denn: Ja, wirksame Techniken dürfen leicht sein! Es geht darum, es wirklich zu tun! Ich merke nach ein paar Wochen »Training« positive Effekte: Ich fühle das Gute mehr, statt es einfach nur aufzuschreiben. Genieße den Kaffee noch mehr. Und mir fallen immer mehr positive Aspekte auf, die es wert sind, zu fühlen. In diesem Sinne: Probieren Sie es aus!

Eine Möglichkeit, Fortschritte und positive Veränderungen im Team zu etablieren, ist, sich regelmäßig Feedback zu geben.

4.3.3 Direkt und regelmäßig Feedback geben und nehmen

Emotionale Verbindung entsteht durch Kontakt auf der menschlichen Ebene. Wenn wir gesehen werden. Feedback ist eine etablierte Methode, die die Verbindung zwischen Menschen stärkt. Dennoch gilt auch hier: Davon wissen ist die eine Sache. Die Methode verinnerlichen und anwenden ist etwas anderes. Feedback geben und nehmen hat direkt etwas mit Ihren Zuhörkompetenzen zu tun. Wenn Sie gut zuhören und beobachten, nehmen Sie die andere Person besser wahr. Zugleich hat es den Effekt, dass Sie mit Feedback anders umgehen können.

Feedback ist eines der wirkungsvollsten Instrumente, wenn es wirklich aus dem Herzen kommt und ein aufrichtiges Interesse am Menschen hat. Wenn Sie Feedback aus der Intention heraus geben, den anderen in seiner Entwicklung zu unterstützen, wird es eine positive Wirkung haben. Ist es nur instrumentalisiert und wird gemacht, weil es getan werden muss oder weil Sie sich dadurch besserstellen möchten, wird es negativ wirken. Dann können Sie es auch lassen.

Ich bin immer wieder überrascht, wie wenig Feedback Führungskräfte und auch Fachkräfte im normalen Tagesgeschäft erhalten und geben. Mittlerweile habe ich es mir persönlich auf die Fahne geschrieben, zumindest meinen direkten Ansprechpartnern offen und ehrlich Feedback zu geben. Wenn Sie es denn hören möchten.

Echtes Feedback kann positiv oder konstruktiv kritisch sein. Am meisten freuen wir uns über positives Feedback von Menschen, die für uns wichtig sind. Wir möchten, dass unsere Leistungen gesehen werden und unser Umfeld einschätzen kann, was wir einsetzen. Negatives Feedback ist für viele ein rotes Tuch. Ich persönlich habe negative Rückmeldungen und Verbesserungsvorschläge sehr oft als Kritik bewertet. Vor einiger Zeit ist mir klar geworden, dass konstruktives negatives Feedback wertvoll für mich ist, denn dies zeigt mir, dass der Feedbackgeber ernsthaft an meiner Weiterentwicklung interessiert ist und an mich glaubt.

Wir möchten erkennen, wer wir sind. Durch Feedback können wir unser Eigenbild mit dem Fremdbild unserer Mitmenschen abgleichen. Rückmeldungen geben uns Anerkennung. Spontanes Feedback bzw. direkte Rückmeldungen sind wirksamer als »instrumentelles, gekünsteltes Feedback« in einem Mitarbeiterjahresgespräch. Daher: Wenn Ihnen etwas gut gefallen hat, wenn Ihnen ein Fortschritt bei einem Mitarbeitenden aufgefallen ist: Sagen Sie es. Und ebenfalls, wenn Sie etwas geärgert hat. Wozu? Damit sich nichts aufstaut, damit die positive Energie in der Zusammenarbeit zunimmt.

Wann haben Sie zuletzt Feedback bekommen?

Feedback geben ist das Eine. Sich Feedback holen, ist das Andere. Sich als Führungskraft aktiv Feedback einzuholen, kann im ersten Schritt viel wirkungsvoller sein, als Feedback zu geben, denn wenn Sie sich Feedback einholen, signalisiert dies an Ihr Team: Sie sind an ihrer Meinung interessiert. Sie möchten sich verbessern, Sie möchten hören, wie Ihr Team die Zusammenarbeit mit Ihnen empfindet. Dadurch signalisieren Sie: »Ich bin nicht perfekt. Mir ist Eure Meinung wichtig.« Und vor allen Dingen: »Ich nehme das Thema Feedback und meinen Fortschritt selbst in die Hand, ich übernehme dafür Verantwortung.« Dieser Ansatz einer eigenverantwortlichen Feedbackkultur von Tanja Föhr hat des Weiteren den Effekt, dass Sie als gutes Vorbild vorangehen. Dass Sie sich bewusst der Unsicherheit aussetzen und sich verletzlich und lernbereit zeigen.

So können Sie ein eigenverantwortliches Feedbackgespräch organisieren und aufbauen:

1. Werden Sie sich zunächst bewusst, wozu Sie Feedback erhalten möchten. Werden Sie sich Ihrer Motivation bewusst. Möchten Sie bestätigt werden, möchten Sie sich verbessern, möchten Sie die Zusammenarbeit verbessern?

2. Erläutern Sie Ihr Wozu, Ihre Gründe, am Anfang eines Feedbackgespräches.
3. Wählen Sie unterschiedliche Feedbackgeber aus. Das sollte eine Mischung aus Mitarbeitenden sein, mit denen Sie eher »können« und auch jemand, mit dem Sie nicht so gut »können«.
4. Überlegen Sie, zu welchem Thema Sie Feedback erhalten möchten: eine spezielle Situation oder ganz allgemein?
5. Fragen an den Feedbackgeber könnten zum Beispiel sein:
   a) Was schätzen Sie an unserer Zusammenarbeit bzw. an der Zusammenarbeit mit mir?
   b) Wo sehen Sie meine Stärken?
   c) Was sollte ich mehr machen?
6. Schicken Sie die Fragen zur Vorbereitung an den Feedbackgeber. Terminieren Sie das Gespräch für 15-30 Minuten. Sprechen Sie mit dem Feedbackgeber vorab persönlich (siehe Punkt 2) und erläutern Sie die Gründe für den Termin.
7. Gehen Sie offen und neugierig in das Feedbackgespräch.
8. Hören Sie sich das Feedback an, machen Sie sich Notizen, fragen Sie interessiert nach und bedanken sich zum Schluss.

4.3.4 Unstimmigkeiten wertschätzend ansprechen und lösen

Feedback einholen und Feedback geben sollte immer eine positive Grundhaltung und Intention beinhalten. Diese Grundhaltung ist ebenfalls wichtig für den nächsten Impuls. Denn egal wie wir es drehen und wenden: In einer Zusammenarbeit wird es immer Konfliktsituationen geben. Es wird immer einmal wieder Situationen geben, in denen es hoch hergeht.

Kennen Sie Rabatt-Karten? Wenn Sie zehn Kaffee gekauft haben, erhalten Sie den elften gratis. Wieso erwähne ich dies hier? Manche Menschen haben so eine Rabattmarkenkarte in sich. Immer, wenn ihnen etwas nicht gefällt, kleben sie eine Marke hinein. Ist das Heftchen voll, explodieren sie bzw. werden laut. Der Gegenüber ist dann vermutlich sehr überrascht. Die Rabattmarkenkleber sind es weniger, denn sie wissen ja, wann und wieso sie all die anderen Marken geklebt haben. Ihr Gegenüber weiß jedoch davon nichts, weil sie es nicht transparent gemacht hatten.

Abbildung 10: Offener kommunizieren statt Rabattmarken sammeln
Quelle: Eigene Darstellung

In diesen Situationen ist es wichtig, aufrecht und aufrichtig zu sein. Zugleich sollten Sie die eigene Maske abnehmen und zeigen, was in Ihnen vorgeht, also die Rabattmarken gar nicht erst kleben, sondern Probleme offen benennen.

Viele meiner Kunden stellen ebenso fest, dass emotionale Gespräche zunehmen. Sei es, weil Menschen überfordert oder ängstlich sind oder weil es darum geht, schwierige Themen anzusprechen. Diese unterschiedlichsten Emotionen auszuhalten, erfordert eine gute, stabile Haltung.

Unstimmigkeiten und Konflikte lassen sich nicht vermeiden. Was sich vermeiden bzw. beeinflussen lässt, ist, wie Sie damit umgehen. Sind Sie eher der Typ, der Konflikte anspricht, oder der, der sie lieber unter den Teppich kehrt und am liebsten, so lange es geht, nicht anspricht? Es ist aus zwei Gründen wichtig, mit Spannungen konstruktiv umzugehen.

Zum einen steht eine Unstimmigkeit gerne im Raum und blockiert eine gute Zusammenarbeit. Sie bindet Energie – nicht nur Ihre, sondern auch die der Teammitglieder. Unausgesprochene oder ausgesprochene jedoch nicht gelöste Konflikte bremsen. Entweder, weil alle vorsichtig gegenüber einem Thema oder einer Person sind, und dann rumgeeiert wird, oder weil die Aufmerksamkeit, die eigentlich dem Kundenprojekt gehört, verpufft, weil sich der Fokus auf den Konflikt ändert. Es stört ganz einfach die Atmosphäre.

Zum anderen hat Ihr Umgang mit Unstimmigkeiten symbolischen und zukunftsweisenden Charakter. Wie Sie im Team mit kritischen Themen umgehen, hat Vorbild-Charakter. Es gibt allen Sicherheit, dass Sie auch mit negativen Stimmungen umgehen können – und nicht nur mit den positiven. Es vermittelt implizit das Gefühl: »Egal was passiert, ich darf alles ansprechen, es darf alles passieren. Meine Führungskraft und wir zusammen finden einen Weg, um damit umzugehen.« So entsteht ganz automatisch die bereits in Kapitel 2.3.2 erwähnte psychologische Sicherheit.

Wir fühlen uns sicher, wenn wir das Gefühl haben, dass wir Fehler machen dürfen. Dass wir keine Angst haben müssen, wenn wir einen Schritt daneben treten, wenn wir im Klettergerüst wackeln. Denn Angst verkrampft. Sicherheit entspannt.

Dies gilt auch für Sie. Wenn Sie Angst vor der Angst bzw. Angst vor einem Konflikt haben, verkrampfen Sie, statt ihn entspannt anzusprechen. Denn auch hier sind Sie wiederum Vorbild. Wie also können Sie Unstimmigkeiten gut, sicher und wertschätzend ansprechen? Die folgende Tabelle gibt Ihnen eine Übersicht.

	Beschreibung	**Beispiel**
Situations-beschreibung	Was ist vorgefallen? Ganz objektiv – was könnte eine Videokamera von der Situation aufgezeichnet haben?	Ein Mitarbeitender ist diese Woche dreimal zu spät zu einem Termin gekommen oder hat Vereinbarungen nicht eingehalten. »In dieser Woche haben wir diverse Termine nicht pünktlich anfangen können, weil Sie zu spät waren.«
Interpretation	Wie interpretieren Sie diese Situation? Was ist die Story, die Sie sich ganz persönlich zu dieser Situation erzählen?	Er macht es vorsätzlich. Ihm ist es egal, dass alle warten. Er ist überfordert. »Ich mache daraus viele Geschichten …«
Gedanken	Welche Gedanken tauchen als Folge auf?	Der Mitarbeitende ist schlecht organisiert. »Ich habe den Gedanken, dass …«
Gefühle	Welche Gefühle entstehen bei Ihnen durch die Situation und Ihre Interpretation? … und nicht die Quasi-Gefühle	Ich bin wütend. »Ich bin wütend.«
Körperempfindungen	Was spüren Sie im Körper?	Mein Puls beschleunigt sich, mir wird warm. »Ich merke, dass ich jedes Mal einen erhöhten Puls bekomme und mich innerlich aufrege.«
Strategie	Wie sieht Ihre persönliche Strategie in diesen Fällen aus – flüchten Sie, kämpfen Sie oder ziehen Sie sich zurück?	Ich werde aggressiv und laut, ich werde gereizt.

	Beschreibung	Beispiel
Bedürfnis	Welches Bedürfnis steckt dahinter, welches Bedürfnis wird durch die Situation nicht erfüllt? Was ist Ihnen wichtig und wird nicht erfüllt?	Ich möchte verbindlich arbeiten und mich verlassen können. Ich möchte professionell zusammenarbeiten. Ich möchte vertrauen. »Ich habe keine Lust, jedes Mal unsicher zu sein, ob Sie die Aufgabe pünktlich liefern oder nicht. Ich möchte professionell und verbindlich zusammenarbeiten. Ich möchte Ihnen vertrauen, doch das fällt mir gerade schwer.«
Bitte/Request	Was verlangen Sie ganz konkret von der Person/dem Team? … um die übergeordneten Ziele zu erreichen …	»Bitte geben Sie mit etwas Vorlauf ein Signal, dass Sie einen Termin nicht schaffen und dann schauen wir nach Lösungen.«

Tabelle 9: Unstimmigkeiten wertschätzend ansprechen
Quelle: Eigene Darstellung in Anlehnung an Rosenberg, Wilmsen/Wank, Dethmer/Chapman/Klemp

Formulieren Sie Ihre Sichtweise, Ihre Bedürfnisse unbedingt in Ich-Botschaften. Diese sind nicht argumentierbar. Sie sind richtig, weil Sie es so empfinden. Bereiten Sie sich auf diese Art von Gesprächen gut vor, insbesondere wenn Sie diese noch nicht so oft durchgeführt haben. Sie finden dazu in den Online-Materialien ein Arbeitsblatt. Wichtig ist ebenfalls, die Meinung des Kollegen bzw. des Teams zu hören und die Sichtweise nachzuempfinden. Hören Sie viel Opfermentalität beim Anderen heraus, fragen Sie unbedingt nach, was gebraucht und von Ihnen als Führungskraft gefordert wird.

Es geht bei dieser Art von Gespräch nicht um ein Richtig oder Falsch oder um ein Rechthaben. Es geht darum, sich untereinander besser kennenzulernen, sich zu verstehen und persönlich und miteinander zu lernen. Es geht darum, ein besseres Gefühl füreinander zu erhalten. Es geht darum, eine Lösung für die Zusammenarbeit bzw. für die Organisation zu finden.

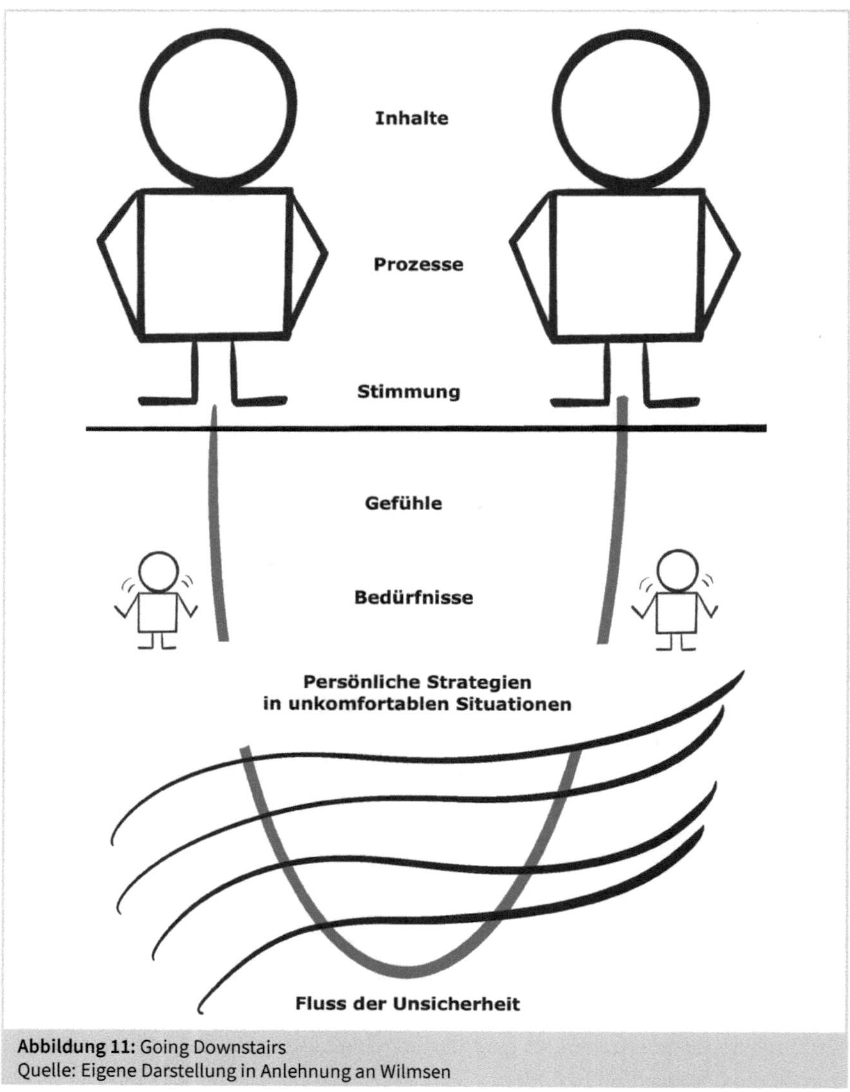

Abbildung 11: Going Downstairs
Quelle: Eigene Darstellung in Anlehnung an Wilmsen

Diese Form der Gespräche vertiefen die emotionale Verbindung und das Vertrauen. Mein Mentor Frits Wilmsen beschreibt diese Art der Kommunikation als »Going downstairs« – es ist ein sinnbildliches Hinuntergehen unter die Oberfläche der sachlichen und prozessgetrieben Kommunikation[35]. Im Kontext des bildlichen Transformationsmodells bedeutet es, mit einer Treppe in den Fluss der Unsicherheit zu gehen. Denn wie der bzw. die andere reagiert, wissen Sie nicht. Doch indem Sie in diese Unsicherheit vorweggehen, zeigen Sie Souveränität und setzen gleichzeitig ein wichtiges Signal für Ihr Umfeld und die gesamte Organisation: Unstimmigkeiten werden offen thematisiert! Mit dem Zweck, eine gemeinsame Lösung und das Beste für die Organisation erreichen zu wollen.

Auf der inhaltlichen und prozessualen Ebene fühlen sich die meisten Menschen sehr wohl. Es ist das tägliche Geschäft, sich über sachliche Themen und Prozesse auszutauschen. Dieser fachliche Austausch kann sich auch um das Thema Führung und Zusammenarbeit drehen. Was verstehen wir darunter, wie organisieren wir Führung und Zusammenarbeit?

Auf den beiden ersten Treppenstufen ist es ein »Über-etwas-Sprechen«. Wenn wir über etwas sprechen, ist es kognitiv und analytisch. Je weiter wir die Treppe hinuntergehen, umso mehr sprechen wir über den persönlichen Bezug zum Thema. Es ist ein »Von-etwas-Sprechen«[36]. Damit ist gemeint, dass die Person berichtet, wie sie zum Thema steht, welche Erfahrungen sie damit gemacht hat. Die Person teilt mit, wie sie persönlich mit dem Inhalt verbunden ist und was er für sie bedeutet. Wie erlebt sie Führung und Zusammenarbeit aktuell? Wie wohl fühlt sie sich dabei und was sind eigene Bedürfnisse in einer Zusammenarbeit?

Damit Menschen sich trauen, die Brücke hinunterzugehen, brauchen sie ein Gefühl psychologischer Sicherheit, da sie die Maske abnehmen und sich verletzlich zeigen. Es kann im ersten Schritt schon ausreichen, Führung und Zusammenarbeit zum Thema zu machen und darüber zu sprechen.

Ein wichtiger Hinweis noch an dieser Stelle: Scheuen Sie sich nicht davor, Unstimmigkeiten, die Sie im Umgang mit Ihrer eigenen Führungskraft empfinden, anzusprechen. Je weiter oben sich Führungskräfte befinden, umso weniger erhalten Sie Feedback bzw. werden mit Missstimmungen konfrontiert – vermutlich aus Angst vor Konsequenzen.

35 Der Begriff und das Konzept »Going downstairs« stammt aus dem Ansatz des Impeccable Leadership, den ich in der Masterclass von Frits Wilmsen 2019 lernte.

36 Diesen Unterschied lernte ich in meiner Weiterbildung zur Theorie U Facilitatorin bei Christine Wank vom Generative Facilitation Institute.

Nur wenige haben den Mut, Negatives zu spiegeln. Gleichsam ist es so wichtig! Empfehlung: Verbinden Sie Ihre Offenheit mit Ihrer Intention. Es geht nicht darum, jemanden anzuschwärzen oder herabzusetzen. Vielmehr geht es darum, im Sinne der übergeordneten Ziele zu agieren, ein Risiko für den Gesamterfolg eines Projektes aufzuzeigen.

In Coachings ist es genau das, was die Kunden als Erfolgsfaktor benennen. Dass sie durch das Coaching mutiger geworden sind, sich selbst mit ihren Gefühlen zu zeigen und Unstimmigkeiten angesprochen haben. Insbesondere wenn es fachlich und wirtschaftlich wichtige Themen sind, braucht es die emotionale Komponente – damit meine ich den Check, ob sich alles stimmig anfühlt. Es braucht die Reflexion dessen, was gerade getan wird, ob es der Organisation oder auch dem Wozu der Organisation dient.

4.3.5 Zahlen und Prozesse mit Storytelling emotionaler gestalten

Kennen Sie folgende Situation? In Meetings oder Klausurtagungen werden von der Geschäftsführung die aktuellen Kennzahlen präsentiert. Sie sehen 20 mit Zahlen vollgepackte Folien. Sie hören nüchtern, dass sich die Umsätze und das Betriebsergebnis günstig entwickelt haben. Mit Spannung erwarten Sie die Ergebnisse der Mitarbeiterbefragung. Der Chef präsentiert die ausgezeichneten Resultate. Weder bei Ihnen noch bei den Kollegen springen Freude und Begeisterung über, denn die hervorragenden Entwicklungen werden rational und trocken wie ein Stück Holz präsentiert. Schade!

Sachliche Zahlen, Daten, Fakten (»ZDF«), Ziele, Kennzahlen und Prozesse sind wichtig. Sie geben Orientierung und ein Gefühl von Klarheit. Doch mit der Sachebene allein erreichen Sie Ihre Mitarbeiter nicht. Ergänzen und bereichern Sie trockene Zahlen immer mit dem Faktor »Bedeutsamkeit«. Wir benötigen mehr »ARD« (alles restliche Denken[37]). »ARD« stellt die Beziehungsebene in der Kommunikation dar. Mit »ARD« werden die Herzen der Zuhörer erreicht. Mit »ARD« verbinden Sie das Zukunftsbild mit der Gegenwart und den Herzen der Mitarbeitenden mehr, als wenn Sie nur Zahlen präsentieren.

37 https://www.vdi-wissensforum.de/news/erfolgreiche-rhetorik-mit-ard-und-zdf/, abgerufen am 6. März 2018.

Die Sprache der Teilnehmer verwenden

Vermeiden Sie Fachbegriffe und verwenden Sie eine einfache Sprache. In jedem Unternehmen, in jeder Gruppe gibt es eine eigene Sprachwelt. Die Begriffe im Führungskreis gehören vielleicht nicht zur Alltagssprache Ihres Teams. Eine Gruppe von Technikern möchte anders angesprochen werden als eine Vertriebsmannschaft. Überlegen Sie sich insbesondere vor wichtigen Präsentationen, welche Sprache Ihre Zuhörer sprechen. Ein einfaches Beispiel: Wenn Sie von »FAQ« sprechen, weiß jeder im Team und bei den Zuhörern, was es ist? Oder wäre es besser, einfach von »Häufigen Fragen« zu sprechen?

Apropos Fragen: Versetzen Sie sich in die Lage der Mitarbeitenden Ihres Teams. Was bewegt sie, was beschäftigt sie und welche Fragen stellen sie sich? Knüpfen Sie an diese Fragen an. Beantworten Sie diese Fragen ehrlich. Das bedeutet häufig in Veränderungsprozessen, dass Sie ebenfalls noch nicht mehr wissen. Dann sagen Sie auch das. Haben Sie nicht nur Ihre Fragen im Blick, sondern vor allem auch die Fragen des Teams. So vermitteln Sie auch das Gefühl, dass Sie sich innerlich mit dem Team verbinden.

Ziele und Zahlen in Bilder und Geschichten für die Zuhörer übersetzen

»Das Umsatzziel steigt um zehn Prozent bei einem gleichzeitigen Kostenrückgang um 15 Prozent.« Oder »Die Mitarbeiterzufriedenheit ist um 17 Prozent gestiegen.« Oder »Wir möchten ein nachhaltiges Unternehmen werden.«

Wie könnten Sie diese nüchternen und gleichzeitig anspruchsvollen Ziele in die Welt der Zuhörer übersetzen? Was bedeuten die Ziele für den Einzelnen ganz konkret im Alltag?

Ein Leiter eines Servicecenters erhöhte die Ziel-Kennzahlen für sein Team. Dies kommunizierte er zunächst per E-Mail. Darauf gab es bei den Mitarbeitenden Aufruhr. Sie reagierten gestresst. »Wie sollen wir denn das alles schaffen?« war die häufigste Aussage. Darauf setzte sich die Führungskraft mit dem Team zusammen und erläuterte ihre Sicht auf die Kennzahlen und die Konsequenzen daraus. Zum Beispiel dass es statt 13 Telefonaten pro Stunde durchschnittlich zwei Telefonate mehr wären. Dies erschien den Menschen nachvollziehbar und machbar.

Womit können Sie Ziele und Kennzahlen vergleichen? In vielen Bereichen kann nach passenden Bildern gesucht werden, hier nur einige Beispiele:

- Vergleich mit Fußballbesuchern: »Bei diesem Ziel müssten wir ein Fußballspiel mehr ausverkauft sein und gleichzeitig weniger Personalkosten im Stadion haben.«
- Vergleich mit einer Busfahrt: »Letztes Jahr sind durchschnittlich 60 von 100 Mitarbeitern zufrieden mit der Arbeit gewesen. In diesem Jahr sind es schon 77 von 100. Das ist großartig! Und dass, obwohl wir wirklich viele Umstellungen in den Prozessen hatten. Das ist so, als säßen 100 Passagiere im Bus, davon sind mehr zufrieden, obwohl sich der Bus und vielleicht auch der Busfahrer geändert haben. Und gute Laune ist immer ansteckend!«

Welche Ideen haben Sie? In welcher Bildwelt kennen Sie sich aus und können die Zahlen übersetzen? Das können auch Bilder von Ihrem Hobby sein oder sogar etwas tatsächlich Erlebtes.

Eine Führungskraft hat zum Beispiel bei einem Strategieumsetzungsworkshop seine Erfahrung im Tagungshotel zur Story gemacht. Am zweiten Tag des Strategieworkshops saß er morgens sehr früh im Frühstücksraum. Er beobachtete die Abläufe und das Servicepersonal. »An sich sieht alles super aus. Das Hotel ist ausgebucht, das Personal ist sehr aufmerksam. Doch bei genauem Hinschauen fallen mir Kleinigkeiten auf, die nicht rund laufen.« Er beschreibt daraufhin sehr detailliert weitere Beobachtungen und schließt seine Geschichte mit »Auch bei uns im Bereich sieht auf den ersten Blick alles sehr gut aus. Doch wenn wir genau hinschauen, sind wir an der einen oder anderen Stelle unaufmerksam und könnten uns deutlich verbessern. Wir sollten alle aufmerksam sein und uns gegenseitig unterstützen, statt einfach unseren Job zu machen.« Da alle Mitarbeiter eine Stunde zuvor im selben Frühstücksraum saßen, konnten Sie sehr gut an diese Story und die Aussage anknüpfen.

Auf einen Blick:

- Sinnerleben und ein Gefühl von Bedeutsamkeit entstehen aus der täglichen Zusammenarbeit. Kleine Tugenden, wie zum Beispiel pünktlich und vorbereitet sein, haben eine enorme Wirkung.
- Das Gute sehen und Fortschritte würdigen gibt Ihnen selbst und dem Team ein Gefühl von Stolz und Teil von einem größeren Erfolg zu sein.

- Sich selbstverantwortlich Feedback einholen und regelmäßig gutes Feedback geben ist ein wichtiger Faktor für gute Beziehungen.
- Unstimmigkeiten können Sie menschlich und stabil ansprechen, indem Sie von Ihren Gedanken, Gefühlen und Bedürfnissen in der Zusammenarbeit sprechen.
- Bereichern Sie fachliche Themen durch Storytelling.

Reflexionsfragen

- Mit welchen Menschen arbeiten Sie gerne zusammen und wieso?
- Was ist heute/diese Woche Gutes passiert? Wie fühlt sich dies an?
- Von wem fällt es Ihnen leicht, Feedback einzuholen und wieso?
- Welche Unstimmigkeiten haben Sie in der Vergangenheit gut ansprechen können und was hat Ihnen dabei geholfen?

Digitale Extras

- Arbeitsblatt 6 »Selbsteinschätzung Zusammenarbeit Herz«
- Arbeitsblatt 7 »Selbsteinschätzung kleine Tugenden Herz«
- Arbeitsblatt 8 »Unstimmigkeiten wertschätzend ansprechen«

4.4 Menschliche, wertschätzende Meeting-Strukturen etablieren

In den vorherigen Kapiteln haben Sie sich mit den ersten drei Ebenen des 4-Ebenen-Modells in Bezug zu »Führen mit Herz« auseinandergesetzt. Sie haben Ihre ganz persönliche Haltung geschärft, die Kernkompetenz Zuhören reflektiert und erweitert. Nachdem es im vorherigen Kapitel über Teamkultur und Teambeziehungen ging, geht es nun um die Strukturen. Werden Meetings ein wenig angepasst, werden sie menschlicher und beziehungsorientierter.

Bei dem Thema »Strukturen ändern« denken Sie vielleicht an übergeordnete Strukturen und Prozesse. Dies meine ich hier nicht. Denn diese können Sie vermutlich weniger beeinflussen. Vielmehr geht es um Strukturen und Prozessanpassungen in dem, was Sie gestalten und beeinflussen können. Das sind vor allen Dingen Besprechungen. Darüber hinaus sind es Aspekte, wie Sie im Team kommunizieren.

4.4.1 Meetings menschlicher gestalten

Meetings sind das Brot-und-Butter-Geschäft in Organisationen. Mindestens 50% der Zeit verbringen Sie vermutlich in Besprechungen. Davon organisieren Sie einen Großteil. Mit ein paar Kleinigkeiten werden Meetings besser. Probieren Sie es aus!

Überlegen Sie, welche Besprechungen Sie anpassen möchten. Sicherlich sind die Tipps nicht für alle Formate sinnvoll. Die folgenden Ratschläge lege ich Ihnen insbesondere für wichtige und oder längere Besprechungen an's Herz.

1. Ein klares Wozu für den Termin haben
2. Check-in und Check-out
3. Mitarbeitende mit einbeziehen

Ein klares Wozu im Termin haben

Der Termin startet bereits vorab, wenn Sie sich vorbereiten. Am wichtigsten ist, dass Sie wissen, wozu Sie die Besprechung durchführen.

- Was ist Ihre Intention? Was ist der übergeordnete Zweck, wozu dient der Termin?
- Was versprechen Sie sich von dem Termin?
- Wann ist der Termin für Sie erfolgreich, was sollte danach anders sein?

Ihre Antworten rahmen den Termin ein. Zugleich gewinnen Sie innere Klarheit und Stabilität in Bezug auf die Ausrichtung. Fragen Sie sich bei jedem Agendapunkt, ob dieser die Intention und das Wozu unterstützt. Falls dies nicht der Fall ist, benötigen Sie diesen Punkt nicht.

Am Anfang des Termins erläutern Sie kurz Sinn und Zweck der Veranstaltung aus Ihrer Sicht. Das kann sehr kurz sein. Wichtig ist, dass Sie es überhaupt machen. Allzu häufig finden Meetings statt, ohne dass es einen klaren Bezug zu einem Zweck gibt – und trotzdem machen alle mit. Geben Sie sich selbst und allen anderen die Chance, kurz innezuhalten und sich gemeinsam an den Zweck zu erinnern und sich auf das Ziel auszurichten.

Gleichzeitig dient ein klares Wozu im Termin dazu, Diskussionen besser steuern zu können. Falls diese abweichen, können Sie alle auf den Kerngedanken der Besprechung hinweisen. Fragen Sie, inwieweit der Diskurs zur Zielsetzung des Termins passt. Falls es keine Verbindung gibt, parken Sie das Thema und vereinbaren einen Folgetermin dazu. Dann kommen Sie zum roten Faden zurück.

Check-in und Check-out

Insbesondere in technisch geprägten Organisationen beobachte ich, dass Meetings direkt und schnell mit dem sachlichen Teil beginnen. Als Externe und Nicht-Technische fühle ich mich oftmals überrumpelt. Ein Grundsatz guter geschäftlicher Beziehungen ist »Connection first, decision second.« – »Erst die Beziehung, dann die Entscheidung.« Erst sich miteinander verbinden, dann gemeinsam entscheiden.

Ein Check-in ist eine klassische Methodik aus dem agilen Management. Es ist wie beim Fliegen: Erst wenn alle eingecheckt sind, hebt das Flugzeug ab. Am Flughafen checken wir mit einem Ticket und unserem Gepäck ein. Für ein Meeting meint Check-in, dass wir kurz verbal einchecken und mit wenigen Worten benennen, welches Gepäck wir heute dabei haben. Indem sich jeder kurz zu Wort meldet und einen kurzen Gepäckstatus abgibt, sind wir menschlicher anwesend. Mit einem Check-in wissen wir in einem Meeting voneinander. Dies ist insbesondere bei längeren Besprechungen sinnvoll.

Check-in-Fragen, die ich gerne nutze, sind zum Beispiel[38]:

- Wie geht es mir jetzt gerade? Welches Emoji symbolisiert meine aktuelle Stimmung?
- Welcher Gegenstand im Raum drückt aus, wie ich mich jetzt gerade fühle und wieso?
- Auf einer Skala von 1–10 – wie präsent bin ich jetzt und was hält mich gerade davon ab, mich voll und ganz auf das Meeting zu konzentrieren?
- Welche Gefühle und Bedürfnisse bringe ich heute zum Meeting mit?
- Drei Hashtags zu den Themen, die mich gerade beschäftigen?
- Mein persönlicher Wetterstatus ist … (Sonnig, Wolkig, Nebelig, Gewitter, Regen, …)
- Ein Wort zum Tag bisher …

Diese Check-in-Fragen haben die Absicht, kurz und knackig anzukommen. Sie funktionieren sowohl bei Menschen, die sich kennen als auch bei neu gebildeten Gruppen. Je nachdem, was die Intention des Meetings ist, wie die Gruppe zusammengesetzt ist und was die Zielsetzung des Meetings ist, können und sollten Sie die Check-in-Frage anpassen.

38 Weitere Anregungen für Check-in-Fragen finden Sie zum Beispiel auf den Websites www.tscheck.in oder https://checkin.daresay.io.

Fühlen Sie sich in die Teilnehmenden ein: Wie sind aktuell die meisten Termine? Wie sehr wird schon über Menschliches gesprochen? Hat es überhaupt einen Platz? Wie gut kennen sich die Teilnehmenden?

Bei Teilnehmenden, die sehr durchgetaktet und sehr an Zahlen gewöhnt sind, könnte die Frage nach der persönlichen Präsenz oder der Stimmungslage zu persönlich sein. Dort wäre es besser, einen thematischen Check-in mit persönlichem Bezug zu gestalten. Beispiele könnten sein: »Meine Motivation heute, mich mit dem Thema auseinanderzusetzen …« oder: »Drei Hashtags, die mich in meinem Joballtag gerade beschäftigen.«

Bei Gruppengrößen über zwölf Teilnehmenden ist es zweckmäßig, Kleingruppen zum Einchecken zu bilden. Zu zweit oder zu dritt gibt es einen knappen Austausch und so den Check-in. So spricht jeder, das erste Eis ist gebrochen und jeder fühlt sich ein wenig sicherer.

Alle Check-ins haben den Effekt, dass sich die Menschen kurz nach innen wenden, in sich hinein spüren, einen kurzen Status abgeben und sich mit dem Thema des Termins verbinden. Beim tatsächlichen Abflug ist das Einchecken ein Ritual und Zeichen, dass es bald losgeht. So kann der menschliche Check-in ebenfalls ein Ritual für den Start eines Termins werden.

Ich bin immer wieder über den positiven Effekt überrascht und erfreut. So wurde in einem Meeting klar, dass ein Teilnehmer in Kürze Vater wird und er deshalb deutlich weniger präsent ist. Oder, dass sich die Teilnehmer wie ein Mousepad fühlen, über das die letzte Stunde oft gefahren wurde. Oder wie eine Stoppuhr, weil der Tag so dicht getaktet ist.

Der Effekt von Check-ins ist, dass die Mitarbeitenden ein besseres Verständnis füreinander bekommen. Es dient dazu, ein wenig mehr als Mensch anwesend zu sein und weniger als Maschine.

Eine wichtige Spielregel für den Check-in ist, dass jede Person eincheckt, bevor ein Dialog oder eine Diskussion startet. Das bedeutet, dass die Teilnehmenden sich zuhören und ausreden lassen. Als Führungskraft entscheiden Sie, ob es nach dem Check-in noch etwas braucht, um dann thematisch zu starten. Falls Sie unsicher sind, fragen Sie direkt im Team nach oder bei den Personen, die Ihnen bedürftig erscheinen.

Wenn Sie einen Check-in zum ersten Mal machen, erläutern Sie anfangs kurz den Sinn und Zweck: *Wozu* möchten Sie den Check-in machen? Ziele und Gründe können sein, um gemeinsam anzukommen, um sich besser kennenzulernen, um Stimmungen wahrzunehmen etc.

Am Ende des Meetings, insbesondere von langen Terminen bietet sich ein kurzer Check-out an. So geben wir uns das Zeichen, dass der Termin abgeschlossen ist. Und als Organisator erhalten Sie abschließend ein wichtiges Stimmungsbild. Check-out-Fragen könnten zum Beispiel sein:

- Ein Wort zu diesem Termin (wirklich nur ein Wort)!
- Mit welchem Gefühl gehe ich aus diesem Termin?
- Was fand ich im Termin wertvoll? (ein Wort, ...)

Mit den Check-ins und Check-outs wird jeder Teilnehmer gehört. Auch die, die sonst eher still sind. Das heißt, jeder verbindet sich mit dem Thema und dem Termin. Dadurch steigt das Gefühl von Zugehörigkeit.

Einmal jammern als Check-in !

»Wie gehe ich mit Lamentierern und Meckerern um?« ist eine sehr häufige Frage. Ignorieren? Provozieren? Wenn wir im Jammermodus sind, legen wir uns sinnbildlich im Opfer- und Jammertal ab. Menschen, die dort liegen, fühlen sich nicht für ihre Stimmung und Situation verantwortlich. Sie warten darauf, dass andere und die Welt sich ändern, damit es ihnen besser geht. Sie können lange warten, denn das wird nicht passieren. Sie können weiter jammern. Das ist einfacher, als selbst etwas zu tun.
Jammern und Meckern sind in Ordnung – für eine Zeit. Langfristig und dauerhaft ist es jedoch einfach keine Lösung. Eine provokante, spielerische Art ist es, beim Check-in sinnbildlich eine »Kotztüte« herumzugeben. Dies wirkt insbesondere für Teams, in denen viel gejammert und angeklagt wird. Bevor es also fachlich losgeht, darf jeder einen Punkt benennen, der ihn bzw. sie gerade richtig nervt. Sie können diese Frage auch direkt verbinden und an die Selbstverantwortung appellieren, zum Beispiel: »... Was nervt mich gerade so richtig und was kann ich tun, damit es mir ein klein wenig besser damit geht?«
Von einer Teamleiterin habe ich zu diesem Tipp das Feedback erhalten, dass dieses Check-in sehr wirkungsvoll ist. Zum einen haben die Mitarbeitenden gemerkt, wie oft sie jammern und meckern. Dessen waren sie sich nicht wirklich bewusst und wollten auch nicht so sein. Zum anderen wurden die Besprechungen danach produktiver, weil jeder Dampf abgelassen hat.

Mitarbeitende mit einbeziehen

In Meetings in denen viel präsentiert wird, planen Sie bitte unbedingt Pausen und Interaktionen ein. Beziehen Sie die Teilnehmer aktiv mit ein. Geben Sie nicht die Lösung vor, sondern erarbeiten Sie gemeinsam die Lösung oder fragen Sie zumindest nach Verbesserungsideen oder Erweiterungen.

Um das Eis für die Diskussion zu brechen, lassen Sie die Mitarbeiter sich nach einer Präsentation in Kleingruppen austauschen. Lassen Sie sie besprechen, was ihnen durch den Kopf geht, welche Fragen aufgetaucht sind.

Ist es eine übersichtliche Gruppe von maximal acht Personen, gibt es die Möglichkeit, einmal der Reihe nach zu hören, welche Gedanken und Stimmungen zu dem Thema bei jedem Einzelnen entstanden sind. Dieser Impuls knüpft an den Gedanken bzw. die Grundeinstellung »There is a leader in every chair« an (siehe Kapitel 4.1). So unterstützen Sie das Gefühl beim Anderen, dass seine Meinung, Fragen, Gefühle zu dem Thema gehört werden. Dies unterstützt das Gefühl von Bedeutung.

4.4.2 Zeit für nicht-fachlichen Austausch einplanen

Wann haben Sie zuletzt mit Ihren Mitarbeitenden oder auch mit Ihren Führungskollegen über Themen abseits von Prozessen und Projekten gesprochen? Wann hatten Sie zuletzt Zeit, gemeinsam in Ruhe zu reflektieren, sich gemeinsam über Führungsthemen auszutauschen?

Vertrauen zwischen Menschen entsteht durch Zeit miteinander und wenn sie über die Beziehung zueinander reflektieren. Das ist unesoterischer als es jetzt vielleicht klingt. Eine fachliche Zusammenarbeit wird durch den menschlichen Austausch katalysiert. Menschen können sich gegenseitig besser unterstützen, wenn sie voneinander wissen, was sie am liebsten machen, was ihnen wichtig ist.

Was sich hier kurz und knapp darstellt, benötigt im wahren Berufsleben natürlich mehr Zeit. Erfahrungsgemäß erweist sich zuerst ein mindestens halbtägiger Austausch über Inhalte und Prozesse als sinnvoll, bevor dann die nächste Stufe auf der Treppe »Going downstairs« genommen wird.

Eine kontinuierliche Alternative ist, dass Sie mit Ihrem Kernteam sich regelmäßig Zeit zum Austausch nehmen. Dies kann eine Stunde pro Woche sein. Wenn Sie neu im oder als Team sind, empfehle ich sogar eine Stunde täglich. In dieser Zeit tauschen Sie sich zu allen möglichen Punkten aus, die passieren. Dies sind im ersten Moment Inhalte und Prozesse. Doch durch den lockeren Zeitrahmen und die agendalose Gestaltung werden Sie automatisch feststellen, dass es in diesen Runden mehr und mehr darum geht, die eigene Haltung mit Kollegen abzugleichen oder eine gemeinsame Haltung zu einem Thema zu entwickeln.

Durch einen regelmäßigen, offenen Austausch bekommen Sie einen besseren Kontakt zu Ihren Kollegen und Mitarbeitenden. Sie nehmen schneller wahr, was zwischen den Zeilen mitschwingt. Unstimmigkeiten können Sie schneller erspüren und ansprechen. Gleichzeitig verkürzen diese Meetings einige Prozesse. So erlebe ich es immer wieder, wie pragmatisch in solchen Runden Probleme gelöst werden. Einfach weil sich die Menschen öffnen, von Problemen bzw. Herausforderungen erzählen und um Lösungen bzw. Rat fragen. Zugleich schafft dieser regelmäßige Austausch Sicherheit in den Beziehungen. Dieses Fundament ist wichtig, wenn es irgendwann einmal notwendig ist, kritischere Themen anzusprechen.

Kaffee-Runden !

Bei einem Kunden wurde vor einigen Jahren ein Veränderungsprozess umgesetzt. In vielen Abteilungen lief es stockend, und es herrschte schlechte Stimmung. Nur in einer Abteilung lief die Umsetzung sehr gut. Was war dort anders? Im Gespräch mit dem Abteilungsleiter schilderte er mir, dass er von Anfang an »Kaffee-Runden« veranstaltet hätte.
Alle zwei Wochen an einem Freitag gab es eine offene Runde mit einer Kanne Kaffee auf dem Tisch. Jeder, der Lust hatte, kam vorbei. Das Thema: Umgang mit den Veränderungen. Alles durfte gesagt und gefragt werden. So konnte das Team Bedenken, Sorgen oder Ideen auf den Tisch bringen. Der Abteilungsleiter hörte zu und beantwortete geduldig die Anliegen, insofern er es konnte. »Ich hatte am Anfang ja auch viele Fragen, das ist doch ganz normal. Mir war und ist wichtig, dass die Leute das nicht in sich hineinfressen oder komischer Flurfunk entsteht.«
Mit diesen Runden zeigen Sie Ihre Haltung und auch, dass Sie standhaft sind, dass Sie mit Fragen und Unsicherheiten umgehen können. Des Weiteren geben Sie den Mitarbeitern in dynamischen Prozessen Sicherheit, Rhythmus und Struktur. Das Vorhaben wird dadurch berechenbarer. Die Gefühle von Bedeutung (»Meine Ängste und Gedanken werden ernst genommen.«) und von Verstehbarkeit (»Mein Chef ist berechenbar, er unterstützt mich, dass ich alles besser verstehe.«) werden unterstützt.

4.4.3 Stärkendes Feedback im Team etablieren

Feedback ist eine weitere Möglichkeit, Beziehungen zu stärken und die Zusammenarbeit zu verbessern. Da wir im Klettergerüst offener und vernetzter zusammenarbeiten, ist eine offene Feedback- und Fehlerkultur ein Erfolgsfaktor.

Die Kunst beim Thema Feedback ist, nicht nur zu wissen, dass Feedback wichtig ist und wie es geht, sondern dies Wissen tatsächlich auch in die Praxis umzusetzen. Meistens reicht ein übergeordnetes Ziel wie zum Beispiel »Wir geben uns aktiv mehr Feedback« oder Infoflyer zur Methodik nicht aus. Es benötigt eine Brücke zwischen der Theorie und der alltäglichen Praxis. Dafür braucht es Prozesse im Alltag, damit es nicht verloren geht, sondern gelebt wird. Feedback ist ein einfaches Instrument. Zugleich ist es eine große Herausforderung, es zu machen und es gut zu machen. Viele Menschen haben negative Erfahrungen mit Feedback gemacht. Sie sind unsicher, wie es denn richtig geht.

Positives Feedback stärkt und tut gut. Sowohl demjenigen, der es gibt, als auch demjenigen, der es bekommt. Es ist also zielfördernd, die guten Seiten – das weiße Blatt Papier – beim Anderen zu sehen. So schärfen Sie ebenfalls Ihre Wahrnehmung, was Sie beim Anderen gut finden und als Potenzial sehen. Je öfter wir Feedback geben und nehmen, umso sicherer werden wir. Ich persönlich höre immer folgende Situation: »Das tat gut, wieso machen wir das nicht öfter?«

In Kapitel 4.3.3 haben Sie bereits erfahren, wie ein Feedbackgespräch aufgebaut sein könnte. Wie können Sie dies im Team verankern, um sich gegenseitig zu stärken? Hier sind ein paar Beispiele. Schauen Sie, was für Ihre Organisation passt und inwiefern Sie sich mit der Personalabteilung dazu abstimmen müssen:

1. Fangen Sie klein und in einer sicheren Situation an. Dies kann am Ende einer Klausurtagung bzw. eines Workshops sein. Fordern Sie die Mitarbeitenden auf, sich in Pärchen Feedback zu geben: Wie haben sie sich wahrgenommen, was hat ihnen gut gefallen? Lassen Sie die Teilnehmenden durch den Raum gehen. Jeder sucht sich ein paar Kollegen, denen er oder sie Feedback geben möchte. Ein gemeinsamer Teamworkshop stellt einen guten Rahmen dar, um sich am Ende angeleitet und strukturiert Feedback zu geben.
2. Sie merken, dass Feedback gut ankommt und das Team dafür offen ist oder Sie möchten es etablieren? Gründen Sie einen Arbeitskreis aus Freiwilligen, die Lust haben, sich mit dem Thema zu beschäftigen und ein paar einfache Regeln aufzu-

bauen: Was sind unsere Feedbackregeln, wie oft wollen wir uns Feedback geben, was passiert mit den Ergebnissen? Dies hat den Vorteil, dass es aus der Belegschaft kommt und als ein eigenes Projekt angesehen wird. In einer Organisation ist es beispielsweise das Ziel, dass sich jeder Mitarbeiter von sechs verschiedenen Personen Feedback zu vier Standardfragen einholt. Dies organisiert sich jeder selbst. Das bedeutet, jeder entscheidet, von wem er Feedback erhalten möchte. Es wird nichts dokumentiert bzw. es wird von den Ergebnissen auch nichts an die Personalabteilung oder die Führungskraft weiter gegeben. Und wozu das Ganze? Um in einem offenen Austausch zu bleiben, um die eigene Entwicklung zu unterstützen und sein eigenes Bild mit einem Fremdbild abzugleichen. Mittlerweile ist Feedback einholen selbstverständlich geworden, insbesondere nach Terminen, die nicht gut gelaufen sind.

3. Nutzen Sie größere Projektrunden oder sogar Projektabschlüsse als Feedbackmöglichkeit. Das kann auch kurz und knapp sein, indem Sie am Ende ermutigen, dem Organisator oder Präsentator eine Sache rückzumelden, die gut war.

Feedback-Kick-off gestalten !

Bei einem großen technisch-orientierten Familienunternehmen wurde ich als Moderatorin für eine Teamentwicklung angefragt. Im Team gab es Spannungen und anscheinend viele unausgesprochene Themen untereinander und im Speziellen in Bezug zu einem Mitarbeitenden. Der gesamte Workshop hatte das Ziel, die Beziehungen untereinander zu stärken. Nachdem wir am Vormittag eine allgemeine Standortanalyse zur Zusammenarbeit durchführten, lag der Schwerpunkt nachmittags auf dem Feedback. Jeder sollte jedem Feedback geben. Insgesamt sieben Mitarbeitende und eine Führungskraft gaben sich Feedback. In einer Vorbereitungsstunde notierten sich die Teilnehmer Stichworte für jeden Kollegen im Team[39]:

- Was ich an dir schätze …
- Was mir schwerfällt, an Dir zu akzeptieren …
- Was ich mir von Dir wünsche in unserer Arbeitsbeziehung …
- Was ich von Dir lernen kann …

Nach der Vorbereitung gaben sich die Menschen 1:1 gegenseitig Feedback. Das Besondere: Der Feedbacknehmer kommentierte nicht, sondern bedankte sich einfach nur. Danach bekam er den ausgefüllten Bogen von seinem Feedbackgeber. Die Stimmung und die Teambeziehung waren merklich anders nach diesem Workshop-Baustein. Es war eine sehr große

39 Dieses Vorgehen ist in Anlehnung an Dennis Chan entwickelt. Dennis Chan ist Transformationsmanager bei der Hamburger Sparkasse. Er präsentierte beim freiraum Camp 2019 seine Erfahrungen und einige Tools.

Erleichterung und Wertschätzung im Team spürbar. Die Augen glänzten. Dies bereitete den Boden dafür, dass sich einige Teammitglieder danach sehr stark öffneten und berichteten, wieso sie sich in der letzten Zeit eher unfair und angestrengt verhalten haben.
So ein Workshop stellt eine gute Anfangsbasis dar. Danach könnte ein Prozess eingeführt werden, bei dem sich die Mitarbeitenden regelmäßiger Feedback holen und geben.

4.4.4 Retrospektiven etablieren

Wann und wie nehmen Sie sich Zeit, Ihre Zusammenarbeit abseits aller fachlichen Themen zu reflektieren und daraus zu lernen? Welche Routinen und Struktur geben Sie sich dazu? In agilen Organisationen gibt es dazu die sogenannten Retrospektiven. Alle zwei Wochen schaut das Team gemeinsam auf die Zusammenarbeit.

Wie sagte der Gründer von sipgate[40] dazu auf der NewWorkFuture-Konferenz 2018: »Retrospektivensind super. Alles, was irgendwie klemmt oder auch gut läuft, schauen wir uns an. Dazu brauchen wir keinen extra Termin. Es ist klar, dass wir das in der Retrospektive machen. So wird es auch nicht verschoben oder unter den Teppich gekehrt, sondern kommt genau dort auf den Tisch und wird konstruktiv besprochen.«

Eine Retrospektive ist ein

> *»Meetingformat, das Projektteams eine kontinuierliche Anpassung und Verbesserung ihrer Arbeitsprozesse ermöglicht. Inhalt der Retrospektive ist es, Erfahrungen aus der zurückliegenden Projektarbeit zu reflektieren und zu analysieren, um daraus konkrete Verbesserungsmaßnahmen für die nächste Projektphase abzuleiten.«*[41]

Sie lässt sich nicht nur für Projektphasen durchführen, sondern ganz allgemein für eine Zusammenarbeit. Eine Retrospektive fokussiert auf die Zusammenarbeit und nicht auf die fachliche Projektentwicklung. Dazu gibt es Projektreviews.

40 Sipgate ist ein Unternehmen, welches sich auf das Produkt Internet-Telefonie spezialisiert. Sipgate war eines der ersten Unternehmen in Deutschland, welches sich agiles Arbeiten auf die Fahne geschrieben hat.

41 Dräther 2014, Klappentext.

Es gibt mittlerweile unzählige Bücher und Leitfäden zu Retrospektiven. Ich arbeite sehr gerne mit folgenden Leitfragen:

- Was haben wir über unsere Zusammenarbeit gelernt?
- Was habe ich über mich persönlich in der Zusammenarbeit gelernt?
- Was »puzzelt« (beschäftigt, stört) mich in unserer Zusammenarbeit?
- Was brauchen wir, möchten wir ausprobieren, ...?

Es gibt zwei grundlegende Regeln für die Durchführung. Zum einen die Las-Vegas-Regel. Diese besagt, dass alles, was in Las Vegas passiert, in Las Vegas bleibt. Es sei denn, das Team entscheidet sich anders. Zum anderen gilt die Goldene Regel nach Norman Kerth. Diese schließt sehr gut an die wohlwollende Grundhaltung aus Kapitel 4.1 an:

> *»Ganz egal, was wir entdecken werden: Wir glauben zutiefst, dass jede(r) nach besten Kräften gearbeitet hat, wenn man den aktuellen Wissensstand, die Fähigkeiten und Fertigkeiten, die verfügbaren Ressourcen und die derzeitige Situation zugrunde legt.«*[42]

Retros sollten Sie mindestens einmal im Quartal durchführen. Besser sind monatliche Reviews und Anpassungen. In größeren Organisationen unterstützt Sie dabei ein interner Agiler Coach.

Die übergeordnete Wirkung von Retros ist, dass die Mitarbeitenden merken, dass sie mit ihren Beiträgen in der Retro einen Einfluss haben. Ihre Meinung zählt. Und wenn ein Prozess von dem Team als wenig wirksam empfunden wird, wird er angepasst. Das stärkt nicht nur die Motivation, sondern verringert auch den Jammer- und Meckereffekt. So ist die Retro auch ein möglicher, begrenzter Ort zum Jammern, bei dem jedoch gleichzeitig Verbesserungsvorschläge gemeinsam erarbeitet werden.

4.4.5 Die Geschichte vom Dom

Das Kapitel »Führen mit Herz« schließen wir mit einer Parabel ab. Diese veranschaulicht all die Elemente, die Sie auf den vorherigen Seiten gelesen haben. Bei Führen

42 Dräther 2014, S. 6 f.

mit Herz etablieren Sie eine gemeinsame Sichtweise auf die Vision. Sie ermöglichen, dass die Menschen stolz sind, mitzuwirken. Die Geschichte stammt von dem italienischen Arzt Roberto Assagioli:

»Es war einmal ein Mann, den die unterschiedlichen menschlichen Motivationen faszinierten. In diesem Zusammenhang befragte er viele Menschen. Eines Tages spazierte er an einem Steinbruch vorbei, wo viele Arbeiter mit Steineklopfen beschäftigt waren. Da fasste er drei Arbeiter ins Auge, die mit unterschiedlichem Eifer bei der Arbeit waren. ›Eine gute Gelegenheit, um diese Arbeiter nach ihrer Motivation zu befragen‹, schoss es ihm durch den Kopf.

So ging er zu jenem Arbeiter, der immer wieder Pausen einlegte. Ein paar Klopfer auf den Stein, und schon machte er Pause und blickte mürrisch durch die Gegend. Bei der nächsten Pause packte der Mann die Gelegenheit beim Schopf: ›Entschuldigen Sie, eine Frage. Wie sieht es mit Ihrer Motivation für diese Arbeit aus?‹

›Motivation? So eine dumme Frage! Es gibt keine schlimmere Arbeit als dieses Steineklopfen. Aber weil es hier kaum Arbeit gibt, habe ich diesen Job angenommen. Ich mache sicher nicht mehr als notwendig. Hauptsache, eine Arbeit, man kann es sich halt nicht immer aussuchen. Also von Motivation kann keine Rede sein!‹

›Na ja, aber auf eine freundliche Frage hätte ich mir auch eine freundliche Antwort erwartet‹, so der Mann. ›Wie soll man bei so einer Arbeit freundlich sein. Die nimmt mir die ganze Lebensfreude, und dann kommen Sie mit solch einer dummen Frage. Motivation – dass ich nicht lache!‹

Der Mann ging eilig weiter zum nächsten Arbeiter. Dieser machte einen fleißigen Eindruck. Nun wollte es der Mann genauer wissen: ›Ihnen scheint das Steineklopfen Spaß zu machen, oder?‹

›Ja, heute schon! Ein herrlicher Tag. Ich bin verliebt, herrliches Wetter heute, mein Chef hat mich morgens gelobt, und das Steinmaterial hier in diesem Bereich des Steinbruchs lässt sich gut bearbeiten. Und so geht mir die Arbeit leicht von der Hand und macht sogar Spaß!‹

›Kann ich daraus auch schließen, dass Ihre Motivation nicht immer so hoch ist wie heute?‹ Der Arbeiter: ›Natürlich nicht! Das hängt von den Umständen ab. Nicht immer ist der Chef so gut aufgelegt. Und Steineklopfen bei Regen und kaltem Wetter macht alles andere als Spaß. Bei hartem Steinmaterial brauche ich häufig doppelt so lange. Was glauben Sie, wie es da mit meiner Motivation ausschaut?‹

›Verstehe ich das richtig, dass Ihre Motivation vor allem von den Umständen und vom Umfeld abhängt?‹ ›Ja, genau‹, antwortete der Steineklopfer und machte sich an den nächsten Stein.

Der Mann ging zum nächsten Arbeiter, der voller Eifer auf einen Granitbrocken hämmerte. Er sah ihm eine Weile beim Steineklopfen zu und war fasziniert, wie der Arbeiter ohne Unterbrechung auf den harten Stein klopfte. Ihn schien die schwere Arbeit richtig Spaß zu machen. Erst als der Mann dem Arbeiter auf die Schulter klopfte, bemerkte ihn dieser.

›Macht Ihnen der harte Stein nicht zu schaffen?‹, wollte der Mann wissen. ›Nein, überhaupt kein Problem. Mir macht es sogar richtig Spaß, den Stein zu bearbeiten!‹ ›Und wenn das Wetter mal nicht so schön ist wie heute, wenn es kalt und regnerisch ist und der Chef schlechte Laune hat, dann ist Ihre Motivation sicher nicht so groß, stimmt's?‹

›Die miese Laune von meinem Chef prallt an mir ab, und am Wetter kann ich auch nicht drehen. Was sollten diese Umstände an meiner Motivation ändern?‹, antwortete der Arbeiter und bearbeitete schon wieder einen Stein. ›Aber ist das Steineklopfen nicht hart und eintönig?‹ ›Was heißt hier Steine klopfen? Sehen Sie nicht, was ich aus diesen Steinen mache? Ich arbeite am Gewölbe des Domes! Gibt es ein schöneres und ehrenvolleres Ziel, als ein solches großartiges Gebäude aufzubauen?‹«

Diese Geschichte verdeutlicht nicht nur die unterschiedlichen Motivationstypen. Darüber hinaus ist sie eine gute Metapher dafür, dass jeder am Dom mitmacht. Jeder Stein zählt.

Auf einen Blick

- Meetings werde mit einem kurzen Check-in und Check-out, Interaktionsphasen sowie einem klaren Wozu menschlicher.
- Finden und schaffen Sie Zeit für nicht-fachlichen Austausch und gehen Sie bewusst auf die Beziehungsebene.
- Stärkendes Feedback ist nach einem strukturierten Kick-off einfacher in den Alltag zu integrieren.
- Etablieren Sie regelmäßige Retrospektiven, um die Zusammenarbeit zu reflektieren.

Digitale Extras

- Tipps und Reflexionsfragen zur Durchführung von Retros finden Sie zum Beispiel unter Retromat.org/de

5 Erfolgsfaktor Kopf: Klar, verstehbar und berechenbar führen und zusammenarbeiten

Ein übergeordnetes Gefühl von Vertrauen entsteht, wenn wir Geschehnisse in uns und um uns herum verstehen und einordnen können – statt uns vernebelt zu fühlen. In diesem Kapitel geht es um das Prinzip »Führen mit Kopf«.

Sie werden Impulse erhalten, wie Sie verstehbarer, klarer und berechenbarer führen können. All diese Faktoren stehen in enger Verbindung mit dem Haltungsfaktor »Selbst- und mitverantwortlich agieren«, denn je mehr Sie und andere verstehen, wofür Sie selbst- und mitverantwortlich sind, umso aufrichtiger werden Sie dies auch kommunizieren können und wollen.

Wenn Sie ein klares Ziel haben und stark im Sinne von »Führen mit Kopf« sind, so wird dies noch wirksamer, wenn Sie es mit den Prinzipien von »Führen mit Herz« verbinden. Wir verbinden in diesem Kapitel also das Herz mit dem Kopf. Ein Führungsstil, der sich durch eine hohe Klarheit auszeichnet, darf nicht mit einem direktiven, hierarchischen Führungsstil verwechselt werden.

Ein Gefühl von Verstehbarkeit entsteht durch kommunikative und haltgebende, strukturelle Faktoren. Dazu zählen sprachliche Aspekte, Ziele, Informationen und vor allen Dingen Vereinbarungen in der Zusammenarbeit – wer macht was, wer ist für was verantwortlich. Alles, was Geschehnisse und Zusammenhänge transparenter und verstehbarer macht, erhöht die innere Orientierung.

Darüber hinaus hat Ihre innere Haltung einen entscheidenden Einfluss auf das Gefühl von Verstehbarkeit im Team. Je klarer Sie sich sind mit Ihrer Intention und mit Ihrer Zielsetzung sind, umso klarer wird es auf das Team abstrahlen. Zugleich ist ein Erfolgsfaktor für das Gefühl von Verstehbarkeit, dass Sie als Führungskraft sich situativ auf die Zuhörer einstellen und die Informationen anpassen.

5.1 Eine Haltung als Schrittmacher und Tempomacher einnehmen

Als Führungskraft sind Sie qua Rolle im Transformationsmodell Ihrem Team ein paar Schritte oder sogar Meilen voraus. Sie beschäftigen sich früher mit strategischen Entscheidungen und haben oftmals einen Wissensvorsprung. Je weiter oben Sie in der Hierarchie sind, umso größer ist Ihr Vorsprung gegenüber den Menschen, die operativ arbeiten. Strategien und Entscheidungen werden im kleinen Kreise vereinbart und dann an die Belegschaft, das Team kommuniziert.

Oftmals entstehen Missverständnisse, weil Menschen die Entscheidungen und die Strategie nicht verstehen oder falsch verstehen. Im schlimmsten Fall weder sprachlich noch inhaltlich. Es ist zu weit weg von ihrem Tagesgeschäft. Nicht wenige Führungskräfte reagieren ungeduldig und verziehen sich daraufhin oder sie rennen noch weiter voraus, weil die Auseinandersetzung unbequem ist. Dann lauert die Gefahr, dass sie sich zu weit von dem Team entfernen und in einem anderen Terrain unterwegs sind. Vielleicht müssten sie sogar schreien, damit das Team sie überhaupt versteht. Keine schöne Vorstellung.

Die Ursache für dieses Verhalten ist vielschichtig. Als Führungskraft stehen Sie einerseits selbst unter hohen Druck. Die Geschäftsführung oder Ihr direkter Vorgesetzte drängen auf die Implementierung und darauf, dass die Veränderung möglichst schnell losgeht! Andererseits haben Sie sich schon hoffentlich länger mit den anstehenden Veränderungen beschäftigt. Einige Strategiemeetings liegen hinter Ihnen und – ganz ehrlich – Sie sind ein wenig müde davon und möchten nun auch einfach gemeinsam mit dem Team in die Umsetzung kommen, statt die Strategie noch mal zu erklären.

Was bedeutet es in diesem Kontext, Schrittmacher zu sein? Ein Schrittmacher gibt dem Herzen nur dann einen Impuls, wenn das Herz aus dem Takt kommt oder zu schnell schlägt. Bevor der Schrittmacher den Impuls gibt, fühlt das Gerät durch die Sonde in den Herzmuskel ein. Diese Funktionsweise passt sehr gut zu dem Führungsmotto »First pace, then lead«[43]. Wörtlich übersetzt meint es: Erst Schritt halten, das Tempo annehmen und dann das Tempo anführen. Die Übersetzung finde ich zu sperrig, daher bleibe ich beim englischen Original.

---

43 Diesen sehr prägnanten Satz und Grundsatz habe ich aus einer Masterclass von Frist Wilmsen zum Thema Impeccable Leadership mitgenommen und seitdem verinnerlicht.

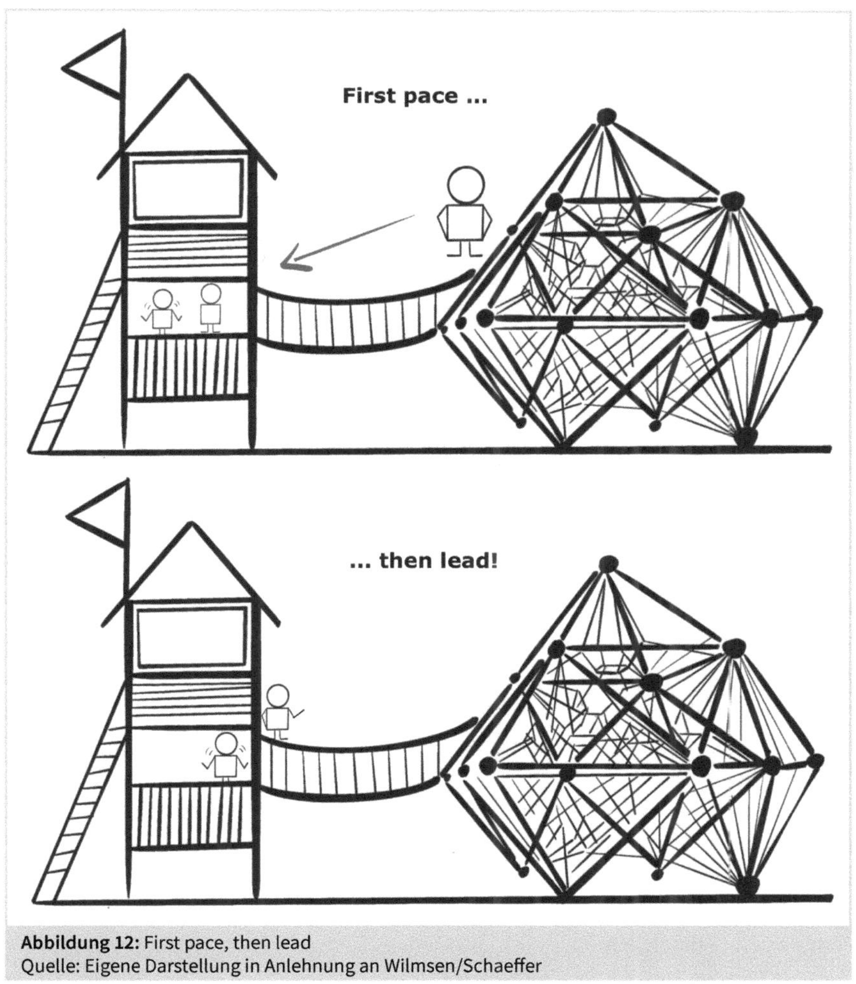

Abbildung 12: First pace, then lead
Quelle: Eigene Darstellung in Anlehnung an Wilmsen/Schaeffer

»First pace, then lead« – ein praktisches Beispiel

Als engagierte Hobby-Läuferin kenne ich »Pace-making« bzw. »Pace-Maker« vom Marathonlaufen. Diese haben ebenfalls »First pace, then lead« verinnerlicht. Sogenannte Pacemaker bei einem Marathon von 42,195 km sind die Läufer, die eine bestimmte Zielzeit laufen und das Tempo dementsprechend ausrichten. Zum Beispiel nehmen sie sich vor, den Marathon in 3 Stunden und 59 Minuten zu beenden. Am

Anfang bremsen sie die Läufer eher, dass sie nicht zu schnell loslaufen und sich überschätzen. Zum Ende des Rennens motivieren sie, das Tempo durchzuhalten und in der Zielzeit anzukommen.

Im letzten Jahr lief ich einen ganz persönlichen Marathon, einfach nur für mich. Auf der zweiten Hälfte begleitete mich mein Lauffreund Guido. Er war für mich der perfekte Pacemaker. Im Nachgang betrachtet ist dieser Verlauf des Marathons ein sehr gutes Beispiel für »First pace, then lead«.

Als Guido bei Kilometer 22 dazukam, erkundigte er sich nach meinem Befinden und wie es so läuft. Er passte sich komplett meinem Tempo und meiner Zielsetzung an. Seine eigenen Bedürfnisse stellte er an diesem Tag zurück. Schließlich kann er deutlich schneller laufen. Er wollte er mich einfach unterstützen und selbst ein wenig laufen. Wir unterhielten uns, er hatte die Wege und mögliche Hindernisse im Blick. Wir tauschten uns ständig aus – zum Tempo, zur Verpflegung, zur Stimmung. Die letzten sieben Kilometer jammerte ich, wie müde und angestrengt ich bin. Guido erinnerte mich an meine bisherigen Erfolge und Meilensteine. Wir hatten Gegenwind, er lief vorweg und gab mir Windschatten. So wurde es viel leichter für mich. Jegliche negativen Gedanken, die ich äußerte, entschärfte er. Es gab für mich einfach keine Ausreden und keinen Grund, nicht weiterzulaufen. Wir liefen einfach weiter. Die letzten fünf Kilometer zog er das Tempo immer mehr an. Ich lief einfach mit. Er schaute sich immer wieder um, ob ich noch an seinen Hacken hing – und zog noch ein wenig an. Ich schaute einfach gar nicht mehr auf die Pulsuhr, sondern lief einfach. Schritt für Schritt. Bis wir im Ziel waren. Mit dem Pacemaker an meiner Seite machte die Strecke mehr Spaß und insbesondere die letzten Kilometer fielen mir deutlich leichter, als wenn ich sie alleine gelaufen wäre.

First pace … – inhaltlich

»First pace, then lead« meint zunächst, dass Sie reflektieren, wo Sie stehen und wo Ihre Mitarbeitenden oder Ansprechpartner gerade sind. Es bedeutet ein Innehalten. Entweder kurz vor einem Termin oder etwas länger vor einer wichtigen Tagung. Gleichen Sie Ihr inneres Bild von der Beziehung ab. Versetzen Sie sich in die Situation der Beteiligten. Wo stehen sie, welchen Informationsstand haben sie und was bräuchte ich, wenn ich an ihrer Stelle wäre? Wie fühlen sie sich? Sie gehen also ein paar Schritte zurück, stellen sich auf die Menschen ein und passen die Informationen situativ an. Vielleicht reduzieren Sie innerlich Ihr Tempo und Ihre Erwartung an den Termin.

Pacing meint, sich mit dem Anderen zu verbinden – nicht nur emotional, sondern auch sachlich. Diese inhaltliche Verbindung gelingt besser, wenn Sie zuvor eine emotionale Verbindung auf der Herzensebene aufgebaut haben. Wenn Sie den Menschen grundsätzlich wertschätzen, wo er aktuell steht, statt den Standpunkt abzuwerten. Wenn Sie sich dafür öffnen, was den Gegenüber bewegt.

Pacing ist leichter möglich, wenn Sie gut zuhören (siehe Kapitel 4.2). Wenn Sie grundsätzlich offen dafür sind, was Sie dann hören und was den anderen bewegt. Was ist also gerade los? Wo steht die Person? Zugleich entsteht ein besseres Pacing, wenn sich die Menschen öffnen und die Maske absetzen. Dazu braucht es Führungskräfte als gute Vorbilder.

Pacing gibt dem anderen nicht nur ein Gefühl von Verstehbarkeit im nächsten Schritt, sondern auch ein Gefühl von Wertschätzung. Jemand, der informativ und angemessen angesprochen wird, fühlt sich eher gesehen, als wenn jemand einfach vorweg läuft und sein Ding macht.

Pacing im Alltag meint also, konkret beim Anderen und beim gemeinsamen Wissensstand anzuknüpfen. Hier sind einige hilfreiche Fragen:

- Wie sind wir im letzten Termin auseinandergegangen, was haben wir beschlossen? Was haben wir uns für heute vorgenommen?
- Gemeinsam auf die Situation, zum Beispiel eine neue Strategie, schauen: Welchen Weg haben Sie als Führungskraft mit der Strategie hinter sich und wie ging es Ihnen am Anfang? Welche Fragen und Gefühle tauchten bei Ihnen auf? Was meinen Sie, wie geht es dem Team, welche Fragen und Ängste sind da?
- Welchen Wissensstand hat mein Gegenüber zu meinem Thema? Welchen Wissensvorsprung habe ich?

Insbesondere wenn ich mit Geschäftsführerenden arbeite, erinnere ich sie regelmäßig daran, sich auf ihre Gesprächspartner einzustellen. Sie sind meistens weiter rechts im Transformationsmodell. Für sie ist die Strategie längst klar und sie haben schon wieder neue Ideen im Kopf. Es ist wichtig, sich selbst und den Rest der Organisation zu verorten und eine gemeinsame Gesprächsbasis, eine inhaltliche Verbindung, zu finden.

Auch in meiner professionellen Rolle ist die erste Phase eines Gespräches oder eines Workshops immer das Pacing. So gerne ich direkt loslegen würde und zeigen möchte, was ich alles kann und weiß – damit würde ich meine Kunden überfordern. Oder noch schlimmer: Ich würde nicht erfahren, was ihre Gedanken, Fragen und Bedürfnisse zu einem Thema sind, und würde so an ihnen vorbeiarbeiten. Pacing meint auch für mich in erster Linie zuhören, die Bedürfnisse heraushören. Es kann durchaus dann auch passieren, dass durch das Zuhören und Hineinhören sämtliche Pläne, wie ich den Termin führen wollte, nicht mehr passen.

First pace … – persönlich

Pacing meint auch, den anderen in die eigene Wahrnehmung, die eigenen Entwicklungen mitzunehmen, statt direkt mit der Zielsetzung loszulegen. Sie legen damit die Maske ab und zeigen sich offener. Dadurch erhöhen Sie automatisch die Chance, dass Sie und Ihre Gedanken von anderen besser verstanden und eingeordnet werden können:

- Was sind meine Gedanken, Gefühle und Bedürfnisse zum Thema, zur Situation?
- Wo stehe ich ganz persönlich und wie geht es mir, wieso?
- Wenn ich laut denken würde, was würde ich dann sagen?

Nach dem inhaltlichen sowie persönlichen Pacing sind alle auf einem zufriedenstellenden Stand und fühlen sich gesehen. Die Menschen werden, weil mehr Vertrauen herrscht, offener. Nach dem Pacing wird es Ihnen leichter fallen, zu führen und die Menschen sind eher dazu bereit, geführt zu werden. Wenn wir uns verstanden fühlen, vertrauen wir mehr und gehen leichter voran. Wichtig: Es ist ein Gefühl, ein individuelles Gefühl.

Zugleich liefert das Pacing nicht nur für Ihr Umfeld, sondern auch für Sie wichtige Informationen! Denn Sie erfahren im besten Falle auch, wie es Ihren Kollegen und Mitarbeitenden geht. Es hat nicht nur den Zweck, schneller voranzukommen. Sie erhöhen dadurch auch Ihr eigenes Verständnis davon, wie es dem Team oder einem einzelnen Mitarbeitenden geht, welche Ideen und Fragen es gibt. Es ist also kein Selbstzweck! Sicherlich werden Sie neue, weitere wichtige Informationen gewinnen, die Sie in die Zukunft einsetzen können.

… then lead

Mit diesen Informationen können Sie danach besser führen. Das meint, dass Sie darauf aufbauend die Zielsetzungen und nächsten Schritte darstellen können.

Zugleich meint Leading in diesem Kontext, standhaft und aufrichtig zu sein, also eine klare Haltung zu zeigen. Dies könnte sich zum Beispiel durch ein Statement wie »Ich kann Ihre Bedenken sehr gut nachvollziehen, mir ging es am Anfang ähnlich. Doch ich verstehe mit jedem Tag mehr die Zielsetzung der Geschäftsführung und stehe voll dahinter.« sein. Verdeutlichen Sie, dass es keinen Weg an der Veränderung vorbei gibt und dass es darum geht, sich in die neue Richtung zu bewegen. Auch wenn der komplette Weg noch nicht ersichtlich ist.

Schrittmacher im Nebel sein

Früher konnten wir die Unternehmensentwicklungen besser voraussagen. Wir hatten eine klarere Fernsicht. Heute vernebeln die skizzierten Markt- und Organisationsdynamiken den Blick nach vorne. Wir wissen nicht, wie das Wetter und der Weg nach der nächsten Kurve aussehen. Gerade dann ist »First pace, then lead« wichtig.

Sinnbildlich sind die Entwicklungen und Ziele häufig nicht mehr so deutlich zu erkennen wie vor zehn Jahren. Ein Transformationsteam sagte vor kurzen zu mir: »Es ist schon sehr vernebelt. Wir haben nur eine sehr geringe Klarheit. Wir wissen nicht genau, wie es in ein paar Monaten sein wird. Aktuell wissen wir nur, wie es nächste Woche ist und dass wir darüber hinaus nichts wissen.«

Mit dieser unklaren Sicht können wir auf zwei Arten umgehen. Wir können uns verrückt machen und alle möglichen Szenarien für die Zukunft durchkalkulieren. Das kostet viel Energie. Oder wir bleiben ruhig. Fokussieren uns auf das, was wir sehen können. Setzen einen Schritt nach dem anderen.

Gerade in nebeligen Bedingungen ist es umso wichtiger, dass Sie als Führungskraft den Kontakt zum Team behalten. Dass Sie in Sichtweite sind, dass Sie nahbar sind. »First pace, then lead« meint dann zum Beispiel, dass Sie dranbleiben. Dass Sie die Unsicherheiten hören und auch ernst nehmen. Und dann führen und motivieren, die nächsten Schritte zu gehen, denn diese sind ja sichtbar und machbar. Richten Sie den Blick bewusst auf das, was klar erkennbar ist. Fokussieren Sie sich konkret auf die nächsten Schritte.

Unsere Aufmerksamkeit sollten wir radikal auf das lenken, was wir beeinflussen können. Das kann der nächste Projektschritt, ein aktueller Markttrend oder ein sich neu abzeichnendes Kundenbedürfnis sein. Das steigert die Konzentration und das Gefühl von Verstehbarkeit – und verhindert, dass wir uns einfach ohne Ziel und Kompass treiben lassen. Das ist besser, als unsere Aufmerksamkeitsenergie auf Faktoren zu richten, die wir sowieso nicht ändern können oder die in ferner Zukunft liegen. Mit dieser Einstellung werden Sie auch Ihr Team für die nächsten Schritte gewinnen.

Auf einen Blick:

- »First pace, then lead« ist das Motto der inneren Haltung bei Führen und Zusammenarbeiten mit Kopf.
- Passen Sie sich zunächst an die Situation Ihrer Zuhörer und Mitarbeitenden an. Es geht darum, die Bedürfnisse der Anderen wahrzunehmen.
- Im zweiten Schritt führen Sie von dort das Gespräch und nehmen sinnbildlich Tempo auf.
- Achten Sie immer darauf, dass Sie in Sichtweite und im Kontakt zum Team sind – statt vorweg zu laufen.

Reflexionsfragen:

- In welchen Situationen oder bei welchen Personen fällt es Ihnen leicht, erst Schritt zu halten und dann zu führen?
- Bei welchen Personen möchten Sie in Zukunft mehr Schritt halten und den Kontakt intensivieren? Wo rennen Sie aktuell zu schnell vorne weg?

5.2 Führungskompetenz Rahmen und Ziele setzen

Die innere Grundintention »First pace, then lead« spiegelt sich sehr gut in der Kernkompetenz der Führung mit Kopf wider. Dies ist die Kompetenz »Rahmen setzen«. Damit ist gemeint, den Geschehnissen und Informationen einen Rahmen zu geben, in ein Gesamtbild einzurahmen. Dies passt auch sehr gut in das bildliche Transformationsmodell. Mit dieser Kernkompetenz geben Sie jeder Aktivität, jeder Zielsetzung einen übergeordneten Rahmen. Sprich: Sie wissen, wo im übergeordneten Brückenbild Sie die Maßnahme verorten. Dieses »Framing« hört nicht damit auf, dass Sie es wissen. Vielmehr geht es darum, dies auch zu äußern. Was ist also der große Zusammenhang für die Aktion, für das Meeting?

Einen übergeordneten Rahmen und Sinn setzen

Mit einem übergeordneten Rahmen und einer übergeordneten Begründung erhält Ihr Umfeld eine übergeordnete Struktur. Je mehr Menschen die Zusammenhänge verstehen und Entscheidungen nachvollziehen können, umso mehr können sie sich auf die Situation einlassen.

Brian Arthur, ein britischer Ökonom, Professor am Santa Fe Institute fasst es als Forscher zu komplexen Systemen sehr treffend zusammen:

> *»Cognition is never extracted from the situation. You don't make sense from the situation, you impose sense upon the situation. Confusion is the absence of the framework, and known confusion just means that you have framework. ... So what is facing management in high tech is confusion. The job of management in high tech, at the highest level, is not to manage but to find frameworks.«*[44]

Ein übergeordneter Rahmen gibt allen Informationen und Handlungen Sinn und Bedeutung. Doch wie oft höre ich »Ich möchte es doch einfach nur verstehen, dann könnte ich damit besser umgehen.«? Es werden sachliche Entscheidungen oder Personalentscheidungen getroffen, Informationen werden geteilt oder nicht geteilt – wie oft gibt es keinen roten Faden in der internen Kommunikation. Das erscheint für die Menschen dann willkürlich und schwer nachvollziehbar. Die Folge: Das Vertrauen sinkt. Die Menschen fühlen sich abgekapselt.

44 Aus dem Interview »Coming from your inner Self«, https://www.presencing.org/aboutus/theory-u/leadership-interview/W_Brian_Arthur abgerufen am 9. Juni 2021. Die Passage meint auf deutsch: »Die Erkenntnis wird nie aus der Situation herausgelöst. Man macht keinen Sinn aus der Situation, man drängt der Situation Sinn auf. Verwirrung ist das Fehlen des Rahmens, und bekannte Verwirrung bedeutet nur, dass man einen Rahmen hat. ... Was dem Management in der High-Tech-Branche also bevorsteht, ist Verwirrung. Die Aufgabe des Managements in der Hochtechnologie, auf höchster Ebene, besteht nicht darin, zu managen, sondern Rahmen zu finden.«

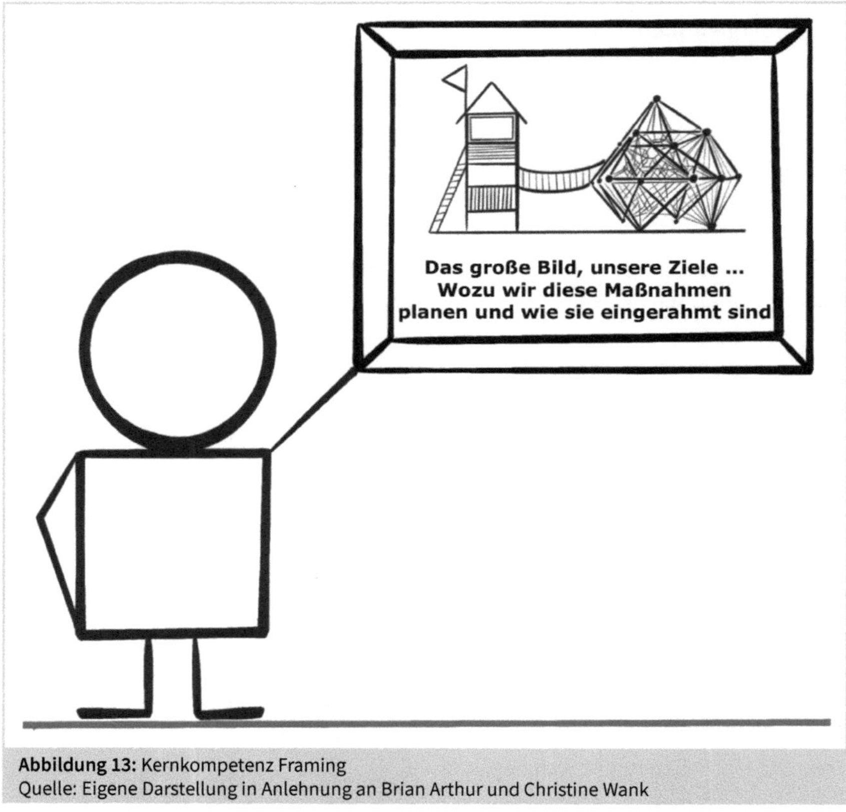

Abbildung 13: Kernkompetenz Framing
Quelle: Eigene Darstellung in Anlehnung an Brian Arthur und Christine Wank

Das Implizite explizit machen und sprachlich einrahmen

Meist gibt es den übergeordneten Rahmen und die übergeordnete Ausrichtung. Was jedoch fehlt, ist, dass darüber offen gesprochen wird, dass es explizit benannt und ausgesprochen wird. Deshalb beinhaltet die Kernkompetenz Framing auch, das Implizite explizit zu machen – also laut zu denken bzw. die Denkprozesse und die Begründungen öffentlich zu machen. Damit werden Sie für andere berechenbarer.

Letztlich geht es darum, sich selbst und anderen die Frage zu beantworten: Wieso mache ich das jetzt, was ist die Zielsetzung und Absicht? Was denke ich mir dabei? So wird der große und auch kleinere Rahmen transparenter und nachvollziehbarer. Zugleich fühlen sich die Menschen wertgeschätzter, als wenn sie einfach hören: So wird es jetzt gemacht – und basta. Ein Framing hat ebenfalls den Vorteil, dass Sie selbst entschleunigen und selbst mehr Klarheit gewinnen.

Einen guten Rahmen setzen bedingt, dass Sie den Rahmen auch gut vermitteln können. Dazu braucht es sprachliche Kompetenz. Führungskräfte müssen klar und verständlich ausdrücken können, was sie meinen. Dies schließt wiederum an die Gedanken des vorherigen Kapitels an.

Zwei Beispiele verdeutlichen, wie ein Rahmen im Alltag gesetzt werden kann. Nach einem Vortrag zu den Prinzipien »Herz«, »Kopf« und »Hand« kam ein Teamleiter begeistert auf mich zu. Er sah sich nicht nur bestätigt in seinem Führungsstil. Vielmehr war für ihn wichtig, dass er die Wirkung eines speziellen Meetings besser verstand. Er erzählte mir von einem Teammeeting mit mehr als 20 Mitarbeitenden. Er hatte dieses eine Mal keine Zeit, sich vorzubereiten und Themen aufzuarbeiten.

Also setze ich er sich vor sein Team und erzählte einfach, was auf Teamleiter- und Abteilungsleiterebene gerade los ist. Welche Themen besprochen und diskutiert werden, was ihn beschäftigt und welche Fragen an ihn gestellt werden. Danach kamen viele Mitarbeitende auf ihn zu. Sie gaben ihm das Feedback, dass dies seit Langem das beste Teammeeting war und diese Hintergrundinformationen sehr wertvoll für das Gesamtverständnis seien.

Haben Sie also keine Angst, dass die Menschen mit diesen Informationen nicht umgehen können. Sie können das! Sie brauchen diese Informationen, um die aktuelle Situation zu verstehen und in den Gesamtkontext einordnen zu können.

Einen Rahmen setzen erscheint einfach. Doch selbst in meiner Rolle als Beraterin fällt es mir nicht immer leicht, denn ich denke innerlich, dass doch alles schon logisch ist und dass ich für das Framing keine Zeit habe. Immer wieder stelle ich fest: Das Framing tut mir gut, weil ich so mich selbst zwinge, zu überlegen, wieso ich die Dinge so mache, wie ich sie mache. Darüber hinaus unterstützt es den Kunden und die gemeinsamen Prozesse, denn diese verlangsamen und vertiefen sich.

Passend dazu ist mir eine Prozessbegleitung mit drei Vorstandsmitgliedern in Erinnerung. Die drei Herren sind täglich durchgetaktet, reden hauptsächlich über fachliche Themen. Dennoch fange ich die Workshops grundsätzlich mit ein paar Momenten der Stille, der Selbstreflexion sowie einem übergeordneten Bild zum Workshop-Thema an. Ich erläuterte ausführlich, wozu dies im Führungsalltag und für Ihre Zielsetzung des Workshops wichtig ist.

Das bedeutete, innerlich zwei Gänge zurückzuschalten. Statt mental schon drei Schritte weiter zu sein, nehme ich so das Tempo raus. Ich gab mir dazu eine innere Erlaubnis; ich gab mir selbst ein inneres Framing – dass ich durch mein Verhalten eine starke Vorbildfunktion für die Kunden einnehme. Dies wirkte sich automatisch auf die Kommunikation der Vorstandsmitglieder im Workshop aus. Mehr und mehr bezogen sie sich mit ihren Beiträgen und Fragen auf den Gesamtrahmen. Gleichzeitig diente der Rahmen als Grenze. Hatte ich den Eindruck, dass wir uns außerhalb des festgelegten Rahmens mit dem Dialog bewegten, äußerte ich dies und wir entschieden gemeinsam, wie wir damit umgehen. Abschließend stellten die Geschäftsführer fest, dass sie wiederum in der Organisation ausführlicher, expliziter und kontextbezogener, also mit mehr Framing, kommunizieren möchten.

Ein übergeordnetes Ziel im Blick haben

Framing hilft, innerlich fokussiert zu bleiben und die Zusammenarbeit aufrechter zu steuern. Durch ein kontinuierliches Einrahmen erinnern Sie und auch Ihr Team sich immer wieder an das übergeordnete Ziel. Das übergeordnete Ziel und die grundlegende Perspektive mit einem klaren Wozu ist Bestandteil des Rahmens, den Sie geben und auch verkörpern. Dies wird immer wichtiger, weil die Informationsmenge und -dichte immer weiter zunehmen und sich zum Teil auch widersprechen.

Zugespitzt formuliert: Wir müssen in der Arbeitswelt mit weniger Klarheit klarkommen. Unser innerer Kompass ist immer mehr durch Reize von außen irritiert. Umso wichtiger wird es, sich immer wieder seinen eigenen Rahmen und die darin enthaltenen Ziele bewusst in Erinnerung zu rufen. Durch die Technik des Framings stoßen Sie dies an. Dadurch sind Sie eine Art Kompass für Ihr Team und unterstützen dadurch die Verstehbarkeit und die Berechenbarkeit.

Das große, gemeinsame Ziel im Blick zu haben, hilft dabei. Ebenso wie sich immer wieder zu fragen: Was ist unser Ziel und was wollen wir mit den Informationen? Es geht darum, einerseits die Wahrnehmung zu schärfen und andererseits offen und neugierig zu bleiben.

Informationen ordnen wir besser ein, wenn wir Ziele haben. Ziele strukturieren und ordnen uns. An Zielen können wir unsere Aktionen und Aufgaben ausrichten. Ziele unterstützen uns, Informationen zu filtern.

Der heutige Führungsalltag ist oft von widersprüchlichen Zielen geprägt: Prozesse sollen eingehalten werden. Gleichzeitig steht die Kundenzufriedenheit hoch im Kurs. Und ja, die Kosten senken wir natürlich auch noch. Die Mitarbeiterzufriedenheit muss nun wirklich steigen, die Fehlzeiten sind zu hoch. In diesem Dilemma strukturieren Ziele nicht, sondern verwirren und frustrieren. In leitenden Funktionen ist es wichtig, sehr klar in der Kommunikation der Ziele zu sein und immer wieder dafür zu sorgen, dass die Ziele in den Alltagsinformationen und dem ganz normalen Wahnsinn präsent und im übergeordneten Rahmen eingeordnet sind.

Zahlen-Daten-Fakten-Ziele reichen nicht

»Immer höher, schneller, weiter – das hat für mich keinen Sinn mehr. Gibt es da nicht noch einen anderen Ansatz?« Ziffern als alleinige Kriterien ermüden uns, vielleicht langweilen sie uns sogar. Kennzahlen alleine sind für uns nicht wertvoll. Wenn wir Zahlen mit weichen Werten bzw. mit dem übergeordneten Wozu ergänzen, motivieren sie uns. Die besten Ziele sind die, die für uns Sinn haben; Ziele, die für uns wertvoll sind; Ziele, die ein Wozu mit integrieren.

Widersprüchliche Ziele mit Fixsternen lösen

Neben Kennzahlen-Zielen benötigen wir ein weiteres Element für unsere Orientierung: Fixsterne. Fixsterne verändern ihre Position nicht. Sie sind konstant und unterstützen uns bei unserem Gefühl von Klarheit. Dies gilt auch, wenn unsere Ziele widersprüchlich sind oder sich die kurzfristigen Ziele öfter einmal ändern. Fixsterne strukturieren unser Verhalten auf dem Weg zum Ziel. Sie sind eine Art übergeordnetes Ziel, ein »Meta-Ziel«. Sie sind Teil des übergeordneten Rahmens.

Fixsterne können zum Beispiel Werte sein. Sie sind das, was für uns wirklich wertvoll und von Bedeutung ist. Ein Fixstern könnte der Wert »Vertrauen«, »Kundenorientierung« oder »Leistungsorientierung« sein. Werte sind begrifflich schnell definiert.

Die Kunst der Wertearbeit besteht auch heute noch in der konkreten Übersetzung in den Unternehmensalltag: Was genau bedeutet dieser Begriff für uns in der Zusammenarbeit? Sind wir bereit, unsere Werte konsequent zu leben?

Prägnante Kerne abgrenzen

Fixsterne und Kennzahlen-Ziele strukturieren uns auf unterschiedliche Weise. Kennzahlen-Ziele bieten eine sehr harte und unflexible Struktur. Entweder wir erreichen das Kennzahlen-Ziel oder nicht. Fixsterne hingegen strukturieren die Ausrichtung des Handelns. Fixsterne sind »kernprägnant«, wohingegen Kennzahlen-Ziele »trennscharf« sind.

Ursprünglich wurde das Modell von »Trennschärfe versus Kernprägnanz« im Kontext der Identitätsbildung von George Steiner entwickelt.[45] Trennscharfe Ziele unterstützen uns bei Zahlen-Zielen. Bei trennscharfen Zielen können wir leicht messen, ob wir ein Ziel erreicht haben oder nicht. Es geht um die Abgrenzung »In or out«. Umsatz- und Kostenziele sind trennscharf.

Kernprägnante Ziele sind sinnvoller im Einsatz von weichen Fragestellungen und Zielen, die wir weniger gut messen können. Die Veränderung der Zusammenarbeit im Team von fachspezifischem Denken hin zu einem unternehmerischen Denken wäre ein kernprägnantes Ziel. Kernprägnante Ziele konzentrieren sich auf weiche Faktoren.

Für das Prinzip »Führen mit Kopf« ist diese Unterscheidung wertvoll. Damit wir unsere Ressourcen gut einsetzen, kann es besser sein, sich mehr auf Kernprägnanz zu fokussieren anstelle auf Trennschärfe: Lieber die große Richtung und den Kern des eigenen Tuns im Blick haben, als sich nur auf Zahlen zu konzentrieren.

Die heutige dynamische Umgebung können wir eher mit einem lebendigen Organismus als mit einem starren Kasten vergleichen. Dieser Lebendigkeit kommt das Prinzip der Kernprägnanz näher. Es erlaubt mehr Flexibilität und Gestaltungsspielraum.

45 Schmid 1988.

Gleichzeitig können trennscharfe Ziele den Weg zur Kernprägnanz übersetzen und berechenbar machen. Ein Unternehmen möchte sich zum Beispiel vom reinen Produktanbieter »Automobil« hin zu einem Dienstleistungsanbieter »Mobilität« entwickeln. Die Kernprägnanz ändert sich von »Automobil« zu »Mobilität«. In den trennscharfen Zielen werden steigende Umsätze für neue Produkt- und Vertriebsentwicklungen abgebildet.

Strategische Fixsterne

Die Königsdisziplin und der ultimative Fixstern ist das Vorhandensein einer klaren Strategie als Kern. Der Managementberater Gary Hamel fasst es pragmatisch zusammen: »Je mehr das Chaos um uns herum ist, desto allgemeiner muss eine Strategie sein.«[46] Eine Strategie ist ein Statement sowohl persönlich als auch als für das Unternehmen in der heutigen Welt: Wofür stehen wir, wo möchten wir hin?

Eine persönliche oder organisatorische Strategie gibt uns Klarheit und eine Richtung vor, selbst wenn vieles um uns herum unklar ist. Eine Studie der Bertelsmann AG weist eindrücklich nach, dass der Faktor »Strategietransparenz« ein großer Treiber für Mitarbeitermotivation und -wohlbefinden ist.[47] Neben den bisherigen Einflussfaktoren Informationsmanagement, Berechenbarkeit und Zielfokussierung wären wir damit direkt beim nächsten Einflussfaktor auf unser Gefühl von Klarheit: Kommunikation. Wir sollten so kommunizieren, dass wir Transparenz und Verstehbarkeit unterstützen.

Auf einen Blick:

- Ein übergeordneter Rahmen gibt allen Informationen und Handlungen Sinn und Bedeutung.
- Schaffen Sie sowohl einen übergeordneten Rahmen für das Team als auch immer wieder kleinere Rahmen in der direkten Kommunikation. Rahmen Sie öfter Ihre Aussagen in das Große und Ganze ein.
- Werden Sie selbst verstehbarer, indem Sie Ihre Entscheidungen mehr erläutern und einbetten.
- Wichtiger Teil eines Rahmens ist ein strategisches Ziel, ein Fixstern.

46 Hamel 2017.
47 Netta 2011, S. 179 ff.

Reflexionsfragen:

- Was ist der übergeordnete Rahmen in Ihrem Führungskontext, was ist für Sie das »Große und Ganze«?
- Wer in Ihrem Umfeld kommuniziert mit einem guten Framing – wie merken Sie dies?
- In welchen Situationen möchten Sie zukünftig mehr den übergeordneten Zusammenhang darstellen?

5.3 Im Team klarer und strukturierter zusammenarbeiten

In der Zusammenarbeit geht es darum, die verschiedenen Menschen im passenden Tempo zu begleiten sowie zu führen. Neben diesem »First pace, then lead«-Gedanken wird Ihnen ein übergeordneter Rahmen helfen, den verschiedensten Informationen Sinn zu geben.

In diesem Kapitel erfahren Sie, wie Sie in diesem Rahmen noch mehr dazu beitragen können, dass die Menschen ihre Aufgaben verstehen und einordnen. Das Gefühl von Verstehbarkeit übersetzt sich für die Zusammenarbeit in folgendes Grundgefühl:

> »Ich verstehe, was passiert und kann die Geschehnisse einordnen. Ich verstehe meine Aufgaben und die Ziele, die wir im Team erreichen wollen. Die Personen in meinem Umfeld empfinde ich als berechenbar und glaubwürdig.«

Als Einstieg in dieses Kapitel führen Sie eine Selbsteinschätzung durch.

Merkmale eines niedrigen Gefühls von Verstehbarkeit	Wie empfinden Sie dies bei sich selbst bzw. im Team?	Merkmale eines hohen Gefühls von Verstehbarkeit
Wir wissen wenig voneinander und dadurch ist die Zusammenarbeit manchmal unberechenbar.	←--------------------→	Wir sind offen zueinander. Jeder weiß, wie der/die andere tickt. Die Zusammenarbeit ist verbindlich und berechenbar.
Es wird viel geredet und weichgespült, ohne dass wir auf den Punkt kommen.	←--------------------→	Wir reden offen und klar miteinander.

Merkmale eines niedrigen Gefühls von Verstehbarkeit	Wie empfinden Sie dies bei sich selbst bzw. im Team?	Merkmale eines hohen Gefühls von Verstehbarkeit
Verschiedene Sichtweisen werden nicht gehört und auch nicht toleriert.	←--------------------→	Unterschiedliche oder auch widersprüchliche Sichtweisen werden offen diskutiert und in Entscheidungen mit einbezogen.
Wir machen Dienst nach Vorschrift. Über die Rolle und Funktion unserer Abteilung machen wir uns wenig Gedanken.	←--------------------→	Wir wissen, was der Arbeitsauftrag für uns als Team ist und wie wir unsere Rolle in der Organisation sehen.
Im Team gibt es immer wieder Missverständnisse, wer wofür zuständig ist.	←--------------------→	Im Team sind die Aufgaben und Rollen geklärt. Jeder weiß, wofür er/sie verantwortlich ist.

Tabelle 10: Selbsteinschätzung: Wie klar vereinbart und glaubwürdig ist die Zusammenarbeit?
Quelle: Eigene Darstellung in Anlehnung an Antonovsky

Anhand Ihrer Selbsteinschätzung können Sie nun sehen, welches Kapitel für Sie besonders interessant sein könnte.

5.3.1 Kleine Tugenden – große Wirkung: Berechenbar und verstehbar sein

Kennen Sie das? Sie haben einen Termin vereinbart und eine digitale Einladung verschickt. Ein paar Teilnehmende haben zugesagt, einige andere haben nicht reagiert. Sie möchten pünktlich starten. Doch Sie sind sich unsicher, wer denn jetzt noch kommt. Sollen Sie warten oder nicht?

Dies ist nur ein typisches Beispiel, wie unberechenbar und demnach wenig verstehbar eine Zusammenarbeit sein kann. Dies irritiert und sorgt für unnötige Anspannung.

Es sind wieder die Kleinigkeiten, die eine Zusammenarbeit besser machen oder nicht. Auf der kognitiven Ebene fragen wir uns in Beziehungen, ob wir die Person verstehen und wie wir sie einschätzen, ob wir sie als berechenbar und glaubwürdig empfinden. Wir fragen uns immer wieder bewusst oder unbewusst: Wie tickt diese

Person? Kann ich mich auf sie verlassen? Das Gefühl von Verstehbarkeit übersetzt sich für Beziehungen in das Grundgefühl:

> »Ich empfinde die Person als glaubwürdig, berechenbar und klar. Ich verstehe, wie sie agiert.«

Können wir eine Person in ihrem Handeln einschätzen, fühlen wir uns sicherer. Das Gegenteil wäre, dass wir eine Person als unberechenbar und wie ein Fähnchen im Wind empfinden. Dieses Gefühl verunsichert. Verstehbarkeit in Beziehungen entlastet, denn wir brauchen uns dann weniger Gedanken machen, wie die Person wohl agiert oder wie sie etwas meint. Es hängt weniger in der Luft, worüber spekuliert werden könnte. Ein offener und verlässlicher Umgang ist einfach möglich. Und er ist immer möglich, selbst und gerade wenn Sie noch viel operativ arbeiten.

Seien Sie mit der Checkliste ehrlich zu sich selbst. Welche Punkte treffen auf Sie zu und wo sehen Sie für sich noch Potenzial?

ja	nein	
		Ich rede klar und verständlich – sowohl im Tempo, in der Wortwahl als auch in der Lautstärke.
		Ich bin verlässlich – Termine und Abmachungen halte ich ein.
		Ich antworte zeitnah auf Termineinladungen mit einer Zu- oder Absage.
		Ich frage nach, wenn mir etwas unklar ist.
		Ich äußere meine Erwartungen an die Zusammenarbeit.
		Ich weiß, was mir in der Zusammenarbeit wichtig ist und fordere dies ein.
		Ich bin berechenbar – andere wissen, wie ich ticke.
		Ich schaffe möglichst viel Transparenz in meiner Zusammenarbeit und äußere Gedankengänge, Emotionen, innere Widerstände. Ich zeige, was hinter meiner Maske vorgeht.

Tabelle 11: Selbsteinschätzung: Glaubwürdige, berechenbare und klare Zusammenarbeit
Quelle: Eigene Darstellung

Was meinen Sie, wie würden Ihre Kollegen und Ihr Team diese Checkliste mit Ihnen im Kopf beantworten?

Letztlich erreichen Sie von sich aus mehr Transparenz in der Zusammenarbeit, wenn Sie sich mehr zeigen. Wenn Sie also die Maske abnehmen und sich nicht mehr anpassen und Ihre Persönlichkeit verstecken. Stehen Sie aufrichtig zu sich und Ihren Ecken und Kanten. Sollten Sie damit anecken, erläutern Sie dies, framen Sie es. Dies gehört zu einer klaren Haltung in einer Zusammenarbeit.

Dabei kommt die sprachliche Kompetenz mit ins Spiel. Erklären Sie, wieso Sie so agieren und was Sie mit Ihren Ecken und Kanten erreichen möchten. Einige Menschen tendieren zum Lautsein, möchten provozieren, ein Gespräch in Gang bringen, Meinungen auf den Punkt bringen. Andere sind eher leiser und benötigen Zeit, um über Entscheidungen nachzudenken. Alles ist erlaubt. Sie können es Ihrem Team erleichtern, in dem Sie Ihre Arbeitsmuster transparent machen. Dies gilt insbesondere, wenn Sie neu in ein Team kommen.

Gebrauchsanweisungen für die Zusammenarbeit !

Sind Teams neu zusammengesetzt, sind diese Eckpunkte besonders wichtig. Es ist wesentlich, dass sich die Teammitglieder schnell kennenlernen und wissen, wie sie ticken. Dies hilft zum einen auf der fachlichen Seite, indem die Menschen wissen, was ihre jeweiligen Stärken sind. Zum anderen unterstützt es von Anfang an die Beziehungsorientierung.
Eine spielerische Art, sich gegenseitig besser kennenzulernen, könnte das Schreiben einer persönlichen Gebrauchsanweisung sein. Diese wird dann den Kollegen vorgestellt. Leitfragen für diese könnten sein[48]:

- Das begeistert mich an der Organisation, das hat mich »Ja« sagen lassen, als ich zugesagt habe
- So sieht ein perfekter Arbeitstag für mich aus
- Was mich in meinen Arbeitsbeziehungen zufrieden/unzufrieden macht
- Wie ich am liebsten kommuniziere (z. B. bei der Erarbeitung von Themen, bei Feedbacks etc.)
- In der Zusammenarbeit glaube ich an …
- Das kann ich besonders gut, mache ich besonders gerne, sind meine Stärken …
- Womit Sie mich in der Zusammenarbeit an meine Grenzen bringen, was ich schlecht akzeptieren kann …
- Was mich aus meinem Gleichgewicht im Arbeitsalltag bringt (entweder ich selbst oder andere)
- Was Sie noch über mich wissen sollten (z. B. ein Hobby, ein Lieblingsthema, eine persönliche Geschichte)

48 In Anlehnung an das »Manual to me« aus dem Magazin Neue Narrative.

Oft sind die Menschen überrascht, was jeder für eine Geschichte hat und welche Potenziale sich im Kopf und im Herzen verbergen. Manche Ecken und Kanten werden damit verstehbarer. Das Verständnis füreinander steigt dadurch. Die Beziehungen werden so stabiler. Sind Sie als einzige Person neu im Team, können Sie sich anhand dieser Leitfragen auch vorstellen.

5.3.2 Bildlich Klartext reden statt weichspülen

Die kleinen Tugenden für eine glaubwürdigere Zusammenarbeit ergänzen wir nun mit mehr Klarheit. Denn eine Ressource haben wir gefühlt alle weniger: Zeit. Umso wichtiger ist, dass Menschen in Organisationen deutlich miteinander reden, statt aneinander vorbeizureden. Dadurch werden Missverständnisse und Abstimmungsschleifen reduziert. Drei Faktoren unterstützen bei einer klaren Kommunikation:

1. Komplexe Begriffe abgleichen
2. Bildhafte Sprache verwenden
3. Klartext reden

Diese drei Faktoren ergänzen die Rollenklärungen innerhalb des Teams. Als Führungskraft sollten Sie diese Faktoren vorleben und in gemeinsamen Meetings einfordern. Dies können Sie ganz einfach durch konsequentes Nachfragen erreichen. Denn auch Sie haben ein Bedürfnis nach Klarheit und möchten die Zusammenhänge verstehen. Zugleich soll Sie dieses Kapitel motivieren, selbst sehr klar und auch konsequent in der Kommunikation zu sein.

Komplexe Begriffe abgleichen

Wenn Sie Ziele und Strategien für das Team definiert haben, sollten diese im nächsten Schritt in eine klare und einfache Sprache übersetzt werden. Unter einem Fixstern-Ziel wie zum Beispiel »Kundenorientierung« können drei Menschen drei verschiedene Sachverhalte verstehen. Person 1 könnte darunter einen hohen Kundenservice verstehen. Person 2 hat bei »Kundenorientierung« eher Produkte im Kopf, die der Kunde mitgestalten kann. Und Person 3 denkt an die komplette Machtabgabe an den Kunden.

Dieser Abgleich kann ganz schnell gehen oder auch länger dauern. Wichtig ist, dass er gemacht wird. So werden Missverständnisse ausgeräumt sowie Klarheit und Verstehbarkeit erzeugt. Parallel dazu entwickeln Sie gemeinsam mit Ihrem Team ein einheitliches Verständnis von den Themen und eine einheitliche Sprache. Deshalb scheuen Sie sich nicht, selbstverständlich benutzte Begriffe zu hinterfragen und zu diskutieren.

Also auch, wenn Sie sogenannte Buzzwords für unklar halten – fragen Sie bei Ihren Chefs nach, was sie damit meinen. Dies gilt insbesondere für aktuell inflationär genutzte Begriffe wie zum Beispiel »Digitalisierung«, »Agilität«, »selbstorganisiert« oder »Vertrauens- und Fehlerkultur«. Fragen Sie konkret nach, wenn allgemeine Bezeichnungen und Buzzwords benutzt werden: Was verstehen Sie genau darunter? Vergewissern Sie sich, dass Ihre Gesprächspartner und Sie vom selben Sachverhalt sprechen.

Zugleich geben Sie Ihr Verständnis von Begriffen an Ihr Team weiter. Ich erinnere mich noch sehr lebhaft an einen Strategieumsetzungsworkshop mit Portfolio-Managern. Der Teamleiter war recht neu in der Position und kam von einem anderen Unternehmen. Es ging um die Umsetzung der Strategie sowie einer veränderten Rolle im Bereich. Bevor die Mitarbeitenden sich dazu in Kleingruppen austauschten, legte der neue Teamleiter dar, welches Verständnis er von Portfolio-Management hat und welche Potenziale er sieht. Dies war extrem hilfreich und gab den Mitarbeitenden eine sehr gute Orientierung, wo die Entwicklungsreise hingeht.

Bildhafte Sprache verwenden

Wir alle leiden mehr oder weniger unter einem Informationsüberfluss und einer Zunahme von Komplexität. Manchmal sehen wir den Wald vor lauter Bäumen bzw. die Strategie vor lauter Kennzahlen und Tagesgeschäft nicht mehr. In Meetings müssen wir aufpassen, dass wir nicht einen Modebegriff nach dem anderen verwenden.

Mit Aussagen wie »In Zeiten der digitalen Transformation benötigen wir mehr agile Projektstrukturen und ein neues Mindset in der digitalen Führungskultur« gewinnen Sie jedes Bullshit-Bingo bei Ihren Mitarbeitern. Doch Ihr Team erreichen und motivieren, das erzielen Sie damit nicht.

Sie werden eher für Fragezeichen im Kopf und distanziertes Verhalten sorgen. Wir sind satt an Modebegriffen und Worthülsen. Stattdessen sind wir hungrig auf eine einfache, verständliche Sprache. Ich beobachte, dass in Organisationen mehr miteinander gesprochen wird – doch werden die Prozesse parallel dazu immer klarer? Nehmen Konflikte und Missverständnisse ab? Nein. Es wird oftmals viel Zeit investiert, um am Ende eines Prozesses Missverständnisse zu bereinigen, die am Anfang durch unklare Kommunikation entstanden sind.

Gute Führungskräfte übersetzen Begriffe und Strategien eindeutig und unmissverständlich in die Gedankenwelt ihrer Mitarbeiter. Sie machen eine Art »Sendung mit der Maus für Erwachsene«: Komplexes einfach und bildhaft erklären und die Zuhörer ernst nehmen.

»Sendung mit der Maus« benötigt von Ihnen als Führungskraft, dass Sie die Strategien und Ziele wirklich im Herzen verstanden haben. Erst dann können Sie sachliche Themen in eine einfache Sprache übersetzen. Nur Zahlen-Daten-Fakten-Ziele in der Kommunikation und schlichte PowerPoint-Folien bringen die Menschen nicht in die Veränderung. Denn damit erzeugen Sie keine Gefühle, zumindest keine positiven.

Klartext reden statt weichspülen

Wenn Sie die Bedeutung von Begriffen abgleichen und bildlich sprechen, sind Sie gut gerüstet für den dritten Faktor einer guten Kommunikation: Klartext! Sagen Sie, was Sie wirklich meinen, und reden Sie nicht darum herum. Benennen Sie die Dinge. Bringen Sie Ihre Aussagen auf den Punkt. Scheuen Sie sich nicht, unangenehme Themen anzusprechen. Wenn Sie selbst und oder das Team bisher wenig Erfahrung damit haben, fangen Sie leicht an. Kommunizieren Sie unbedingt in Ich-Botschaften und vermitteln Sie im ersten Schritt Folgendes:

- Welche Gedanken haben Sie bei Ihren Beobachtungen?
- Wie fühlen Sie sich, welche Gefühle tauchen auf?
- Was spüren Sie im Körper?

Das liest sich jetzt psychologischer als es tatsächlich ist und sein muss. Es könnte zum Beispiel bedeuten, dass Sie äußern »Wenn ich das so höre, dass wir in dem Thema immer noch nicht weiter sind, frage ich mich, was es noch braucht. Ich merke, dass ich mit meiner Geduld in dem Thema am Ende bin, ich wütend werde und mir sich dabei der Magen umdreht. Ich habe dies bereits im letzten Termin klar geäußert, was die nächsten Schritte für Sie sind. Ich bin wirklich enttäuscht.«

Sie können die bildhafte Sprache gut mit Klartext verbinden. Ein Beispiel aus meiner Beratungspraxis: Ich beobachte in Veränderungsworkshops, wie die Teilnehmer untereinander, mit dem Thema und mit mir interagieren. Es kommt oft vor, dass ich der Gruppe am Ende einer Phase radikales Feedback gebe. Das könnte sich wie folgt anhören: »Ich weiß nicht, was hier los ist. Egal, welche Punkte diskutiert und erarbeitet werden, es sind eine unglaubliche Passivität und Ablehnung im Raum. Wollen Sie wirklich Ihre Situation verändern oder möchten Sie sich nur beschäftigen? Ganz bildlich gesprochen, suhlen Sie sich im Opfer- und Jammertal, anstatt auf der Höhe zu sein. Im Jammertal werden Sie verhungern! Es wird keiner vorbeikommen und Sie retten, Sie müssen schon aufstehen ...«

Klartext rüttelt auf, ist unangenehm und kann eine Abkürzung in Veränderungsprozessen sein. Im ersten Moment reagieren viele schockiert. Wohl auch, weil selten so radikal Klartext gesprochen wird. Im Nachgang sagen die meisten: »Danke für das Wachrütteln, das war mal dringend notwendig.«

Aus vielen Begegnungen und Workshops sowohl mit Mitarbeitenden als auch mit verschiedensten Managern habe ich ebenfalls erfahren, dass es ein großes Bedürfnis danach gibt, dass nicht nur positive Entwicklungen wertgeschätzt werden, sondern negative Dinge ebenfalls konsequent angesprochen werden.

Seien Sie sich bewusst darüber, dass Sie dafür ein Role Model, ein Vorbild sind. Je mehr Sie Klartext sprechen, sowohl positiv als auch negativ, umso berechenbarer und auch verstehbarer werden Sie zudem in Ihrem Verhalten.

5.3.3 Verschiedene Sichtweisen zulassen und Ambiguitäten aushalten

Wird offener und klarer kommuniziert, entstehen ganz automatisch mehr Diskussionen. Unterschiedlichste Sichtweisen und Meinungsverschiedenheiten kommen auf den Tisch. Dies wird auch als »Ambiguitäten« benannt. Ein guter, aufrechter und vor allen Dingen gelassener Umgang mit Ambiguitäten und Widersprüchen wird als eine Kernkompetenz von Führungangesehen.

Symptome von widersprüchlichen Wahrnehmungen sind zum Beispiel: »Wieso verhält diese Person sich so? Wieso wurde das so entschieden? Die spinnen doch, das können die doch nicht machen, daran haben die nicht gedacht! Wissen die überhaupt, wie es mir damit geht? Ich finde, das ist ungerecht, wie soll das gehen?« ... Egal ob es um Diskussionen rund um ein Projekt, um Entscheidungen oder um den richtigen Umgang mit einer Pandemie geht – es kommt auf die richtige Haltung als Führungskraft in diesen Diskussionen an.

Die nachfolgende Parabel von den Blinden und dem Elefanten[49] verdeutlicht, worauf es bei einer aufrechten und zugleich offenen, gelassenen Haltung im Kopf ankommt.

»In einem Königreich lebten einst fünf weise Gelehrte. Und sie alle waren blind. Ihr König schickte sie auf die Reise nach Indien, um herauszufinden, was ein Elefant ist. Dort angekommen, wurden sie von einem Helfer zu einem Elefanten geführt. Sie standen dann um das Tier und versuchten, sich durch Ertasten ein Bild von dem Elefanten zu machen. Wieder zurück beim König sollten sie über den Elefanten berichten.

Der erste blinde Gelehrte hatte das Ohr des Tieres ertastet und begann: ›Der Elefant ist wie ein großer Fächer‹. Der zweite Blinde, der den Rüssel berührt hatte, widersprach ihm: ›Nein, er ist ein langer Arm.‹ ›Stimmt nicht, er fühlt sich an wie ein Seil mit ein paar Haaren am Ende‹, entgegnete jener Gelehrte, der den Schwanz des Elefanten ergriffen hatte. ›Er ist wie eine dicke Säule!‹, berichtete der vierte blinde Gelehrte, der das Bein ertastet hatte. Und der fünfte, der den Elefantenrumpf berührt hatte, meinte: ›Der Elefant ist wie eine riesige Masse mit einigen Rundungen und Borsten darauf.‹ Sie konnten sich nicht einigen, was ein Elefant wirklich ist. Aufgrund ihrer widersprüchlichen Aussagen fürchteten die Gelehrten den Zorn des Königs.

Doch der König lächelte weise: ›Ich danke euch, denn nun weiß ich, was ein Elefant ist: Ein Elefant ist ein Tier mit Ohren wie Fächer, mit einem Rüssel, der wie ein langer Arm ist, mit einem Schwanz, der einem Seil mit ein paar Haaren daran gleicht, mit Beinen, die wie starke Säulen sind und mit einem Rumpf, der wie eine große Masse mit einigen Rundungen und ein paar Borsten ist.‹

Die Gelehrten senkten beschämt ihren Kopf, nachdem sie erkannten, dass jeder von ihnen nur einen Teil des Elefanten ertastet hatte und sie sich zu schnell damit zufriedengegeben hatten.«

Die Herausforderungen, in denen sich viele Organisationen aktuell befinden, sind komplex. Sie sind größer als ein Elefant. Darüber hinaus sind die metaphorischen Elefanten sehr dynamisch und verändern sich. Es ist also vermessen, *die* Wahrheit zu

49 Quelle: https://www.zeitblueten.com/news/die-fuenf-gelehrten-und-der-elefant/, abgerufen am 9. Juni 2021.

kennen, wie die Blinden in der Parabel. Jeder ist auf eine Art blind. Denn jeder sieht nur seine Wahrheit vor der eigenen Nase. Das, was jeder gerade erlebt und erfasst.

Eine Sichtweise kann nicht absolut sein, sondern nur relativ – in Relation zum Gesamtbild, zum Gesamtkontext. Wenn jeder Mensch wüsste, dass er vieles nicht weiß, entsteht automatisch mehr Offenheit. Mit dem Wissen um das Nicht-Wissen werden andere Meinungen mehr als ergänzend denn als Angriff wahrgenommen.

Abbildung 14: Verschiedene Sichtweisen und die Parabel von den Blinden und dem Elefanten
Quelle: Eigene Darstellung

Es gibt also kein Falsch, jede Wahrnehmung ist aus Sicht des Betrachters richtig. Dennoch wird sehr häufig diskutiert, was richtig oder falsch ist oder wieso die eigene Meinung richtiger ist. Dies ist nicht mehr zeitgemäß und kostet viel Energie und Zeit. Zugleich ist dies eine eher geschlossene, innere Haltung. Sie ist hilfreich bei linearen und komplizierten Themen, in klassischen Fragestellungen. Blöderweise nehmen Menschen eher diese Haltung ein, wenn sie angespannt und im Stress sind. Dann verfallen sie in einen Tunnelblick und kämpfen innerlich ums Überleben – und wenn es nur das Ego ist, was überleben will.

Diese Haltung ist anstrengend. Sie hilft nicht bei komplexen, dynamischen Herausforderungen. Vielmehr braucht es eine offene Haltung des Lernens – voneinander und von den Herausforderungen und Anforderungen an uns. Wir brauchen eine Haltung, mit der wir uns auch innerlich entspannen können.

Es geht nicht mehr um »Blamen«, das Anschuldigen, sondern um das »Framen«. Wie sollten mehr voneinander lernen, statt uns zu beschuldigen. Wir sollten den gesamten Kontext so weit wie möglich im Blick behalten und im Sinne des Großen und Ganzen agieren und führen. Das bedeutet für den Führungsalltag:

1. Nehmen Sie die Position des Königs in der Parabel ein. Sie sind für den Gesamtüberblick verantwortlich.
2. Ermöglichen und fördern Sie den Austausch verschiedener Sichtweisen im Team. Holen Sie sich zu komplexen Themen verschiedene Sichtweisen ein. Versuchen Sie, die Gründe für diese Sichtweisen zu verstehen.
3. Haben Sie Verständnis für die verschiedenen Meinungen und Wahrnehmungen und gleichzeitig …
4. Erinnern und kommunizieren Sie regelmäßig den Sinn, Zweck und die Ausrichtung des »Elefanten«, sodass alle den Gesamtkontext erkennen und ihre Wahrnehmung und ihr Handeln daran ausrichten können.
5. Führen Sie regelmäßig Retrospektiven zur Zusammenarbeit allgemein bzw. in Projekten durch, um gemeinsam voneinander und miteinander zu lernen.

5.3.4 Rollen und Erwartungen klären sowie Vereinbarungen treffen

Neben den sprachlichen und zwischenmenschlichen Aspekten sind die tatsächlichen Vereinbarungen in einer Zusammenarbeit ein wichtiger Faktor, um diese verstehbarer zu gestalten. Doch mit den Rollenklarheiten und Erwartungen ist es so eine Sache.

Dadurch, dass es so simpel und so logisch erscheint, sprechen die wenigsten explizit darüber. Sondern es wird oftmals so vor sich hin gewurschtelt – auf allen Ebenen. Daraus entstehen Missverständnisse und Beziehungsprobleme und dies wirkt sich negativ auf die Produktivität sowie die Stimmung in einem Team aus. Aus diesem Grund vertiefen wir nun die bisherigen Konzepte »Pacing«, »Leading« und »Framing« und wenden sie direkt für die Zusammenarbeit an. Dies ist umso wichtiger, je dynamischer und weniger klassisch die Organisation ist, in der Sie arbeiten.

In diesem Kapitel geht es um das Explizitmachen der Zusammenarbeit. Wieso wird das wichtiger? Zum einen nehmen die klassischen Strukturen und Teamzusammensetzungen weiter ab. Zum anderen nehmen Projektteams und Teams auf Zeit immer mehr zu. Teams sind gefordert, möglichst rasch eine gute Arbeitsbasis zu finden, um schnell produktiv und wirksam zu werden. Dabei sind die Teams häufig sich selbst überlassen bzw. sind gefordert, sich selbst zu organisieren und ihre Rollen festzulegen. Das Spannende: Teams organisieren sich tatsächlich selbst. Das bedeutet: Auch wenn es zum Beispiel keinen offiziellen Teamsprecher gibt, wird sich dieser automatisch finden. Entweder, weil jemand Lust darauf hat, oder, weil das Team jemanden mit seinen Stärken in dieser Funktion sieht. Die Rollen und auch die Führungsrolle werden also automatisch eingenommen. Besser wäre es aber, wenn Sie diesen Prozess unterstützen und das Implizite explizit machen.

Mit dem Modell der Vereinbarungen und Verträge aus der Transaktionsanalyse können wir uns gezielt Rollenklarheit verschaffen. Sie ist im Vergleich zu den alten Strukturen weniger offensichtlich, sondern persönlicher und zwischenmenschlicher. Ursprünglich wurde dieses Konzept für den Kontext der Beratung und Therapie entwickelt. Doch es eignet sich hervorragend für alle Formen der Zusammenarbeit.

Vereinbarungen »spielen im Zusammenleben von Menschen eine herausragende Rolle für Verlässlichkeit, Vertrauen, Sicherheit und Entwicklung«[50]. Vereinbarungen unterstützen uns in der Zusammenarbeit, sodass wir uns im wahrsten Sinne »vertragen«[51]. Und dies benötigen wir mehr denn je in der heutigen Arbeitswelt. Es gilt, möglichst reibungslos zusammenzuarbeiten.

50 Schneider 2002, S. 9.
51 Schneider 2002, S. 10.

Eine Vereinbarung beinhaltet immer drei Aspekte:

1. Organisatorische Rahmenbedingungen der Zusammenarbeit: Wie und wo arbeiten wir zusammen, wie kommunizieren wir und wie oft?
2. Inhaltliche Aspekte der Zusammenarbeit: Was sind Ziele der Zusammenarbeit, wer ist für was verantwortlich, welche Aufgaben gibt es? Wer hat welche Hol- und Bringschuld? Was sind gegenseitige Erwartungen?
3. Psychologische Aspekte der Zusammenarbeit: Dies sind die oftmals unausgesprochenen Erwartungen, Vorbehalte und Hoffnungen, Einstellungen dem Vertragspartner gegenüber. Was sind die impliziten Aspekte der Beziehungen, was sind die Hoffnungen der Beteiligten?

Mit Ihrer persönlichen Rolle und Funktion als Führungskraft haben Sie sich in Kapitel 2.4 beschäftigt. In diesem Kapitel vertiefen wir dies. Sie beschäftigen sich zunächst mit der übergeordneten Rolle Ihres Teams sowie den Beziehungen zu den einzelnen Teammitgliedern zu Ihnen und untereinander. Danach erhalten Sie Leitfragen, mit denen Sie Ihre Beziehungen im Joballtag näher beleuchten können.

Die Rolle des Teams im Gesamtkontext klären

Die folgenden Fragen können Sie entweder direkt mit Ihrem Team besprechen oder Sie beantworten sich diese zunächst selbst, bevor Sie dann in den Austausch gehen. Diese Übung führe ich oft mit etablierten Teams durch, die sich verorten und neu ausrichten möchten. Gleichzeitig sind diese Fragen Gold wert, wenn sich ein Team neu zusammensetzt und schnell eine gemeinsame Blickrichtung und produktive Zusammenarbeit erreichen möchte.

Fangen wir mit der übergeordneten Rolle Ihres Teams an. Drucken Sie sich das Blanko-Modell aus den Arbeitsmaterialien aus. Danach zeichnen und platzieren Sie die verschiedenen, relevanten Beteiligten in das Transformationsmodell ein. Wo nehmen Sie sich als Team wahr und wieso ist das so? Sind Sie im Holzhaus, im Klettergerüst, irgendwo dazwischen oder gerade unsicher?

Diese bildliche Verortung hat den Zweck, dass die Beziehungen untereinander begreifbarer werden. Dies ist wirksamer, als einfach darüber zu sprechen.

Zeichnen Sie folgende Teams und Menschen ein:

- Ihr Team/Ihre Abteilung gesamt
- Sie selbst als Führungskraft
- Ihre Mitarbeitenden
- Wichtige Schnittstellen-Abteilungen
- Die Geschäftsführung
- Das Unternehmensziel, die Vision
- Die Kunden

Überlegen Sie

- Wo stehen die Beteiligten im Transformationsbild? Wie empfinden Sie die Beziehung zueinander?
- Welche übergeordnete Rolle nimmt Ihr Team ein: Was ist die Aufgabe Ihres Teams im Gesamtkontext?
- In den jeweiligen Beziehungen zu anderen Abteilungen:
  - Was ist die Kernaufgabe in dieser Beziehung?
  - Was nehmen Sie als Ihre Verantwortung wahr und was als die des Partners?
  - Was erwarten Sie in der Beziehung und was wird von Ihnen erwartet?
  - Was benötigen Sie in der Beziehung?
  - Was läuft gut, was könnten Sie tun, damit es besser läuft?
  - Welche psychologischen, impliziten Aspekte nehmen Sie wahr und möchten Sie auch erfüllen?
- Was benötigen Sie von den verschiedenen Beteiligten, was sind Ihre Bedürfnisse in der Zusammenarbeit und wie können Sie diese kommunizieren?
- Und alles in allem:
  - Was ist Ihre Kernaufgabe für den Gesamterfolg der Organisation?
  - Was braucht die Organisation jetzt von Ihnen als Team, um erfolgreich zu sein?

Gerade die letzten zwei Fragen eignen sich ausgezeichnet dazu, um den Bezug und die Bedeutung zum übergeordneten Rahmen zu spannen. Diese Fragen weiten den Blick und gleichzeitig schärfen sie den Fokus.

Besonders interessant wird es, wenn Sie dies mit Ihrem Team oder auch anderen Bereichen gemeinsam besprechen: Wo sehen wir uns und die anderen? Dadurch werden die unterschiedlichen Wahrnehmungen deutlich und ein konstruktiver Austausch ist leichter. Der gemeinsame Austausch wird die Zusammenarbeit katalysieren. Je nach Gruppengröße benötigen Sie dafür einen halben Tag bis zu zwei Tagen Zeit.

Selbst wenn Sie diese Fragen erst einmal nur für sich beantworten, werden sie ihre Wirkung entfalten. Denn durch Ihre persönlich gesteigerte Klarheit, werden Sie Ihr Team besser in Ihre Gedanken mitnehmen – pacen und framen – können.

Ein häufiges Beispiel ist die folgende Situation:

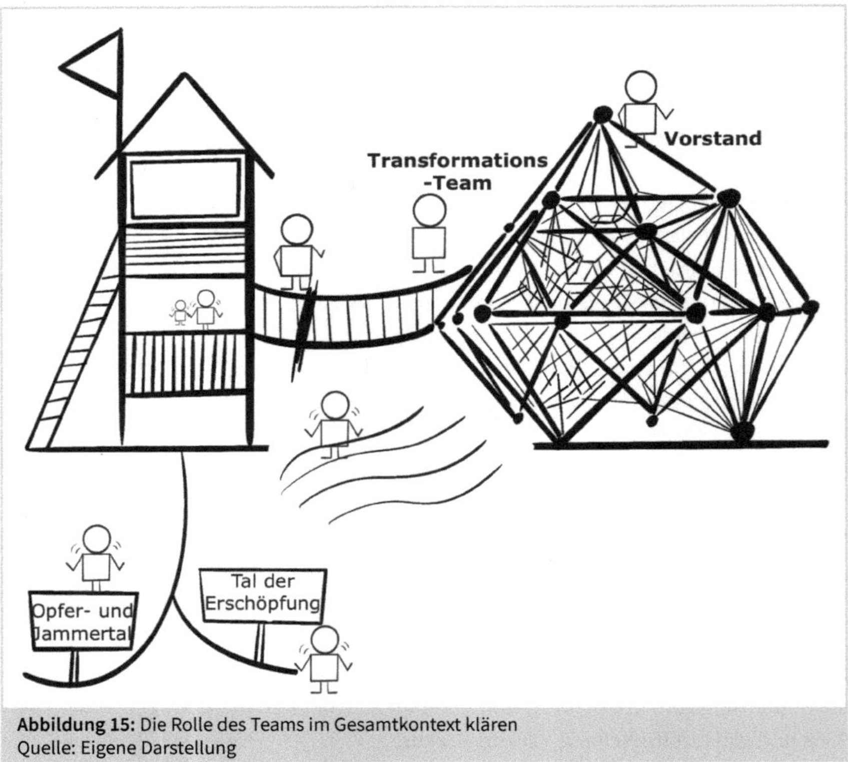

Abbildung 15: Die Rolle des Teams im Gesamtkontext klären
Quelle: Eigene Darstellung

Die Geschäftsführung ist bereits im Zielzustand angekommen. Für sie ist es daher manchmal unverständlich, dass Prozesse und Veränderungen lange dauern und schwer umgesetzt werden. Mitarbeitende und auch Führungskräfte sind noch am Anfang der Brücke. Oder sie sind erschöpft, unsicher oder befinden sich in sichtbarem Widerstand. Es wird immer einige Führungskräfte und auch Mitarbeitende geben, die kurz vor der Transformationsschwelle stehen. In größeren Organisationen gibt es häufig Transformationsteams. Diese haben zum Beispiel den Auftrag, die Veränderung in die Organisation umfassend einzuführen. Sie stellen zum Beispiel sicher, dass die notwendigen Rahmenbedingungen sowohl auf der strukturellen sowie der individuellen Ebene als auch für die Zusammenarbeit in den Teams zur Verfügung stehen. Sie bilden die Brücke zwischen dem Vorstand, dem Führungsteam sowie den Mitarbeitenden.

Anhand dieser ersten grundsätzlichen Verortung können sich die jeweiligen Verantwortlichkeiten die obigen Fragen beantworten. Sind die Zusammenhänge bildlich dargestellt, vereinfacht dies die Abstimmung.

Die persönlichen Rollen weiter spezifizieren

In einem parallelen oder vertiefenden Schritt spezifizieren Sie die Zusammenarbeit weiter. Dies hat das Ziel, dass Sie sich mit dem Team austauschen, was Sie konkret vom Team erwarten und auch besprechen, was das Team von Ihnen erwartet.

Sie benötigen dazu ein DIN-A4-Blatt sowie ein wenig Zeit. Danach werden Sie Ihre Arbeitsbeziehungen als Führungskraft klarer sehen. Sie können mit dieser Klarheit leichter Position beziehen und Unstimmigkeiten mit Kollegen besser ansprechen. Sie können die nächsten Schritte ganz allgemein in Ihrer Position als Führungskraft oder für ein spezielles Projekt beleuchten.

Der Prozess der Vereinbarungen ist wie folgt. Auf der nächsten Seite sehen Sie dazu ein Beispiel:
1. Skizzieren Sie, mit welchen Personen Sie als Führungskraft zusammenarbeiten. Dazu gehören Ihr Team, andere Kollegen, Ihre Führungskraft und vielleicht noch externe Ansprechpartner.
2. Verbinden Sie sich selbst mit den verschiedenen Vertragspartnern.
3. In den jeweiligen Vertragsbeziehungen überlegen Sie nun: Wie sehen Sie Ihre Verantwortung, Ihre Kernaufgaben, und wo sehen Sie die Verantwortung des anderen? Was sind Erwartungen, und was davon ist realistisch? Beachten Sie, dass Sie verschiedenste Rollen besetzen können.

4. Zu einem Vertrag gehören aus Sicht der Transaktionsanalyse drei Aspekte[52]:
   a) Organisatorisches und Rahmenbedingungen
      i. Wie oft treffen wir uns/wie oft gibt es Meetings?
      ii. Wie lange dauern diese Termine?
   b) Inhaltliche Aspekte
      i. Was verstehe ich als meine Aufgabe und Verantwortung in der Zusammenarbeit?
      ii. Welchen Beitrag leiste ich zur Gesamtleistung der Organisation und zur Zusammenarbeit?
      iii. Wie sehe ich die Aufgabe, Verantwortung und den Beitrag des Anderen?
      iv. Was erwarte ich vom Anderen?
   c) Psychologische Ebene und Beziehungsgestaltung, oftmals nur implizit erfasst
      i. Was erhoffe ich mir von der Zusammenarbeit?
      ii. Was glaube ich, welche psychologische Rolle nehme ich ein?

Notieren Sie sich zu Ihren wichtigsten Vertragspartnern die jeweiligen organisatorischen, inhaltlichen und psychologischen Aspekte aus Ihrer Sicht.

Parallel bitten Sie Ihre Mitarbeitenden, sich ebenfalls Gedanken zu machen und Antworten auf die obigen Fragen zu finden.

1. Nutzen Sie diese schriftliche Vertragsarbeit für Ihre persönliche Standortbestimmung und Rollenklärung.
2. Schaffen Sie Transparenz mit Ihren Vertragspartnern, indem Sie sie über Ihre Sicht auf die Zusammenarbeit informieren. Dabei müssen Sie nicht Ihre gesamten Notizen offenlegen, sondern nur die relevanten Punkte. Diskutieren Sie die gegenseitigen Sichtweisen, auch von Ihren Vertragspartnern. Das Ziel: ein für Sie stimmiges Ergebnis, sodass Sie in Zukunft gut zusammenarbeiten können.

In der Grafik sehen Sie ein sehr knapp gehaltenes Beispiel von einer Coachée. Sie war neu in der Geschäftsführung. Die detaillierte Darstellung half ihr, zu verdeutlichen, was sie als ihre Aufgaben verstand – nicht nur auf der sachlichen, sondern auch auf der psychologischen Ebene. So wurde ihr bewusst, dass sie im Geschäftsführungskreis vor allen Dingen für die menschlichen Themen da ist. Dazu gehörte für sie auch,

52 Hay 2009, S. 21 ff.

sie alle in der Zusammenarbeit herauszufordern, Konflikte anzusprechen und auszutragen. Dies ermutigte sie, diese Rolle aktiv einzunehmen, statt sich den bisherigen Gewohnheiten in der Zusammenarbeit anzupassen. Mit der expliziten Klarheit suchte sie ebenfalls das Gespräch mit den Kollegen, um die eigene Sicht auf die persönliche Rolle und auch die Erwartungen darzustellen und im Gespräch abzugleichen.

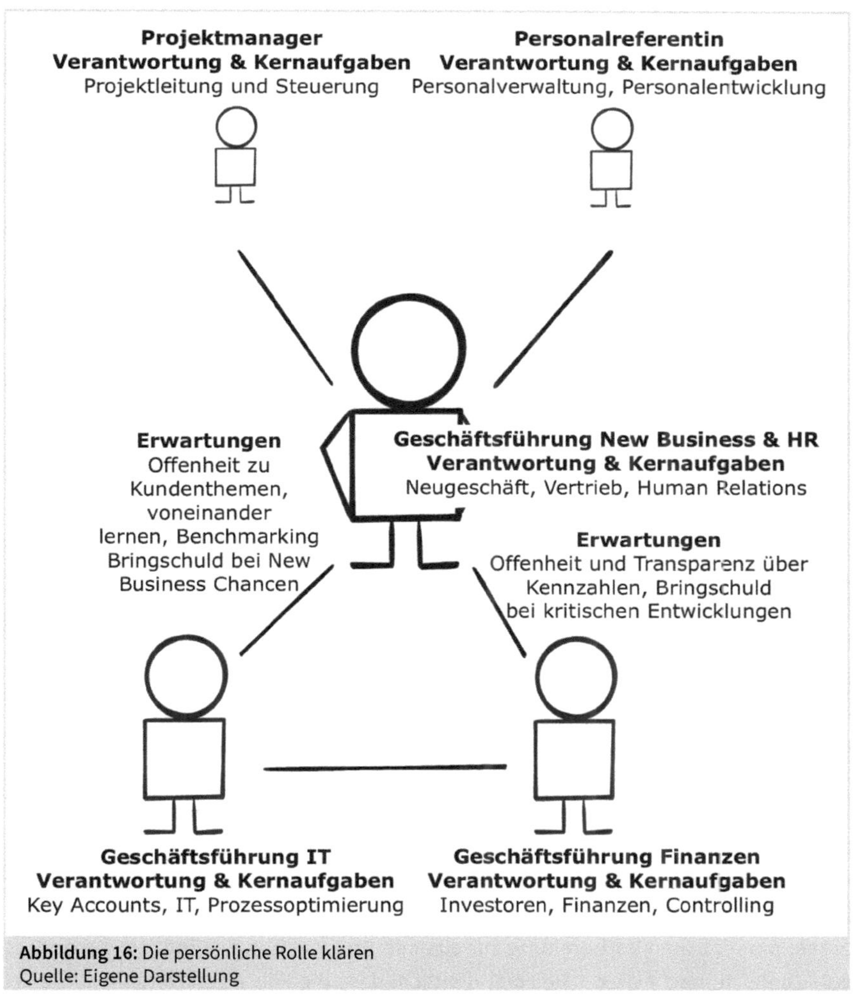

Abbildung 16: Die persönliche Rolle klären
Quelle: Eigene Darstellung

Die Vertragsarbeit gibt uns Klarheit über unsere Beziehungen im Führungsalltag. Sie können sich insbesondere in Veränderungsprozessen fragen: Wer ist wofür im Prozess verantwortlich? Wer gibt Strukturen und Zielorientierung und wer setzt um?

Auch bei diesen Leitfragen gilt: Lassen Sie sich nicht abschrecken von der Vielzahl der Fragen. Fangen Sie einfach an. Beantworten Sie die Fragen, die Sie aktuell ansprechen. Sie müssen auch nicht immer gleich einen Workshop daraus machen. Im ersten Schritt reicht es aus, wenn Sie sich dieser Fragen bewusst sind und bei Unklarheiten nachhaken.

Und wenn Sie es ganz einfach machen möchten, stellen Sie sich und anderen eine einzige Frage:

Was genau ist Ihr Anliegen?

Diese Frage können Sie sich selbst als Vorbereitung für Besprechungen stellen. Und Sie können dies auch Ihre Gesprächspartner fragen, insbesondere wenn sehr viel gesprochen und um den Brei herum geredet wird. Es klingt so einfach, so banal. Und es ist so notwendig, denn die Meetingkultur ist immer noch ausufernd. Umso wichtiger ist, dass wir zielorientiert und fokussiert kommunizieren.

Abschließend möchte ich Sie daran erinnern, Ihre Erwartungen an eine Zusammenarbeit explizit auszusprechen. Es reicht nicht, wenn Sie eine Erwartung haben. Dies wurde mir einmal während eines Workshops sehr deutlich. Eine Mitarbeiterin rang die gesamte Zeit mit der Frage, ob ein Aufgabenbereich zukünftig noch gefordert ist oder nicht. Die Mitarbeiterin fasste sich ein Herz und sprach dies in der gemeinsamen Diskussion mit dem Bereichsleiter und ihrem Teamleiter an. »Ich benötige Klarheit von Ihnen beiden, ob ich diesen Bereich noch machen werde oder nicht. Ich bin da gerade sehr unsicher und das blockiert mich.« Worauf der Bereichsleiter meinte: »Nein, das ist nicht mehr nur meine Aufgabe, sondern auch Ihre. Machen Sie einen Business-Case zu dem Thema, präsentieren Sie mir Ihre Ideen, wie wir den Bereich ausbauen wollen und dann unterstütze ich Sie und das Geschäftsfeld gerne, wenn wir beide feststellen, dass es wirtschaftlich und strategisch Sinn macht.« Dieses Beispiel zeigt zwei Sachen. Vertragsklärung geht pragmatisch und schnell. Mit einer guten, persönlichen Vorbereitung zur eigenen Rollenklärung gelingt sie besonders gut. Zugleich macht dieses Beispiel deutlich, dass die Führungskraft eine klare Erwartung hatte, diese aber zuvor noch nicht ausgesprochen wurde.

Auf einen Blick:

- In der Zusammenarbeit glaubwürdig und berechenbar agieren, zahlt auf das Gefühl von Verstehbarkeit ein.
- Verstehbarkeit entsteht zu einem großen Teil aus dem sprachlichen Aspekt. Gleichen Sie komplexe Begriffe ab, verwenden Sie eine einfache sowie bildhafte Sprache und benennen Sie klar, was Sie meinen, statt darum herumzureden.
- Denken Sie an die Parabel vom Elefanten, wenn verschiedene Sichtweisen im Raum sind.
- Eine explizite Rollenklärung sowohl für das gesamte Team als auch für die einzelnen Mitarbeitenden macht die Zusammenarbeit transparenter.

Reflexionsfragen

- In welchen Arbeitsbeziehungen empfinden Sie eine hohe Rollenklarheit und wo möchten Sie nachschärfen?
- Was ist die übergeordnete Rolle Ihres Teams für die Organisation?

Digitale Extras

- Arbeitsblatt 9 »Selbsteinschätzung Zusammenarbeit Kopf«
- Arbeitsblatt 10 »Selbsteinschätzung kleine Tugenden Kopf«
- Arbeitsblatt 11 »Rollenklärung Team«
- Arbeitsblatt 12 »Rollenklärung Einzelperson«

5.4 Mit Meetings für mehr Transparenz sorgen

Nach der eigenen klaren, transparenten Haltung sowie einer eingerahmten, offeneren Kommunikation kommen wir nun zum letzten Punkt. Mit zwei Meetingformaten können Sie die Struktur so ändern, dass Prozesse und Informationen im Team transparenter und nachvollziehbarer sein werden.

5.4.1 Townhall-Meetings: Informationen fokussiert weitergeben

Wir leben in einem wahnsinnigen Informationsüberfluss. Es gibt es eine große Menge an äußeren Reizen auf der globalen, organisationalen sowie zwischenmenschlichen Ebene: Marktnachrichten aus den unterschiedlichsten Medien, Apps, die uns mit Push-Mitteilungen die neuesten Entwicklungen direkt auf den Bildschirm liefern.

E-Mails, Messenger-Nachrichten, Informationen aus Meetings, Gesprächen, dem Intranet, Klausurtagungen. Sicher können Sie diese Aufzählung noch erweitern.

Wie ist das in Ihrem Unternehmen: Sind die Informationen stringent oder widersprüchlich? Die verfügbaren Informationen haben sich durch das Internet vervielfacht und erreichen uns in einer nie da gewesenen Geschwindigkeit. Wenn wir bei Twitter, Facebook, XING, LinkedIn oder anderen sozialen Netzwerken aktiv sind, reißt der Strom der neuen Informationen nicht ab.

Der renommierte Zukunftsforscher Matthias Horxx fasst zusammen: »Die Gesellschaft, so scheint es, hysterisiert sich täglich. [...] Wir sind auf einer gewissen Wahrnehmungsebene empfindlicher geworden. Das Internet zerstört – oder überreizt – unseren Sinn für nah und fern, für Bindung und Ent-Bindung, für das Wichtige und das Verrückte.«[53]

Wir verlernen die Fähigkeit, Abstand zu halten und Informationen einzuordnen. Alles erscheint gleich wichtig und dramatisch. Jeder Informationsschnipsel kann für uns eine wahnsinnige Bedeutung haben.

Umso wichtiger ist, dass diese Informationen strukturiert und sortiert werden, und dass Sie als Führungskraft die vielen Informationen einordnen, für das Team strukturieren sowie die wirklich wertvollen Informationen weitergeben.

Es klingt paradox, doch in Organisationen mangelt es schnell an Informationen. Missverständnisse und Konflikte entstehen leichter, wenn keine oder falsche Informationen vorliegen. Wir haben bereits im Kapitel »Führen mit Herz« gesehen, dass wir als Erwachsene in Prozesse mit eingebunden werden möchten. Wir möchten wissen, wieso Entscheidungen gefällt werden oder auch nicht. Dies stärkt unser Gefühl von Bedeutung. Wir fühlen uns respektiert. Gleichzeitig benötigen wir diese Rückmeldungen für unsere innere Struktur und Klarheit.

In Workshops erlebe ich oft, wie sehr es an Informationen bei Mitarbeitern oder bei Teamleitern fehlt – obwohl es unzählige Meetings und Besprechungen gibt. Die übergeordnete Strategie ist unklar, ein veränderter Status zu einem Kundenprojekt

53 Matthias Horxx, »Megatrend Achtsamkeit?« auf www.zukunftsinstitut.de.

kommt nicht an, Abstimmungsprozesse oder strukturelle Verantwortlichkeiten werden nicht kommuniziert, oder es ist – ganz banal – keine Transparenz über Abwesenheiten oder Erreichbarkeiten vorhanden.

Sicherlich haben Mitarbeitende ebenfalls eine Mitverantwortung und Holschuld. Doch manchmal weiß das Team gar nicht, welche Entscheidungen getroffen wurden und welche aktuellen Entwicklungen relevant sind.

Mit zu wenig oder auch mit den falschen Informationen läuft bei allen Beteiligten das Kopfkino an. Innerlich schaukeln wir uns auf. Und anstelle des persönlichen Austauschs zwischen Beteiligten tritt ein »E-Mail-Pingpong«. Schade!

Deshalb ist eine Empfehlung, regelmäßige Informationsveranstaltungen in großer Runde zu machen. Der Begriff dafür lautet manchmal »Plenum« oder »Townhall-Meeting«. Der Zweck dieser Runden ist die Information. Was sind gerade Themen und Entscheidungen im gesamten Bereich, in der Gesamtorganisation, woran wird gerade gearbeitet. Diese Meetings haben nicht das Ziel, immer vollständige Entscheidungen und Lösungen zu präsentieren. Der Hauptzweck ist das »Pacing«, das Informieren. Das bewusste Zurückgehen auf der Brücke, die Bewegung zu den Mitarbeitenden hin.

Gleichzeitig sollte es natürlich die Möglichkeiten geben, dass Fragen gestellt werden können. Ebenfalls ist eine Option, dass einzelne Teams Fortschritte zu Projekten gezielt in diesen Terminen vorstellen. So können die Teams voneinander lernen. Und last, but not least können Sie in diesen Terminen auch komplexe Themen aus dem Flurfunk und unangenehme Themen ansprechen. Das ist menschlicher und wirkungsvoller, als eine E-Mail zu schreiben. So können Sie besser auf Stimmungen, Antworten und Ideen Ihrer Zuhörer reagieren. Zugleich signalisieren Sie, dass Sie sich den schwierigen und unangenehmen Themen stellen, statt sich hinter einer E-Mail zu verstecken.

5.4.2 Taskboard einführen und regelmäßig besprechen

Wer macht eigentlich was im Team und bis wann, wo stehen wir im Projekt, was ist noch offen und wann ist es erledigt? Insbesondere in interdisziplinären Teams und in einer immer vernetzteren Teamarbeit ist so ein Abgleich und offener Austausch immens wichtig. Dadurch wird nicht nur konsequent die Transparenz im Team erhöht. Noch dazu kann ein direkter Wissensaustausch stattfinden, zum Beispiel »Da kann uns doch Kollege XY helfen!«.

Ein klassisches, agiles Instrument ist ein Task- bzw. Kanban-Board[54]. Dies ist ganz einfach umzusetzen. Dazu wird eine weiße Wand oder auch eine digitale weiße Wand benötigt. Die Fläche teilen Sie in vier Spalten und eine übergeordnete Zeile auf, wie weiter unten in der Tabelle dargestellt.

Grundsätzlich können Sie ein Taskboard für einen beliebigen Zeitraum definieren. Wenn Sie die Prozesse und die Erledigung dynamischer gestalten möchten, wählen Sie einen kürzeren Zeitraum. Grundsätzlich finde ich eine Zeitspanne von drei Monaten gut. Drei Monate sind kurz genug, um eine gewisse Spannung zu erzeugen und Fortschritte zu sehen. Und gleichzeitig lang genug, um flexibel zu bleiben und nicht in Aktionismus zu verfallen. Welcher Zeitraum ist für Ihr Team sinnvoll?

Besprechen Sie die Arbeits- und Teamziele für den Zeitraum gemeinsam und tragen Sie diese in die erste Spalte ein. Überlegen Sie dann individuell, welche Aufgaben für die Zielerreichung notwendig sind und wo Sie diese Aufgaben einordnen. Werden Sie schon bearbeitet? Oder müssen Sie bearbeitet werden? In der unteren Spalte sammeln Sie alle Aufgaben, die Ihnen zu den Zielen einfallen.

Jeder Mitarbeitende stellt danach sein Verständnis von seinen Aufgaben und davon, wo diese einzuordnen sind, vor und beschreibt, was seiner Ansicht nach die nächsten bzw. noch offenen Schritte sind. Die Aufgaben sollten so klein sein, dass Sie in regelmäßigen Abständen Fortschritte beobachten können. Also wäre die Aufgabe »Produktentwicklung« vermutlich zu groß – besser wäre es diese Aufgabe kleiner zu schneiden in »Produkttest durchführen«, »Verpackungslieferant briefen«, »Produktnamen festlegen«.

Entscheiden Sie dann gemeinsam mit dem Team, wie oft Sie am Taskboard stehen und den Status aktualisieren möchten. Für schnelllebige Projekte mag ein täglicher Rhythmus sinnvoll sein. Für manch andere mag ein wöchentlicher oder monatlicher

54 In Anlehnung an Häusling/Römer/Zeppenfeld 2019, S. 139.

Abgleich ausreichen. Falls Sie unsicher sind: Probieren Sie es eine Zeit lang in einem bestimmten Rhythmus aus und reflektieren Sie danach und passen Sie ihn gegebenenfalls an.

Im Austausch zu den individuellen Aufgaben und den Prozessschritten entsteht eine hohe Transparenz im Bezug auf die verschiedenen Aufgaben sowie auf die Schnittschnellen oder Abhängigkeiten. Zugleich könnte ein Dialog darüber, wann genau eine Aufgabe erledigt ist, sich unterwegs als sinnvoll erweise. Dies ist die sogenannte »Definition of Done«.

Planen Sie am Anfang mehr Zeit ein, wenn Sie das Taskboard das erste Mal gemeinsam erstellen. Erläutern Sie, »framen« Sie, wozu Sie dieses Instrument einsetzen möchten und wozu es dem Team und der Zusammenarbeit dient.

Ein häufiger Vorbehalt von Mitarbeitenden ist, dass Sie sich zu transparent und gar überwacht fühlen. Der Zweck ist jedoch nicht die Überwachung, sondern die bessere Zusammenarbeit und sogar Unterstützung. Denn wenn unter anderem sichtbar wird, dass ein Mitarbeitender zu wenig ausgelastet ist und freie Kapazitäten hat, kann er oder sie an anderer Stelle unterstützen. Es geht grundsätzlich darum, die Arbeit zu erleichtern. Und gleichzeitig: Wenn Ihnen auffällt, dass sich ein Mitarbeitender eher duckt bzw. Aufgaben eher aufbläst, sprechen Sie es an.

Dieses Taskboard ist ein gutes Beispiel für die Veränderung der Arbeitswelt und dass es nicht ausreicht, einfach die neuen Methoden einzuführen. Damit sich die Mitarbeitenden wirklich aufgeschlossen und ehrlich vor ein Taskboard stellen, brauchen sie Mut, Offenheit und Vertrauen in Sie als Führungskraft. Wenn Aufgaben bisher hinter verschlossenen Türen erledigt und geschoben wurden, verkörpert das Taskboard einen grundlegend anderen Arbeitsstil, der voraussetzt, Aufgaben öffentlich zu besprechen, auch wenn sich der Einzelne manchmal einen Spruch anhören muss wie zum Beispiel »Was dauert denn das so lange«.

Arbeitsziele/Teamziele	Aufgaben – To Do	Aufgaben – in Arbeit	Aufgaben – erledigt
Teil-Ziel 1: Beispiel: Produkt A ist bis 30.09. im Testbetrieb			
Teil-Ziel 2: Beispiel: Bereichsstrategie ist bis 30.10. entwickelt			
Backlog/Speicher aller aktuellen und anstehenden Aufgaben:			

Tabelle 12: Beispiel Taskboard
Quelle: Häusling/Römer/Zeppenfeld

6 Erfolgsfaktor Hand: Mutig und aus der Zukunft heraus zusammenarbeiten

Das dritte der drei Kernprinzipien ist »Führen mit Hand«. Es baut auf »Führen mit Kopf« auf. Je besser ein Mensch versteht, was passiert und je besser ein Mensch die Dinge für sich einsortieren kann, umso höher ist das Gefühl, dass die Aufgaben machbar sind.

»Führen mit Herz« ist das emotionalste Prinzip. »Führen mit Kopf« ist sehr kognitiv. »Führen mit Hand« ist pragmatisch. Dieses Prinzip verbindet das Fühlen, das Denken und das tatsächliche Handeln. Gleichzeitig hält die Hand alles zusammen, wie auch das Covermotiv veranschaulicht, und verbindet das Innere mit dem Außen. Das, was im Menschen bisher gefühlt und gedacht wird, wird nun durch die Aktionen ausgedrückt. Es verkörpert somit am besten den dritten Faktor einer guten Haltung: In kleinsten Schritt vorangehen.

Herz und Kopf wirken ebenfalls auf das Tun. Bei »Führen mit Hand« unterstützen Sie die Zusammenarbeit auf eine sehr konkrete Weise. Sie wirken durch Ihr Wirken. *Wie* setzen Sie nun mit Ihrem Team die Veränderungen und Projekte um? *Wie* machen wir immer mehr das Neue? *Wie* wollen wir konkret arbeiten?

Das *Wie* steht im Zentrum dieses Hauptkapitels. Wie arbeiten Sie zusammen und wie gelingt es Ihnen, die Zukunft mehr und mehr in die Gegenwart zu bringen? Letztlich geht es darum, *wie* Sie und Ihr Team sich die Zusammenarbeit vereinfachen können, um die Ziele leichter zu erreichen. *Wie* können wir mit den Herausforderungen so umgehen, dass wir sie gut meistern?

Ein häufiges Problem ist, dass die Strategien und Ziele auf dem Papier klar sind. Dennoch bleibt oft die Frage im Raum: Wie geht das jetzt konkret? Wie ändern wir konkret die Zusammenarbeit? Und das neben dem Tagesgeschäft – wo ist da noch Platz und Zeit für das Neue?

Es gibt kein Erkenntnisproblem. Es gibt ein Umsetzungsproblem.

Nicht selten scheitern Vorhaben, obwohl rational gesehen alles da ist. Es gibt nicht zu wenig Informationen. Es ist theoretisch ganz viel Wissen dazu da, *wie* es geht. Doch emotional stehen wir uns selbst im Weg – mit unseren Emotionen. Oder anders ausgedrückt: Unsere zutiefst menschlichen Emotionen werden zu wenig berücksichtigt, wenn es um die Umsetzung geht. Dies betrachten wir im Kapitel 7.3 ausführlicher.

Die Emotion Angst ist ein Grund, wieso viele neue Maßnahmen stocken. Angst vor Fehlern und davor, etwas falsch zu machen, Angst vor dem Neuen und dem Ungewissen. Angst vor dem Loslassen und Sich-Einlassen auf das Neue. Denn die bisherigen Muster, Prozesse und Erfahrungen sind gewohnt. Da muss keiner nachdenken und sich auch keiner verändern. Das *Wozu* und *Was* können noch so gut sein, es wird immer Ängste und ein Zögern geben. Die Frage ist nur, wie groß.

Mit den Impulsen aus den folgenden Kapiteln wird es Ihnen gelingen, die Ängste zu reduzieren. Sie werden den Abstand und die Transformationsschwelle auf dem Weg in die Zukunft reduzieren.

Das Ziel ist, die Zukunft mehr und mehr in den Alltag zu integrieren. Schritt für Schritt. Sind die beiden anderen Prinzipien richtungsweisend für Ihr Umfeld, so ist »Führen mit Hand« pragmatisch. Es impliziert auch, dass Ihre Mitarbeitenden selbst aktiv werden und »Hand« anlegen. Ihr Einfluss ist anders als bei den vorherigen Prinzipien. Je klarer Sie mit Herz und Kopf führen, umso leichter wird Ihnen Führen mit Hand fallen.

Egal wie wir es betrachten, wir werden am tatsächlichen Tun nicht vorbeikommen. Ein Gefühl von Machbarkeit meint, dass wir uns dieses Tun leichter zutrauen und tatsächlich immer wieder in die Umsetzung kommen. Dieses Stimmung drückt aus »Wir haben das Gefühl, dass wir die Anforderungen bewältigen können.« Oder es ist dieses umgangssprachliche Gefühl von »Das ist machbar, ich schaffe es.«

Dieses Gefühl hat verschiedene Einflussfaktoren, die wir in diesem Kapitel beleuchten. Grundsätzlich sind es die Faktoren Erfahrungen, Kompetenzen, Einflussnahme und Energiesteuerung.

Grundsätzlich gibt es weniger Erfahrungen mit der Zukunft und mit neuen Arbeitswelten als mit der jetzigen und etablierten Welt. Daher ist es nachvollziehbar, dass sich Menschen unsicherer fühlen.

Auf der strukturellen und prozessualen Ebene sind es ein paar Hinweise, wie Sie Meetings und Besprechungen »machbarer« gestalten und zugleich sich selbst das Führungsleben erleichtern. Für die Zusammenarbeit und Teamkultur erfahren Sie, wie Sie den Teameinsatz strukturieren und organisieren. Darüber hinaus ist das eigen- und mitverantwortliche Handeln ein Schwerpunkt. Auf der persönlichen Ebene ermutige ich Sie, mehr auszuprobieren und aus der Zukunft heraus zu agieren. Damit starten wir.

6.1 Aus einer zukunftsorientierten Haltung agieren

Die positive Grundhaltung aus »Führen mit Herz« sowie die einrahmende Ausrichtung aus »Führen mit Kopf« ergänzen wir in diesem Kapitel mit einer handlungsorientierten Einstellung. Wir haben kein Erkenntnis-, sondern ein Umsetzungsproblem. An sich wissen wir alles. Wir bräuchten keine neuen Bücher und Erkenntnisse. Es würde doch reichen, einfach das, was wir wissen, umzusetzen. Konsequent. Wieso machen wir es dann nicht? Wieso tun wir nicht mehr von dem, was wir wollen und was gut ist? Wir stecken zu sehr in der Vergangenheit fest. Wir sind zu sehr im Holzhaus und haben uns eingerichtet, statt uns dem Neuen zu stellen.

Nachdenken und Lösungen finden wollen, ist gut. Insbesondere ist es sinnvoll für lineare und komplizierte Sachverhalte, für tradierte sowie klassische Themen und Probleme. Für komplexe Fragestellungen benötigen wir eine andere Haltung, wie wir Lösungen generieren. »Wie kommt das Neue in die Welt?« ist die Kernfrage der Theorie U[55]. Diese Theorie gibt Antworten, wie aus der Zukunft heraus geführt werden kann. Wir werden uns im nächsten Hauptkapitel bei den verschiedenen Phasen von Veränderungsprozessen näher damit beschäftigten.

Eine Grundannahme dieser Theorie ist, dass Veränderungen nicht linear von A nach B, sondern durch einen U-Prozess verlaufen. Das A und B wären jeweils am Ende des U-Buchstabens. Der direkte Weg wäre kürzer als durch das U hindurch, gelingt jedoch in den wenigsten Fällen. Menschlicher und nachhaltiger ist es, Veränderungsprozesse tiefer zu durchlaufen – also am U entlang statt an der Oberfläche.

55 Die Grundgedanken der Theorie U sind aus dem Buch »Theorie U – Von der Zukunft her führen« entnommen. Neben diesem umfangreichen Werk bieten »Essentials der Theorie U – Grundprinzipien und Anwendungen« einen sehr guten Einstieg und Überblick.

Statt aus der Vergangenheit besser aus der Zukunft lernen

Es gibt zwei Formen des Lernens. Wir können die Vergangenheit reflektieren und daraus unsere Schlüsse ziehen. Oder wir lernen aus der Zukunft heraus. Wir fragen uns, was die Zukunft bedeutet und was wir daraus ableitend heute lernen sollten. Das ist das zukunftsorientierte Lernen. Aus der entstehenden Zukunft zu lernen, ist ein weiterer Grundsatz der Theorie U. Diesen verfolgen wir hier weiter. Denn die Vergangenheit ist bereits vorbei. Es gilt, konsequent nach vorne zu schauen.

An diesem Grundsatz knüpft die wichtige Haltung des »Presencing« an. Dieser Begriff ist eine Kombination der Worte »Presence« (Gegenwart) und »Sensing« (Spüren). Presencing ist nach Otto Scharmer, einem der Hauptentwickler der Theorie U, *der* Schlüssel zur Veränderung:

> *»Presencing heißt, von der höchsten Zukunftsmöglichkeit her wahrnehmen und handeln.«*[56]

Presencing bedeutet, sich immer wieder die Frage zu stellen: Was ist mein oder unser Zukunftspotenzial und wie kann ich, wie können wir heute daraus agieren?

Die innere Aufmerksamkeit ist von der Zukunft in die Gegenwart gerichtet – statt endlos über die Vergangenheit zu reflektieren und sich so seiner persönlichen Energie zu berauben. Es ist eine völlig neue Blick- und Wirkungsrichtung, die aus Ihrem Inneren heraus entsteht.

Die Vergangenheit lässt sich nicht ändern. Sie ist fix, die Möglichkeiten sind limitiert. Die Zukunft können wir gestalten. Diese Blickrichtung öffnet innerlich. Mit Presencing ist die Zukunft schon da. Presencing gibt viel mehr Handlungsspielraum als ein Reflektieren über die Vergangenheit.

Genau darum geht es bei »Führen mit Hand«: Den Handlungsspielraum erhöhen, die Möglichkeiten und Potenziale zu aktivieren und bestmöglich zu nutzen. Es geht darum, im Handeln, in der unmittelbar entstehenden Zukunft zu lernen. Denn wir sind nicht Opfer unserer Vergangenheit, sondern Mitgestalter unserer Zukunft.

---

56 Scharmer 2019, S. 13.

Es ist schwierig, dies theoretisch näher zu beschreiben. Deshalb möchte ich zwei Beispiele aus meinem Leben darüber geben, wie ich die Haltung des Presencing erlebte.

Presencing – zwei persönliche Beispiele

Bevor ich von Theorie U und dem Begriff Presencing wusste, habe ich es bei einem Marathonlauf erfahren. Dieser Marathon war durch seine vielen Hügel sehr anspruchsvoll. Nach circa 32 Kilometern und einem kilometerlangen Anstieg kam wieder der Gedanke auf: »Ich höre auf. Wozu mache ich das?« Diesen Gedanken kenne ich – und auch meine Antworten. Denn ich mag diese Herausforderungen. Mein *Wozu* beim Laufen ist, mich besser kennenzulernen. Bei dem Lauf war es dennoch anders. Auf einmal hatte ich den inneren Gedanken »Okay Anke, Du hast jetzt zwei Alternativen. Entweder Du läufst verbissen weiter und ärgerst Dich, dass Du Dich ärgerst, bemitleidest Dich über Deine Schmerzen und dass es anstrengend ist. Oder Du läufst mit einem neuen Ich, aus einem Gefühl der Begeisterung und Liebe weiter. Genießt die letzten Kilometer, lächelst, genießt, dass Du laufen kannst und dabei bist.« Es war ein starkes Gefühl von einem alten Anteil, der sehr leistungsorientiert und verbissen ist und meinem Zukunftsich, welches lockerer und liebevoller mit sich und seinem Umfeld umgeht. Ich habe mich für mein Zukunftspotenzial entschieden und bin mit einem Lächeln, in meinem Tempo glücklich ins Ziel gelaufen.

Diese sehr körperliche Erfahrung wirkt sich seitdem auf mein übriges Leben aus. Seitdem stelle ich mir fast täglich morgens die Fragen:

- Mit welcher körperlichen und inneren Haltung gehe ich heute durch den Tag? Mit Blick auf die Vergangenheit oder aus der Zukunft heraus?
- Wie ist mein Zukunftspotenzial und wie kann ich heute daraus agieren?

Diese Fragen sind sehr wertvoll für mich und geben mir Energie. Ich spüre und sehe, wie ich leicht und gleichzeitig entschlossen agiere, mutig bin, wie ich mehr mache und weniger zögere. Durch sie komme ich mehr ins Handeln. Denn an sich bin ich ein sehr kognitiver Mensch. Ich liebe es, zu analysieren und zu reflektieren. Doch das ist in die Vergangenheit ausgerichtet. Es bremst mich eher, statt dass es mich unterstützt und nach vorne zieht. Bereite ich Termine oder Workshops vor, ist die Versuchung groß, an Erfahrungen in der Vergangenheit zu denken: Was lief gut, was lief schlecht, wieso war ich so nervös, das hatte ich nicht gut genug gemacht. Bis zu einem gewissen Grad ist das hilfreich. Doch der Punkt ist schnell da, wo dieses Analysieren nicht mehr konstruktiv ist und ich mich eher in der Vergangenheit verhake.

Stattdessen gibt es mir sofort mehr Energie, wenn ich mich frage: Wie ist denn mein Zukunftsich, wie ist mein höchstes Zukunftspotenzial im Workshop, wie ist es in der Vorbereitung – wie spricht es, wie geht es vor, wie verhält es sich? Wie ist das Zukunftspotenzial der Kunden? Wie könnte ich den Kunden schon heute im Workshop daraus agieren lassen?

Mit diesen zukunftsorientierten Fragen und der inneren Ausrichtung läuft es leichter. Das bedeutet zum Beispiel, mehr meiner Intuition zu vertrauen, statt zwei Stunden im Internet nach Lösungen zu suchen. Oder einfach anzufangen, statt die Aufgabe noch einen Tag aufzuschieben. Mutig eine Wahrnehmung aussprechen, statt sie runterzuschlucken. Es bedeutet für mich: weniger Nachdenken, mehr Machen.

Für mich persönlich heißt es, jeden Tag ein wenig mehr von meinem Zukunftsich zu leben. Und wenn es auch nur während eines Telefonates, eines Gespräches ist. Es ist für mich persönlich jeden Morgen ein Energiekick.

Presencing wird mit Herz und Kopf leichter

So kombiniert Presencing die beiden ersten Grundhaltungen und Prinzipien und drückt sie dann konkret im Tun aus. Presencing gelingt leichter, wenn Sie eine Idee, ein Bild von der Zukunft haben – *was* Sie erreichen möchten. Und wenn Sie spüren, *wozu* Sie dieses Zielbild erreichen möchten. Dann zieht es Sie automatisch mehr in die Zukunft. Durch die beiden vorherigen Prinzipien haben Sie den idealen Boden für »Führen mit Hand« bereitet.

Mit dieser inneren Einstellung drücken Sie aus, dass Sie an sich glauben und Ihr Potenzial sehen. Auf die Zusammenarbeit übertragen meint es, das Zukunftspotenzial des Teams bzw. der Individuen zu erspüren, daran zu glauben. Es geht nicht darum, alles rosarot und positiv zu sehen. Es geht darum, die Potenziale zu nutzen und die Handlungsmöglichkeiten zu erhöhen. Wenn Sie sich in das Potenzial einer Zusammenarbeit hineinspüren, baut dies ideal auf den Aspekt der positiven Grundhaltung aus dem Kapitel »Führen mit Herz« auf. Diese beiden inneren Haltungen hängen stark zusammen.

Letztlich geht es darum, mit kleinsten Gesten und Schritte in Richtung Zukunft zu gehen. Womit wir beim nächsten Kapitel sind, der persönlichen Kompetenz des »Prototyping«.

Auf einen Blick

- Es gibt zwei Formen des Lernens: aus der Vergangenheit oder aus der entstehenden Zukunft.
- Mit der Grundhaltung des »Presencing« agieren Sie mit einer zukunftsorientierten Haltung.
- Die Kernfrage dieser Haltung ist »Welches ist das beste Zukunftspotenzial (meins, des Teams, ...) und wie können wir heute daraus agieren?«
- Diese Haltung zeigt sich in kleinsten Gesten und Aktionen.

Reflexionsfragen

- Spüren Sie in sich hinein: Was ist Ihr höchstes Zukunftspotenzial? Wie sind Sie, wie bewegen Sie sich, wie hören Sie zu, wie agieren Sie?
- Spüren Sie sich in die Zusammenarbeit mit dem Team oder einzelnen Menschen ein: Was ist das höchste Zukunftspotenzial der Zusammenarbeit? ... und wie können Sie schon jetzt und heute daraus agieren? Was heißt das ganz konkret?
- Welches Potenzial spüre ich in den Menschen, mit denen ich zusammenarbeite? Und wie kann ich es ein wenig herauskitzeln?

Digitale Extras

- https://youtu.be/GMJefS7s3lc Video zur Theorie U von Otto Scharmer

6.2 Führungskompetenz »Prototyping« statt Perfektionismus

Viele Maßnahmen und Pläne verstauben in den Schubladen, weil die Menschen das Planen und Konzipieren lieben – aber nicht die Umsetzung. Oder es wird sehr intensiv an neuen Designs und Konzepten gearbeitet. Sie werden bis in viele Details ausgearbeitet, bevor sie den Entscheidern vorgestellt werden. Stolz werden die Ergebnisse präsentiert. Doch manchmal reagieren die Entscheider enttäuscht oder meinen sogar, dass am Auftrag vorbeigearbeitet wurde. So müssen allzu häufig Teams komplett von vorne anfangen. Dies kostet nicht nur Motivation, sondern auch viel Zeit und Budget.

Das ist schade! Statt an unseren deutschen Tugenden der Planungs- und Perfektionsverliebtheit zu scheitern, sollten wir eine andere Qualität ausprobieren: die des Prototypings. Falls zu Ihren Stärken auch das Planen und Perfektionieren gehört, verändern Sie den Fokus dieser Stärken auf das Planen und Perfektionieren des sogenannten »Prototypings«.

Dieser Ansatz kommt ursprünglich aus dem Design Thinking. In diesem Kreativprozess wird darauf fokussiert, »Innovationen hervorzubringen, die sich am Nutzer orientieren und dessen Bedürfnisse befriedigen.«[57] Es ist ein Ansatz, bei dem Probleme der Kunden neugierig identifiziert werden, um sie dann iterativ durch Prototyping und einem kontinuierlichen Lernen zu lösen. Der Kunde als Mensch mit seinen Bedürfnissen steht im Vordergrund.

In der ersten Phase wird der Kunde mit seiner Situation und dem Problem beobachtet und analysiert. Danach werden diese Erkenntnisse zusammengefasst und Thesen aufgestellt. Im nächsten Schritt werden Ideen gesammelt, wie das Kundenproblem gelöst werden kann. Es soll bewusst kreativ um die Ecke gedacht werden. Aus diesen Ideen entstehen dann erste Prototypen. Beim Prototyp werden aus Ideen sichtbare, greifbare, anfassbare, erlebbare Produkte. Dadurch können die Ideen auf ihre »Stärken und Schwächen prüfen, ohne in lange Entwicklungsphasen zu investieren.«[58]

Otto Scharmer plädiert in der Theorie U, einen »Prototyp 0.8« zu bauen.

> *»Ein Prototyp ist ein Mikrokosmos der Zukunft, die du gestalten möchtest. Mit Prototypen arbeiten heißt, dass du deine Idee (oder deine laufende Arbeit) präsentierst, bevor sie voll ausgereift ist. Der Sinn eines Prototyps ist der, dass du Feedback von relevanten Akteuren dazu erhältst, wie die Idee aussieht, sich anfühlt, ob sie den Bedürfnissen der Menschen und ihren Zielen entspricht (oder nicht entspricht), und dass du danach die Mutmaßungen über das Leitprojekt verfeinerst. Der Fokus liegt darauf, die Zukunft im Tun zu erkunden, indem du handelst und nicht analysierst. … Ein Prototyp ist kein Plan. Er wird hergestellt, um Feedback zu generieren. Ein Prototyp ist auch kein Pilotprojekt. Ein Pilotprojekt muss erfolgreich sein; ein Prototyp dagegen kann scheitern, doch sein Fokus liegt auf der Maximierung des Lernprozesses. … um von allen wichtigen Akteuren Feedback zu bekommen.«*[59]

57 Häusling/Römer/Zeppenfeld 2019, S. 255.
58 Häusling/Römer/Zeppenfeld 2019, S. 291.
59 Scharmer 2019, S. 133.

Diese Kompetenz braucht es in Zukunft. Weil es mehr darum geht, neue Ideen auszuprobieren und ihre generelle Anwendung zu prüfen als sie von Anfang perfekt durchzustylen. Diese Zeit haben wir immer weniger. In tradierten Arbeitswelten, im Holzhaus, zieht man sich eher zurück und arbeitet etwas komplett und perfekt aus. Dann wird es den oberen Etagen präsentiert und man hofft, dass es akzeptiert wird.

Ein moderneres Vorgehen ist offener. Zwischenstände, Prototypen, werden recht zügig den Entscheidern und wichtigsten Akteuren präsentiert, um Rückmeldungen zu erhalten. So kann das Produkt nach und nach verbessert werden. Zugleich verlangt Prototyping, die persönliche Denkweise von »geheim halten und nicht abschreiben lassen« hin zu »offen austauschen und das beste Ergebnis generieren« zu verändern.

Prototyping meint, sehr bewusst Lücken zu lassen, das Produkt noch nicht komplett auszuarbeiten. Es meint, möglichst früh und konkret ins Tun zu kommen. In einer eher verkopften Businesswelt können wir dazu schnell Fortschritte machen.

Eine Szene aus dem Buch und gleichnamigem Film »The Legend of Bagger Vance« beschreibt es sehr treffend. In der Handlung geht es um einen Golfer, der seinen Golfschwung verbessern möchte. Er ist zu verkrampft und spielt anfangs schlecht. Sein Caddy rät ihm:

> *»You are in your head, Junah, I need you to come down into your hands. Listen to me. Intelligence, I have told you, does not reside in the brain but in the hands. Let them do the thinking, they're far wiser than you are.«*[60]

Prototyping schließt die Lücke zwischen einem Vorsatz, einem Ziel und dem Tun. Prototyping nimmt die Angst vor dem Scheitern und dem Fehlermachen. Durch Prototypen wird die Zukunft im Tun erkundet – statt weiter über sie nachzudenken.

Ausprobieren, verbessern, weiterentwickeln sind die Stufen. Durch die entstehenden Produkte bzw. neuen Formen der Zusammenarbeit entsteht wiederum ein Austausch mit den beteiligten und relevanten Personen. Dadurch bekommen Sie wertvolles Feedback.

60 Pressfield 1995, S. 125.

Es gibt größeren Prototypen, wie zum Beispiel eine neue Form einer Besprechung auszuprobieren oder ein neues Produkt mit einem »0.8-Anspruch« zu erstellen. Des Weiteren beinhaltet diese Kernkompetenz noch eine weitere Qualität. Die des Handelns, des Tuns. Themen werden meistens aufgeschoben, weil die nächsten Schritte entweder nicht klar sind oder zu groß erscheinen. David Allen ermutigt in seinem Konzept »Getting Things done« dazu, sich immer wieder zu fragen: Was brauche ich konkret als Nächstes, was ist der konkrete nächste Schritt? Und sich diesen danach zu notieren. So könnte aus dem eher globalen Task »Strategiemeeting planen« der nächste, kleinste und konkrete Schritt »15 Minuten Brainstorming an was ich alles für das Strategiemeeting zu denken habe« werden. Das fühlt sich doch gleich sehr viel machbarer an, oder?

Fragen Sie sich also regelmäßig in Ihrem Alltag: Was ist der nächste, ganz konkrete, kleinste Schritt? Diese Frage ist nicht nur für Sie selbst wertvoll, sondern auch in der Zusammenarbeit im Team.

Mir persönlich gibt Prototyping jedes Mal neu Schwung in die Arbeit. Ich merke, wie ich mir dazu von Anfang an die Erlaubnis gebe, dass es nur um einen Testlauf geht. So werden selbst große Aufgaben und Projekte, die am Anfang zu massiv erscheinen, machbar. Es geht nicht darum, sofort alle Lösungen und Antworten zu wissen. Es ist hier und jetzt einfach nur wichtig, einen möglichen Prototyp auf dem Weg zum Ziel zu entwickeln. In meiner Arbeit heißt dies, dass ich ein neues Thema oder eine Idee nicht bis ins letzte Detail ausarbeite und dann mit möglichen Kunden bespreche. Vielmehr ist mein erster Prototyp eine Art Ideenskizze. Diese bespreche ich dann mit ein paar möglichen Kunden telefonisch. Dieser Austausch macht unheimlich Spaß. Der Kunde fühlt sich immer wertgeschätzt, weil mir seine Meinung wichtig ist und er erhält gleichzeitig wiederum Impulse für seine Situation. Und ich bekomme wichtiges Feedback: Was erzeugt Resonanz, welche neuen Fragen tauchen auf, wo spüre ich Widerstand? So weiß ich innerhalb kurzer Zeit, welche Weiterentwicklung zielführend ist und welche nicht.

Auf einen Blick:

- Raus aus dem Kopf, rein in die Hände – kommen Sie frühzeitig ins Tun!
- Hinter dem Konzept des Prototyping steckt der Gedanke, Ideen und Überlegungen weniger im Kopf hin und her zu analysieren als sie vielmehr im Tun mit den Händen auszuprobieren.
- Überlegen Sie für große Themen in kleinsten Schritten: Was ist der konkrete, nächste, kleinste Schritt?

Reflexionsfragen:

- Wo investieren Sie aktuell noch viel Zeit im Analysieren und Nachdenken? Wie könnten Sie mehr »prototypen« und mit den Händen denken?
- Bei welchem Thema mussten Sie vielleicht aus Zeitdruck mit einem Prototypen arbeiten und welche Erfahrungen haben Sie dabei gemacht?

Digitale Extras

- Filmszene aus »The Legend of Bagger Vance« (Englisch) https://youtu.be/V0vZrrnmyYE

6.3 Die Teamenergie umsetzungsorientiert beeinflussen

Wie können Sie nun die Teamenergie beeinflussen und den Handlungsspielraum erhöhen, ohne dass Sie selbst die Dinge erledigen? Indem Sie Ihre Mitarbeitenden ermutigen, Aufgaben anzugehen und die nächsten Schritte zu gehen.

Es sind manchmal nicht die Aufgaben, die uns anstrengen. Vielmehr sind es die eigenen Gedanken und Gefühle zu einer Aufgabe, mit denen wir uns das Arbeitsleben schwerer machen als notwendig. Deshalb erhalten Sie in diesem Kapitel Impulse, wie Sie die mentale Energie und Stimmung im Team positiv beeinflussen können. Empfinden wir ein Gefühl von Machbarkeit, stimmen wir der folgenden Aussage zu:

> »Ich bin sicher und fühle mich kompetent, dass ich die Anforderungen, die an mich gestellt werden, bewältigen kann. Ich habe dazu alle Ressourcen, die ich benötige. Sowohl in mir durch Erfahrungen und Kompetenzen als auch durch mein Umfeld, welches ich als unterstützend wahrnehme.«

Als Einstieg in dieses Kapitel führen Sie eine Selbsteinschätzung durch.

Merkmale eines niedrigen Gefühls von Machbarkeit	**Wie empfinden Sie dies bei sich selbst bzw. im Team?**	**Merkmale eines hohen Gefühls von Machbarkeit**
Jeder arbeitet vor sich hin. Es wird wenig Verantwortung für Fehler übernommen.	←---------------------→	Es ist ein offenes Miteinander und An-einem-Strang-Ziehen. Wir unterstützen uns gegenseitig.

Merkmale eines niedrigen Gefühls von Machbarkeit	**Wie empfinden Sie dies bei sich selbst bzw. im Team?**	**Merkmale eines hohen Gefühls von Machbarkeit**
Es wird viel gemeckert und gejammert. Es gibt wenig Eigen- und Mitverantwortung.	←--------------------→	Die Stimmung ist konstruktiv und gut. Die Menschen arbeiten eigen- und mitverantwortlich.
Es wird viel Energie darauf verwendet zu analysieren, was andere falsch machen und was in Zukunft alles passieren könnte.	←--------------------→	Wir setzen unseren Fokus bewusst auf das ein, was wir beeinflussen können.
Wir verzetteln uns mit unseren Aufgaben und fühlen uns fremdbestimmt.	←--------------------→	Wir wissen genau, was unsere Prioritäten sind und konzentrieren uns darauf.

Tabelle 13: Selbsteinschätzung: Wie sicher, kompetent und unterstützend empfinde ich die Zusammenarbeit?
Quelle: Eigene Darstellung in Anlehnung an Antonovsky

Anhand Ihrer Selbsteinschätzung können Sie nun sehen, welches Kapitel für Sie besonders interessant sein könnte.

6.3.1 Kleine Tugenden – große Wirkung: Sich gegenseitig unterstützen

Die Stimmung in der Zusammenarbeit erhöhen, fängt in den einzelnen Beziehungen an. Erlebe ich die Person als eine Ressource? Gibt mir die Zusammenarbeit Energie, empfinde ich sie als positiv? Es gibt Menschen, da fühlen Sie sich nach der Begegnung gestärkt. Und es gibt Menschen, die rauben und ziehen Energie. Dies hängt natürlich auch mit den Beziehungsfaktoren auf der Herz- und Kopf-Ebene zusammen – ob wir eine Person als wertschätzend und berechenbar empfinden. Auf der pragmatischen Handlungsebene sind es andere Dinge, die wir bewusst oder unbewusst wahrnehmen. Ein Gefühl von Machbarkeit übersetzt sich in einer Beziehung in das Gefühl:

> »Ich bin verantwortungsvoll und unterstützend.« Oder »Ich erlebe eine andere Person als verantwortungsvoll und unterstützend.«

Seien Sie mit der Checkliste ehrlich zu sich selbst. Welche Punkte treffen auf Sie zu und wo sehen sie für sich noch Potenzial?

ja	nein	
		Ich übernehme Verantwortung für mein Verhalten in der Beziehung, statt auf die andere Person zu warten oder sie zu beschuldigen.
		Ich bin gut erreichbar und ansprechbar.
		Ich bin auch bei schwierigen Themen und Problemen ansprechbar.
		Ich gebe Rückendeckung – die andere Person kann sich auf mich verlassen. Bzw. wir unterstützen uns gegenseitig.
		Ich unterstütze Kollegen situativ, wenn es einmal »eng« wird. Entweder, indem ich selbst mit anpacke oder in anderer Form (Zuspruch, Kaffee und Kuchen vorbei bringen etc.)
		Ich kann meine Kompetenzen sowie Erfahrungen in der Zusammenarbeit einsetzen. Andere wissen, welche Kompetenzen ich einbringen kann.
		Ich gebe mein Wissen und meine Erfahrungen gerne weiter.
		Ich gestehe Fehler und Schwächen ein, auf eine natürliche Art. Denn ich weiß, dass dies nur menschlich ist.
		Ich habe einen Kreis an Kollegen, die ich um Unterstützung fragen kann.

Tabelle 14: Selbsteinschätzung unterstützende Zusammenarbeit
Quelle: Eigene Darstellung

Was meinen Sie, wie würden Ihre Kollegen und Ihr Team diese Checkliste mit Ihnen im Kopf beantworten?

Hinter all diesen Aussagen steckt das Konzept der *sozialen Unterstützung*. Diesen Begriff können wir in die Umgangssprache mit Rückendeckung übersetzen. Wir fühlen uns durch unser Umfeld unterstützt, auch wenn es schwierig oder eng ist. Fühlen wir uns sozial unterstützt, puffert dies Belastungen und Unsicherheiten ab. Dieser Faktor wird im Klettergerüst sinnbildlich wichtiger. Wenn wir uns unsicher fühlen, gibt es Sicherheit, wenn wir wissen, dass uns jemand auffangen und unterstützen könnte.

Wie Sie an der Checkliste sehen, ist soziale Unterstützung durch die vielen kleinen, sich selbst erklärenden Gesten möglich.

6.3.2 Stärken sichtbar und erlebbar machen

Damit Sie sich alle gut gegenseitig unterstützen können, sollten Sie natürlich voneinander wissen. Was sind die jeweiligen Stärken? Ein sehr schönes Instrument dazu ist das sogenannte Appreciate Inquiry. Es verknüpft die beiden Prinzipien »Führen mit Herz« und »Führen mit Hand« ideal. Übersetzt heißt es »wertschätzendes und würdigendes Interview«[61]. Eine neugierige und wohlwollende Haltung ist die Grundlage dieser Methodik. Es geht konsequent um das Entdecken von Ressourcen und dem, was einer Person, einem Team oder einer Organisation Energie gibt. Die Fragen bestimmen, was gefunden wird. So fokussieren sich die Fragen im wertschätzenden Interview auf motivationale und stärkende Faktoren. Diese können gut genutzt werden, um sich in einem neuen Team kennenzulernen oder um die Begeisterung und Motivation wiederzuentdecken. Die Fragen ergänzen gut den Tipp »Gebrauchsanweisungen für die Zusammenarbeit« aus dem Kapitel 5.3.1. Sie können diese Fragen natürlich auch situativ einsetzen.

Beispiele für wertschätzende und stärkenorientierte Leitfragen[62]:

An den Anfang erinnern:
- Was hat Sie ursprünglich an dem Unternehmen angezogen und begeistert?
- Seit wann sind Sie in der aktuellen Position?
- Was hat Sie am Anfang »Ja« sagen lassen zu dieser Position und dem Unternehmen?
- Was hat Sie anfangs fasziniert und begeistert?
- Wie haben Sie sich am Anfang gefühlt?

An ein Highlight im Beruf erinnern:
- Was war ein echtes Highlight in dem jetzigen Job (alternativ: im Berufsleben) – worauf sind Sie stolz, was ist gut gelungen?
- Was ist dabei passiert, worum ging es dabei? Was macht diese Erfahrung so besonders?
- Was hat es ermöglicht, dass diese Situation so gut verlaufen ist?
- Was war dazu Ihr Beitrag?
- Was haben Sie aus dieser Situation gelernt?

61 Seliger 2015, S. 83.
62 In Anlehnung an Seliger 2015, S. 87 f.

Die jetzige Situation wertschätzen – Wenn Sie an Ihre jetzige Position und Situation denken:

- Was schätzen Sie an sich und Ihrer Arbeitsweise?
- Was macht Sie erfolgreich?
- Wie bleiben Sie kraftvoll und motiviert?
- Was schätzen andere an Ihnen?
- Was schätzen Sie an Ihrer Position und der Organisation am meisten?
- Was ermöglicht Ihnen die aktuelle Position und die Organisation?
- Was können Sie jetzt tun, um sich ein wenig mehr wie am Anfang Ihrer Tätigkeit zu fühlen?

Insbesondere die letzte Frage ist wirkungsvoll, wenn sich Menschen demotiviert fühlen. Durch diese Frage appellieren Sie an die Selbst- und Mitverantwortung.

6.3.3 Selbst- und Mitverantwortung übernehmen

Selbstverantwortung

Nur wenige Menschen übernehmen radikal Verantwortung in ihrem Arbeitsleben. Es ist ein wichtiger, grundsätzlicher Entwicklungsschritt, sich seiner Eigenverantwortung bewusst zu sein. Es ist immer einfacher, nach außen zu schauen und die Rahmenbedingungen für unsere Stimmung, Ergebnisse und Gesundheit verantwortlich zu machen. Doch dies ist nur ein Teil der Wahrheit. Egal, was um uns herum passiert, jeder ist erst einmal für sich selbst verantwortlich. Jeder ist selbst dafür verantwortlich, welche Perspektive und Bewertung eingenommen wird, welche Gedanken gedacht und Gefühle erlebt werden.

Handlungsspielraum und mehr Möglichkeiten entstehen, wenn sich ein Mensch bewusst wird, dass er oder sie erst einmal nur für sich selbst verantwortlich ist. Und dass kein anderer Mensch für ihn oder sie als Person oder dafür, wie es ihr geht, zuständig ist. Das Umfeld und andere Menschen haben einen Einfluss auf jeden von uns. Wie damit dann umgegangen wird, liegt in der Macht jedes Einzelnen.

Ich persönlich finde das Konzept der Selbstverantwortung immer wieder energetisierend. Egal, was ist und wie schlecht es mir auch manchmal geht … wenn ich mir bewusst mache, dass ich genau jetzt die Zügel in die Hand nehmen kann und meine Sichtweise auf eine Situation ändere oder zum Beispiel aus meinem Zukunftsich agiere, geht es mir sofort besser.

Im Kontext der Arbeitsbeziehungen – und auch des Brückenbildes – bedeutet dies, dass Menschen in den Organisationen erkennen und fühlen, dass nur sie selbst über die Brücke gehen können. Dass sie sich innerlich aufrichten und ihre Einflussmöglichkeiten spüren und nutzen. Als Führungskraft ist es wichtig, zu spüren und auch zu kommunizieren, dass eine Organisation oder ein Team »sich« nicht einfach ändert. »Sich« ist unpersönlich und abstrakt. Die Menschen sind es, die Veränderungen ausmachen und wodurch Veränderungen geschehen.

Das Gegenteil ist, dass sie im Holzhaus oder im Opfer- und Jammertal sitzen und darauf warten, dass sie jemand trägt oder dass die Veränderung an ihnen vorbeigeht. Diese Haltung macht sie von dem Umfeld abhängig. Denn die persönliche Stimmung und das Wohlbefinden hängen von außen ab. Sicherlich, die äußeren Umstände und Rahmenbedingungen beeinflussen jeden von uns.

Das Konzept der Selbstverantwortung erscheint in manchen Arbeitskontexten befremdlich, weil es sehr oft und lange nicht eingefordert wurde, denn in sehr tradierten Arbeitswelten, im Holzhaus, geht es meistens sehr hierarchisch zu. Dies sorgt für eine ausgesprochen angepasste Haltung, wie schon in Kapitel 2 besprochen. Informationen und Aufgaben werden von oben nach unten weitergereicht. Es ist eher unüblich, dass sich Mitarbeitende selbstverantwortlich um ihre Aufgaben kümmern oder diese generieren.

Heutzutage möchten Sie Mitarbeitende, die eigenverantwortlich über die Brücke gehen. Die mit Ihnen mitgehen. Appellieren Sie immer wieder in geeigneten Momenten an die Selbstverantwortung der Mitarbeitenden. Fordern Sie, dass sie die Zügel in die Hand nehmen. Als Führungskraft können Sie Ihr Bestes geben. Doch wenn der Mitarbeitende sich nicht bewegen möchte, können sie nichts tun.

Gleichzeitig reflektieren Sie bitte auch Ihre eigene Einstellung ehrlich. In welchen Arbeitsbeziehungen fühlen Sie sich fremdbestimmt und übernehmen keine Verantwortung? Hören Sie sich zum Beispiel manchmal sagen, dass Sie »von oben« auch keine Prioritäten erhalten und deshalb keinen Fokus an Ihr Team weitergeben können? Nehmen Sie die Zügel in die Hand. Empfehlen Sie die Prioritäten aus Ihrer Sicht, stellen Sie diese vor und besprechen Sie es offen mit Ihrer Führungskraft.

Selbstverantwortliches Denken und Handeln unterstützen

!

- Äußern Sie klar, was Sie in einer Aufgabenerledigung oder bei einer Entscheidung erwarten.
- Wird eine Fragestellung an Sie zurückdelegiert, fragen Sie: »Wie würden Sie jetzt vorgehen, wie würden Sie entscheiden?«
- Falls Menschen sich vor einer Aufgabe drücken, fragen Sie: »Was brauchen Sie, damit Sie den nächsten Schritt tun? Was können Sie dafür tun?«
- Bei Diskussionen im Opfer- und Jammertal oder wenn es um sehr pauschale Aussagen geht, fragen Sie: »Was genau wünschen und benötigen Sie jetzt?«
- Wenn Sie auf jeden Ihrer Vorschläge ein »Ja, aber das geht nicht weil ...« hören, sprechen Sie Ihre Situation an. Äußern Sie die Tatsache, dass Sie nun selbst nicht mehr wissen, was Sie tun sollen. »Ich bin ratlos. Ich habe zig Lösungen vorgeschlagen und alle wurden abgelehnt. Ich weiß nicht mehr was ich tun soll. Was würden Sie an meiner Stelle machen?«

Mitverantwortung

Nach dem selbstverantwortlichen Handeln ist das Thema Mitverantwortung der nächste logische Schritt. Jeder ist in den unterschiedlichsten Kontexten mitverantwortlich: in persönlichen und beruflichen Beziehungen, in der Gestaltung von Arbeitsprozessen und Kulturveränderungen sowie in der Außendarstellung des Unternehmens. Es steckt ganz einfach im Wort.

Mitverantwortung meint, dass jeder eine Verantwortung hat, zu antworten – auf die Geschehnisse, auf Fehler, auf Fragen, auf Herausforderungen. Jeder leistet einen Beitrag zum Gesamtbild. Es ist nicht nur die Aufgabe»von denen da oben« oder von Ihnen als Führungskraft. In der Zusammenarbeit wird miteinander und vernetzt gearbeitet. Viele Menschen sind an Prozessen, Entscheidungen und Fehlern beteiligt. Fehler, Konflikte oder unstimmige Situation sind ganz selten auf eine einzelne Person zurückzuführen. »Der hat Schuld, damit habe ich nichts zu tun.«; »Wenn die nur anders kommunizieren würden, wäre das nicht passiert« oder auch die pauschale Aussage »Da kann man halt nichts machen.« sind Symptome, dass keine Mitverantwortung übernommen werden möchte. Doch gibt es in jeder Situation immer zwei goldene Regeln, an die wir uns erinnern sollten:

1. Es gibt immer verschiedene Sichtweisen auf eine Situation.
2. Alle Beteiligten sind mitverantwortlich für die Situation.

Es gibt zwei Alternativen, wie mit einer Situation umgegangen werden kann. Wir können die Schuld hin- und herschieben. Oder wir nutzen die Zeit und Energie, um aus der Situation für die Zukunft zu lernen – jeder individuell und gemeinsam für die Zusammenarbeit. In der heutigen Zeit ist die zweite Alternative angemessener.

Dies gelingt besser, wenn die Beziehungen untereinander gefestigt sind und wenn es ein gemeinsames Ziel gibt. So können die Menschen leichter an einem Strang ziehen. Die Voraussetzung dazu ist, dass sich Menschen durch ein gemeinsames Ziel verbunden und in den Beziehungen sicher fühlen, denn dann haben sie auch nicht mehr den Drang, sich über Schuldzuweisungen profilieren zu wollen. Dies erleichtert die Zusammenarbeit.

Je mehr wir uns von anderen unterstützt fühlen, umso sicherer und auch energievoller fühlen wir uns. Denn keiner ist alleine verantwortlich und hat viel zu tragen. Es ist eine geteilte Verantwortung. Im Klettergerüst stärkt ein Gefühl von Mitverantwortung die Beziehungen. Das Klettergerüst wird stabiler.

Die Geschichte einer Klopapierrolle bringt es auf den Punkt. Diese Episode ist mir bei einem kleinen mittelständischen Unternehmen passiert. Die Gesprächsatmosphäre zwischen meiner Kundin und mir war hervorragend. Wir genossen den professionellen und persönlichen Austausch, den Kaffee und die Leckereien vom besten Bäcker der Region. In den letzten neunzig Minuten haben wir erste Ansatzpunkte entwickelt, wie wir die Vertriebsorganisation in puncto reifere, menschlichere Zusammenarbeit unterstützen. Noch einmal kurz auf die Toilette, und dann geht es zurück nach Hannover. Dort springt mir das Kernthema der momentanen Zusammenarbeit ins Auge. Ich sitze auf der Toilette, greife nach dem Klopapier, hebe die Abdeckung des Klopapierhalters und sehe … eine leere Rolle. Wundervoll. Nachdem ich mich anderweitig versorge, denke ich: Wow, genau das ist das Thema! Und gehe mit dem Fundstück zurück in den Besprechungsraum.

»Weißt du, ich finde, diese leere Rolle sagt viel über eine mögliche Haltung aus: Was und wer nach mir kommt, ist mir egal. Hauptsache, ich bin versorgt. Wenig Eigenverantwortung, wenig Mitverantwortung. Das zu steigern, darum geht es doch! Es ist keine Einbahnstraße, nicht alleinige Führungsaufgabe. Jeder ist gefordert.« Sie stimmt mir zu und ergänzt: »Es ist nur noch das Serviceteam im Haus.« Wir fragen uns besser nicht, was das möglicherweise über die Servicementalität aussagt.

Was die Klorolle dort ist, ist bei Ihnen im Umfeld vielleicht der wüst hinterlassene Meetingraum oder das dreckige Geschirr, das sich auf der Spülmaschine stapelt oder ein Problem, für das sich keiner verantwortlich fühlt. Mir ist Selbst- und Mitverantwortung wichtig. Ich werde wütend, nachdenklich und traurig bei passivem Verhalten. Egal, ob das im persönlichen Leben, in organisationalen oder sogar in globalen Kontexten ist – aussitzen und warten, dass jemand anderes dafür zuständig ist, lasse ich nicht gelten.

Jeder von uns hat immer Einflussmöglichkeiten und damit Mitverantwortung an der Gesundheit, den Beziehungen, dem unternehmerischen Geschehen oder auch an nationalen bis globalen Fragestellungen. Das kann zuweilen anstrengend sein. Es ist leichter, passiv im Opfer- und Jammertal zu liegen, auf Rettung zu warten und zu sagen »dafür ist die Geschäftsführung, mein Chef, die Politik – die anderen – zuständig«. Sind wir in Beziehungen oder komplexen Systemen wie einer Organisation unterwegs, sind wir mitverantwortlich für die Ergebnisse.

Mitarbeitende zu einem mitverantwortlichen Agieren motivieren !

- Seien Sie ein Vorbild und zeigen Sie sich mitverantwortlich. Das kann zum Beispiel in Konflikten und schwierigen Situationen sein. Reflektieren Sie, was Ihr eigener Anteil ist und äußern Sie dies auch. Zum Beispiel: »Ich habe die Abteilung zu wenig informiert.« Oder »Ich war an der Stelle schlecht vorbereitet.«
- Fragen Sie immer wieder in der Zusammenarbeit: »Was ist unser Anteil, was ist mein Anteil, dass wir dies in Zukunft vermeiden können?«
- Machen Sie immer wieder deutlich, dass es nicht um Rechthaben oder Schuldzuweisungen geht, sondern um ein gemeinsames Lernen und Verbessern von Situationen.
- Stellen Sie klar, dass Veränderungen keine Maßnahme von Einzelpersonen ist. Jeder hat einen Beitrag zu leisten.
- Ermutigen Sie immer wieder, nicht auf andere Abteilungen zu warten, sondern selbst in die Verantwortung zu gehen: zum Beispiel durch Nachfragen oder aktiver Informationen geben.

Sind wir immer mitverantwortlich? Wo ist die Grenze? Darum geht es im nächsten Kapitel.

6.3.4 Die Teamenergie mental steuern

Eng zusammen mit der Mitverantwortung hängt das Thema »Energie des Teams«. Es geht darum, eine gute Balance zu finden. Schließlich sind es zwei Pole, zwischen denen sich Menschen bewegen: sich gar nicht mitverantwortlich zu fühlen und sich für alles verantwortlich zu fühlen und sich alles anzuziehen. Wo ist der richtige Einsatz dafür?

Damit einher geht das Problem, dass sich Menschen gerne gegenseitig aufschaukeln. Bildlich gesprochen sind sie im Opfer- und Jammertal, übernehmen kaum oder keine Mitverantwortung für die Geschehnisse und reden vieles schlecht. Sie fühlen sich hilflos, ängstlich und vielleicht auch verzweifelt. Am anderen Pol gibt es die sehr engagierten Menschen, die sich für überdurchschnittlich viel verantwortlich fühlen. Beides ist ungesund. Mit den zwei folgenden Denkansätzen und Modellen möchte ich Sie ermutigen, die Energie im Team zu regulieren. Die Methoden sind echte Klassiker. Dennoch sind sie aktueller denn je. Nehmen Sie sich Zeit, diese wirklich zu verinnerlichen und zu beherzigen.

Im Einflusskreis bleiben und Energie sparen

Egal, ob es um das Thema Mitverantwortung oder um eine andere Fragestellung geht, das Konzept des Einflusskreises[63] ist immer hilfreich, wenn wir uns einer Herausforderung gegenübergestellt sehen. Dieses Konzept von Stephen Covey sagt aus, dass wir uns bewusst machen sollten, was wir beeinflussen können und was nicht. Dabei geht es von innen nach außen. Im inneren Kreis ist das, was wir kontrollieren und verändern können. Der mittlere Kreis ist das, was wir beeinflussen, aber nicht aus alleiniger Kraft verändern können. Und ganz außen ist der Sorgenkreis. In diesem sind Aspekte enthalten, über die wir uns Gedanken und Sorgen machen, die wir jedoch nicht beeinflussen oder gar verändern können.

63 Covey 2018, S. 98 f.

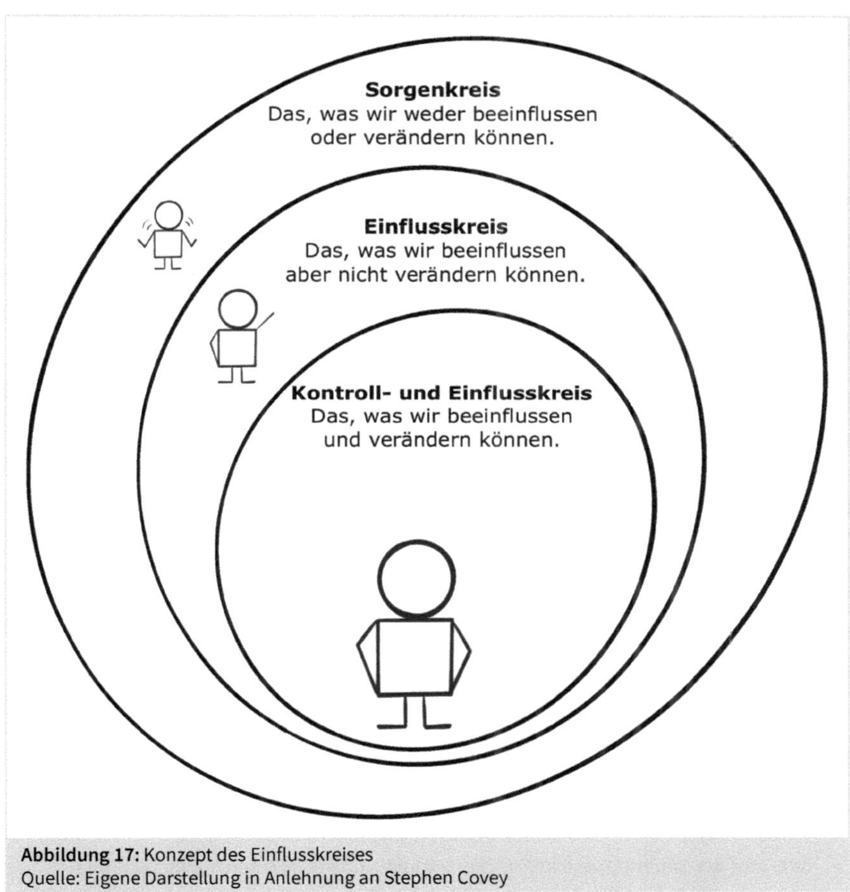

Abbildung 17: Konzept des Einflusskreises
Quelle: Eigene Darstellung in Anlehnung an Stephen Covey

Jeder von uns kann beeinflussen und kontrollieren, was wir denken, fühlen und tun. Es ist das, was in uns vorgeht und das, was jeder selbst tut oder nicht tut. Es ist der innerste Kern unseres Handlungsspielraumes. Selbst wenn alles um uns herum turbulent und unangenehm ist, entscheiden wir, wie wir damit umgehen. Es ist an jedem, zu entscheiden, welche Perspektive wir in Bezug auf die konkreten Situationen einnehmen. Es ist die innere Haltung, die wir immer gestalten können. Also egal, wie die drei restlichen Ebenen des 4-Ebenen-Modells um uns herum sind, wir können immer bei uns selbst anfangen. Und dies wiederum wirkt sich auf die anderen Ebenen aus.

In einer Beziehung, zum Beispiel zu Kollegen, können wir unsere Kommunikation und Arbeitsweise kontrollieren, also wie wir mit dem Menschen umgehen. Dadurch können wir den anderen Menschen beeinflussen, ihn jedoch nicht verändern.

Umbrüche in gesamten Branchen, die digitale Transformation und auch Umstrukturierungen liegen dagegen für die meisten Menschen außerhalb ihres Einflusskreises. Sie können daran nichts ändern. Doch jeder kann beeinflussen, wie er damit umgeht.

Dieses Konzept ist so einfach und doch sehr wirkungsvoll. Es zu kennen, heißt jedoch noch längst nicht, es auch anwenden zu können und es verinnerlicht zu haben. Deshalb möchte ich Sie gerade bei diesen bewährten Konzepten ermutigen, es sich festigen zu lassen und konsequent anzuwenden. »Simplify & Amplify« ist das Motto: Vereinfachen und vertiefen.

Wenn Sie und Ihre Mitarbeitenden sich immer wieder fragen »Was können wir beeinflussen und was nicht?«, wird Ihnen das eine Menge Energie sparen, denn oftmals geben Menschen sehr viel Energie in Tatsachen und Umstände hinein, die sie weder verändern noch beeinflussen können.

!

Im Einflusskreis bleiben und die Energie gut einsetzen

- Konzentrieren Sie sich selbst und zusammen mit Ihrem Team auf die Faktoren und Aufgaben, die Sie beeinflussen können.
- Wenn Sie etwas nicht beeinflussen oder verändern können, können Sie es akzeptieren? Falls die Antwort dazu Nein ist, hilft nur, die Situation oder auch die Beziehung zu verlassen. Das kann auch bedeuten, dass Sie Ihre innere Einstellung zu einer Person oder zu einer Situation verändern. Zum Beispiel, indem Sie einen hohen Qualitätsanspruch regulieren oder indem Sie Ihre eigene Rolle in der Beziehung neu definieren. Zum Beispiel kann es sein, dass Sie mit Ihrem Vorgesetzten über die zukünftige Ausrichtung gesprochen haben und Ihre Gedanken, Bedenken und Fragen gestellt haben. Diese werden jedoch nicht berücksichtigt. An der Strategie wird sich also nichts ändern und daran können Sie nichts ändern. Darauf ändern Sie Ihre gefühlte innere Einstellung von der Rolle des »Beraters« hin zu der Rolle des »Dienstleisters« und Umsetzers der Strategie.
- Sie stört etwas und Sie oder Ihr Team können etwas daran ändern, weil Sie eine Mitverantwortung sehen? Super, dann ändern Sie es!
- Erinnern Sie immer wieder Ihr Team daran, sich auf das zu konzentrieren, was Sie als Team beeinflussen können, statt sich über andere Abteilungen oder Prozesse aufzuregen.

Bewusst und achtsam die mentale Energie regulieren

Das Konzept des Einflusskreises lässt sich sehr gut mit dem nächsten Konzept ergänzen. Der Begriff der Achtsamkeit wird seit einigen Jahren inflationär genutzt. Es ist modern, achtsam zu sein, zu meditieren, zu entschleunigen. Doch Achtsamkeit ist mehr als diese formalen Praktiken. Es ist eine Lebensphilosophie.

Das Grundkonzept der Achtsamkeit ist »Akzeptieren, was ist. Aufhören zu kämpfen – gegen Gedanken, Ansprüche, Emotionen«. Wir sind ständig in einer inneren Auseinandersetzung: Wir möchten mehr von den guten und weniger von den negativen Gefühlen haben. Mehr Komödie, weniger Katastrophe. Das Dilemma: Wir sind nie zufrieden, wie es gerade ist. Oder wir haben Angst, dass der gute Moment schnell vorbeigeht und das negative Gefühl wiederkommt.

»Wir können die Wellen nicht aufhalten. Doch wir können lernen, auf ihnen zu reiten.« Dieses Zitat von Jon Kabat-Zinn trifft den Kern und die Grundphilosophie von Achtsamkeit. Jon Kabat-Zinn übersetzt seit Jahrzehnten das ursprünglich buddhistische Prinzip in die westliche Lebenswelt[64]. Er schreibt, dass es bei der Achtsamkeit darum geht, wirklich in Kontakt mit dem Hier und Jetzt zu sein. Das ist einfacher geschrieben und gelesen, als es tatsächlich ist, denn unser Kopf ist ein »Monkey Mind«. Er sucht ständig nach Neuem und denkt sich Geschichten aus. Es ist unrealistisch, in jedem Moment im Hier und Jetzt zu verweilen. Vielmehr geht es um das wiederholte Üben.

Die amerikanische Achtsamkeitsforscherin Ellen Langer meint: Wir können jede Aktivität mit einer Haltung der Achtsamkeit oder Unachtsamkeit ausführen[65]. Sprich: Wir können uns voll und ganz der aktuellen Aktivität zuwenden – oder nicht. Es ist die Entscheidung jedes Einzelnen.

Viel Energie geht uns verloren, wenn wir unachtsam sind, wenn wir uns Zukunftsszenarien ausmalen, im Sorgenkreis sind und im Kopfkino Dramen entwickeln oder weil wir uns über ungelegte Eier den Kopf zerbrechen. Sind wir stattdessen immer wieder im Hier und Jetzt, ermöglicht dies viel. Es fokussiert und entlastet, weil wir

64 Kabat-Zinn, 2007a und Kabat-Zinn, 2007b
65 Langer 2014.

uns weder um die Zukunft noch um die Vergangenheit sorgen müssen. Es geht nur um den jetzigen Moment.

!

Das Kopfkino bewusst und achtsam regulieren

Fragen Sie sich und im Team immer wieder:

- Ist die Situation, die uns hier beschäftigt und aufregt, lebensbedrohlich oder einfach nur unangenehm?
- Ist es real oder Kopfkino? Ist die Situation objektiv so passiert oder ist es mein bzw. unser Kopfkino, welches eine Geschichte erzählt und dramatisiert?
- Was werde ich in sechs Monaten über die Situation denken? Werde ich mich überhaupt noch an die Situation erinnern? Wenn nein, wieso jetzt so viel Energie ins Aufregen investieren? Und wenn es Situationen sind, die einschneidend sind, was werde ich bis dahin gelernt haben?
- Sind meine Gedanken gerade hilfreich?
- Was ist jetzt – wichtig? Dies ist die Kernfrage des Konzeptes. Sie führt immer wieder zurück in den jetzigen Moment.

6.3.5 Das Team organisieren – und strukturieren

Wir sehen den Wald vor lauter Bäumen nicht mehr: Die Menge an Aufgaben, Projekten und generellen Möglichkeiten ist riesig und nimmt weiter zu. Wer sich in den sozialen Netzwerken oder Fachmagazinen tummelt, kommt vielleicht zu dem Schluss, sich jetzt noch unbedingt mit agilen Methoden auseinandersetzen zu müssen. Von ungeplanten Personalausfällen mal ganz zu schweigen. »Bei uns wechseln die Prioritäten gerade stündlich.« höre ich sowohl von Teamleitern in der Produktion als auch in der IT.

Wie kommt dabei das Neue in die Welt, wenn es so viel zu tun gibt? Ständige Überlastung und zu viel zu tun sind die Normalität. Viele Teams und Mitarbeitende verzetteln sich im Tagesgeschäft. Das, was eigentlich wichtig ist, kommt viel zu oft zu kurz. Für das Neue ist am Ende des Tages oder der Woche meist keine Zeit und Energie mehr vorhanden.

Dieses unbefriedigende Gefühl hat zwei Ursachen. Zum einen gibt es häufig zu wenig Klarheit und Akzeptanz von der tatsächlichen verfügbaren Arbeitszeit. Zum anderen machen wir uns zu wenig Gedanken um den Unterschied zwischen produktiv und effektiv sein. Sich produktiv zu fühlen und To-dos abzuhaken, fühlt sich gut an. Doch sind es die richtigen To-dos, sind diese wirksam und effektiv?

Mit einem Bild bzw. einer Analogie möchte ich an dieser Stelle die Kernprobleme der Selbst- und Teamorganisation aufzeigen und eine Lösung anbieten. Das Bild können Sie sich auch ganz einfach zu Hause nachstellen. Sie benötigen dazu ein Wasserglas sowie ein paar Süßigkeiten unterschiedlicher Größe, zum Beispiel Schokolinsen, Bonbons und ein Überraschungsei.

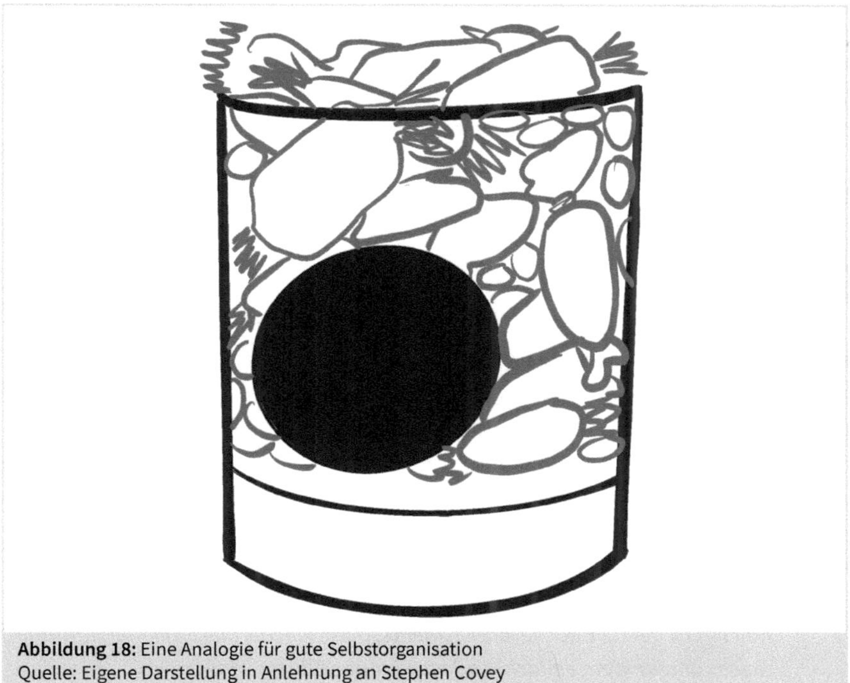

Abbildung 18: Eine Analogie für gute Selbstorganisation
Quelle: Eigene Darstellung in Anlehnung an Stephen Covey

Das Glas mit seinem Fassungsvermögen von zum Beispiel 300 ml symbolisiert die Kapazität, zum Beispiel einer Arbeitswoche. In eine Arbeitswoche passen 300 ml hinein, aka 40 Arbeitsstunden. Wird dies nicht akzeptiert, wird es schwierig. In Vorträgen symbolisiere ich dies mit dem Versuch, eine komplette Wasserflasche mit 700 ml in das Glas zu schütten. Das kann nicht funktionieren, es muss überlaufen. So ist es auch im Businessalltag. Wenn wir nicht akzeptieren, dass unsere Arbeitszeit begrenzt ist, ist Stress vorprogrammiert.

Der erste Schritt ist, die Arbeitszeit realistisch einzuschätzen. Dazu gehört ebenfalls, die Zeit einzuplanen oder abzuziehen, die per se fremdbestimmt ist – zum Beispiel durch Meetings. Im Durchschnitt sind dies 50–60 Prozent der Arbeitszeit. Es ist also über die Hälfte des Glases bereits gefüllt, bevor Sie an Ihren Projekten und Aufgaben arbeiten. Die restliche Hälfte des Glases füllt sich dann schnell mit E-Mails, Störungen. Dann sind noch die Aufgaben, die erledigt werden müssen. Das Glas bzw. der Arbeitstag, die Arbeitswoche ist schneller voll, als es Ihnen lieb ist! Und dann sind da noch Aufgaben, die eigentlich am wichtigsten sind – doch für die ist kein Platz mehr im Glas. So werden sie von Woche zu Woche verschoben.

Das Dilemma: Wir können niemals alle Aufgaben erledigen. Wir können nicht alles schaffen, was möglich erscheint. Vor lauter Kleinkram kommen wir nicht mehr zu den wirklich wichtigen Dingen. Wir verzetteln uns.

Der Ansatz bzw. das Buch »The ONE Thing« von Gary Keller[66] ist eine hilfreiche Lösung. »The One Thing« baut auf dem Pareto-Prinzip auf. Das Pareto-Prinzip ist als 20-80-Regel bekannt. Es besagt, dass 80 % eines Outputs durch 20 % eines Einsatzes erreicht werden.

Nehmen wir als Beispiel die Erstellung einer Präsentation, für die Sie insgesamt fünf Stunden benötigen. Nach einer Stunde stehen der rote Faden der Präsentation sowie die Kernaussagen fest. Die restlichen vier Stunden benötigen Sie, um Details auszuarbeiten. Gary Keller behauptet, dass das Pareto-Prinzip noch weiter verdichtet werden sollte, da wir immer mehr Optionen in unserem Alltag haben. Es sei immer notwendiger, unsere Aufmerksamkeit und Energie zu steuern. Dazu formuliert er die Kernfrage:

> *Welches ist die EINE Sache, die ich (heute, diese Woche, diesen Monat) tun kann, sodass alles andere einfacher oder sogar überflüssig wird?*

Diese Frage fokussiert radikal und erleichtert. Wir können nicht alles machen. Wir können uns immer nur auf eine Sache konzentrieren. Wir sollten uns von dem Mär-

66 Keller 2017.

chen verabschieden, dass wir unseren Fokus aufteilen können. Die Antwort auf diese Frage ist das Überraschungsei oder auch der Flummi für unser Glas. Es ist das, was wir priorisieren sollten. Das bedeutet nicht, dass wir nichts anderes mehr tun. Doch die *eine* Sache sollte priorisiert werden.

Die folgenden fünf Schritte in der Tabelle zeigen ein konkretes Vorgehen auf – sowohl für Sie persönlich als auch im Team.

Inhalt	Beschreibung
1. **Ein Ziel festlegen**	• Schreiben Sie im Team alle Ziele auf, die verfolgt werden. • Welches ist das *eine* Ziel, welches alle andere erleichtert bzw. überflüssig macht? Oder auch: Welches ist das *eine* Ziel für die nächste Woche, den nächsten Monat, die nächsten drei Monate? • Schaffen Sie eine klare Zielhierarchie. Wenn dieser Schritt am Anfang überfordert, kann er auch als Schritt drei durchgeführt werden, bevor die einzelnen Aufgaben angeschaut werden.
2. **Aufgabenliste erstellen**	• Schreiben Sie alle Themen und Aufgaben auf, die Sie bzw. das ganze Team haben. Sie können dies auch als Aufgabe für einen Monat machen und sich beobachten und jede Aufgabe notieren. • Auf diese Aufgabenliste kommt alles, wie zum Beispiel Teammeetings planen, durchführen, nachbereiten, Newsletter lesen, E-Mails beantworten etc.
3. **Aufgaben analysieren und die Spreu vom Weizen trennen**	Analysieren Sie jede Aufgabe mit den folgenden Fragen: • Zahlt die Aufgabe auf unser Ziel, das *eine Ziel,* ein? Oder auf welches und wessen Ziel zahlt sie ein? • Ist die Aufgabenerledigung, das Ergebnis wirkungsvoll? • Was passiert, wenn wir diese Aufgabe nicht erledigen? Wenn nichts passiert, wird diese Aufgabe gestrichen.
4. **»The ONE Thing« festsetzen**	Was ist die EINE Aufgabe, die alles andere ermöglicht und erleichtert? Dies kann eine Aufgabe für das gesamte Team sein oder eine Aufgabe für jeden Mitarbeitenden persönlich.

Inhalt	Beschreibung
5. **Einfach machen. Und Nein sagen. Radikal.**	Nachdem Sie das wichtigste Ziel und dazu die wichtigste Aufgabe gefunden haben, transferieren Sie dies in den Kalender. • Die EINE Sache übersetzen Sie in ein Zwischenziel. • Was ist das Zwischenziel für den nächsten Monat? Was ist die eine Sache, die Sie im nächsten Monat tun können, um das übergeordnete Ziel zu erreichen? • Dies wird dann weiter heruntergebrochen auf Wochenziele: Was ist die eine Sache, die Sie diese Woche tun können, um das Monatsziel zu erreichen? • Und was können Sie täglich dafür tun, was ist am jeweiligen Tag die eine Sache, um das Wochenziel zu erreichen? • Für diese eine Sache sollten Sie am Tag nicht mehr als 90 Minuten benötigen. Besser sind 30–60 Minuten. Dies wird priorisiert. • Am besten erledigen Sie diese Aufgabe direkt als Erstes. Das befreit und macht einen freien Kopf für den Rest des Tages. Denn Sie wissen dann, ich habe das Wichtigste bereits erledigt. • Lassen Sie sich im Zeitfenster für die eine Sache nicht ablenken. Sagen Sie Nein zu Störungen, Unterbrechungen und Ablenkungen. • Setzen Sie sich dazu einen Termin in den Kalender. Sie können dies auch im Team verankern, indem in der Zeit von 9:00 – 10:00 Uhr kollektiv individuell an der einen Sache gearbeitet wird.
Das Tagesgeschäft produktiv erledigen	Was ist dann mit dem Tagesgeschäft, bleibt das liegen? Nein. Das Tagesgeschäft kommt danach und wird mithilfe der Kernfrage ebenfalls strukturiert. Zum Beispiel mit: Welches ist die EINE Sache, die jetzt im Kundenprojekt alles leichter machen würde? Das könnte ein kurzer Anruf sein, um den Kunden über den neuen Status zu informieren oder etwas kurz nachzufragen. Oder es könnte das Gespräch mit dem Kollegen sein, um seine Meinung zu einem Thema zu hören.

Tabelle 15: Fünf Schritte für mehr Produktivität
Quelle: Eigene Darstellung in Anlehnung an Gary Keller, The One Thing

Dieses Vorgehen eignet sich für einzelne Projekte, um das Projektziel zu schärfen. Oder aber Sie nutzen die Fragestellungen als Rahmen, wenn Sie zusammen mit dem Team eine Strategie erarbeiten. Zugleich nutze ich als Coach diese Struktur, wenn sich Teams überlastet fühlen.

Ein entscheidender Moment ist oftmals, wenn die Führungskraft des Teams ihre Gedanken zur Zielhierarchie und zur Priorisierung explizit äußert. Anhand dessen können die Themen und die *One Things* dann klar ausgerichtet und diskutiert werden. Gemeinsam kann dann eine Haltung sowie das weitere Vorgehen zu Themen entwickelt werden, die nicht mehr ins Glas passen. Zusammen wird zum Beispiel abgestimmt, wer betroffen und informiert werden muss.

Das Konzept der radikalen Reduktion und Konzentration ist im ersten Moment ungewöhnlich. Bei Problemen neigen Menschen dazu, Dinge hinzuzufügen und mehr zu machen, statt weniger. Dies ergab auch eine Untersuchung, bei der Wissenschaftler Probanden an verschiedenen Problemstellungen arbeiten ließen, zum Beispiel instabile Lego-Figuren ins Gleichgewicht zu bringen. Die Teilnehmenden neigten zum Hinzufügen von Dingen. Doch das Entfernen von Elementen hätte die Statik eher gefördert. Eine Schlossfolgerung der Studie ist, dass Mitarbeitende darauf aufmerksam gemacht werden müssen, dass Weglassen eine Option ist.[67]

Auf einen Blick

- Soziale Unterstützung ist eine wichtige Ressource, die in der täglichen Zusammenarbeit unterstützt und Stress abpuffert.
- Selbst- und mitverantwortliches Handeln wird immer wichtiger in vernetzten Arbeitswelten.
- Es gibt unterschiedliche Bereiche, auf die wir unsere Aufmerksamkeit und Energie ausrichten können: Den inneren Kreis der eigenen Kontrolle. Der mittlere Kreis besteht aus Beziehungen und Themen, die wir beeinflussen können. Der äußere Kreis der Sorgen aus Dingen, die wir weder beeinflussen noch verändern können.
- »Was ist die *eine* Sache, die alles andere leichter oder überflüssig macht?« ist eine gute Frage, um sich zu fokussieren.

Reflexionsfragen

- Für welche Themen fühle ich mich verantwortlich und für welche nicht? Was wäre, wenn Sie doch eine Mitverantwortung haben – welche Folgen hätte es für Sie, was würden Sie anders machen?
- Wie antworte ich auf die kleinen und großen Fragen im Joballtag? Habe ich das gemeinsame Ziel, die Kollegen, den Kunden *mit* im Blick oder nur mich selbst?
- Bei welchen Themen können Sie sich und Ihrem Team Energie sparen, in dem Sie sich mehr auf den inneren Einflusskreis konzentrieren?

67 Aus »ada | Brief aus der Zukunft – Ausgabe vom 23. Mai 2021«.

- Was ist jetzt wichtig?
- Was ist die *eine* Sache in Ihrem Führungsalltag, die alles andere leichter oder sogar überflüssig macht?

Digitale Extras

- Arbeitsblatt 13 »Selbsteinschätzung Zusammenarbeit Hand«
- Arbeitsblatt 14 »Selbsteinschätzung Kleine Tugenden Hand«
- Arbeitsblatt 15 »Fünf Schritte für mehr Produktivität«
- Video-Link https://www.youtube.com/watch?v=SqGRnlXplx0 »A valuable Session for a happier life« zur Erklärung der Glas-Analogie

6.4 Teamprozesse, die Mitverantwortung und Energie steigern

Im abschließenden Kapitel finden Sie verschiedene strukturelle Elemente, die die Zusammenarbeit verbindlicher gestalten. Dabei erfahren Sie vor allen Dingen, wie Sie Mitarbeitende zu einem mitverantwortlichen Agieren in Terminen aktivieren können. Zuletzt gibt es Impulse, wie Sie und Ihr Team in Urlaubszeiten besser abschalten. Meetings verbindlicher gestalten

Den Hauptteil der Arbeitszeit verbringen viele Menschen in Meetings. Dabei vergehen nicht wenige Meetings, die ohne Agenda geschehen, wo es kein klares Ziel gibt und ohne dass festgelegt wird, wer was bis wann macht. Jeder verlässt sich auf jeden, sodass am Ende oftmals nichts passiert. Oder es werden nächste Schritte vereinbart, doch diese werden dennoch nicht umgesetzt. So verpufft die Energie und damit auch die Motivation.

Mit Hand führen und zusammenarbeiten heißt, die Meetings gut vorzubereiten, vom Ende her zu denken und immer die konkreten, nächsten Schritte zu forcieren. »Ja, das müsste man mal machen.« oder »Ja, das gehen wir mal an« ist viel zu unkonkret, als dass sich eine Person konkret angesprochen fühlt.

Meetings gut vorbereiten und Aufgaben verteilen

Was möchten Sie am Ende des Meetings erreicht und entschieden haben? Wen und was benötigen Sie dazu? Denken Sie vom Ende her. Gibt es Materialien, die Sie im

Meeting vorstellen möchten? Vielleicht ist es sinnvoll, diese Materialien und Präsentationen vorab an die Teilnehmenden zu verschicken mit der Bitte, sich diese durchzulesen. Im Termin haben Sie dann mehr Zeit, Fragen zu beantworten und zu diskutieren.

Überlegen Sie auch, wen Sie für die Fragestellungen und Entscheidungen benötigen. Informieren Sie Kollegen aus anderen Bereichen und laden Sie diese zum Termin ein. Holen Sie das »ganze System« in den Raum, über den eigenen Bereich hinweg. Damit sind alle Personen gemeint, die von dem entsprechenden Thema betroffen sind oder dazu etwas Wichtiges beitragen können.

Verteilen Sie die Aufgaben eines Termins. Präsentieren Sie nicht alleine, brainstormen Sie nicht alleine, sondern geben Sie Mitarbeitenden Raum und somit auch das Gefühl der Mitverantwortung.

Nächste Schritte vereinbaren

Reservieren Sie am Ende einer Besprechung mindestens fünf Minuten Zeit, um die nächsten Schritte zu vereinbaren:

- Was sind die konkreten nächsten Schritte? Stellen Sie sicher, dass es ein einheitliches Verständnis der Erwartungen gibt.
- Wer macht das und bis wann?
- Was ist die EINE Sache, die sich die einzelnen Beteiligten mitnehmen?
- Wann verfolgen wir es nach?

Haken Sie zu den vereinbarten Terminen nach, ob die Aufgaben erledigt sind. Es ist banal und doch so wirksam. Ich beobachte es immer wieder – egal ob es im Topmanagement oder im mittleren Management ist –, dass Aufgaben und Vereinbarungen getroffen jedoch nicht nachverfolgt werden. Hier schließt sich dann der Kreis zum Prinzip »Führen mit Kopf«. Wir erleben die Menschen als weniger berechenbar und vertrauen ihnen dementsprechend weniger. Was steckt dahinter? Es ist vielleicht die Angst, als Führungskraft konsequent zu sein, unbequem zu sein oder auch einen Konflikt bzw. ein unangenehmes Gespräch zu führen. Ich kann Ihnen versichern, dass sich die meisten Mitarbeitenden konsequente Führung wünschen. Menschen wünschen sich nicht nur, dass positives Verhalten gelobt, sondern auch unerwünschtes, negatives Verhalten konsequent angesprochen wird.

Letztlich geht es nicht um das Anschwärzen einzelner Personen, sondern um den gemeinsamen Erfolg als Team und die Chance, zu lernen, was es mehr braucht, um mehr in die Aktion zu kommen.

!

Aufgaben und Termine in die Wiedervorlage legen

Legen Sie sich Aufgaben, Erinnerungen und Maßnahmen auf »Wiedervorlage«. Diesen Begriff und das System kennen längst nicht mehr alle im Zeitalter von Sprints und Kanban-Boards. Kennen Sie noch die Wiedervorlagen-Mappe? So eine schwarze große Mappe mit Fächern mit den Zahlen 1–31, pro Monatstag ein Fach.
Dieses Wiedervorlagesystem diente dazu, dass Vorgänge nicht in Vergessenheit geraten. Liegt ein Vorgang in der Wiedervorlage, erinnert er nachzuhaken oder den nächsten Schritt zu tun. Sie können auch mit einer digitalen Wiedervorlage arbeiten, in dem Sie sich kleine Termine im Online-Kalender zum Beispiel für Follow-up-Gespräche, zum Nachfassen und Erinnern eintragen.

6.4.1 Delegierter Meeting Prozess

Möchten Sie Ihre Meetings noch verbindlicher und vor allen Dingen mitverantwortlicher gestalten, ist dieser Impuls etwas für Sie. Das Unternehmen mymuesli führte im Rahmen seiner Organisationsentwicklung die Meetingstruktur »Delegierter Meetingprozess« ein. Dieser hat seine Wurzeln in dem Organisationskonzept der Holokratie und soll vor allen Dingen Klarheit über Projekte und die nächsten Schritte unterstützen[68]. Grundvoraussetzung ist aber, dass sich alle Teilnehmenden mitverantwortlich einbringen. Entweder, weil sie ein Thema einbringen oder weil sie sich auf den Termin vorbereiten und im Termin mitmachen.

Der Ablauf eines delegierten Meetingprozesses, wie er bei mymuesli praktiziert wird:

1. Agenda erstellen: Vor dem Termin wird eine Agenda eröffnet. Bis spätestens 48 Stunden vor dem eigentlichen Meetingtermin tragen die Teilnehmenden ihre Agendapunkte ein. So können sich alle Teilnehmenden vorbereiten.
2. Die Agendapunkte werden beschrieben und sollen drei Faktoren beinhalten:
   a) Was ist die jetzige Ausgangssituation, was ist das Problem, welches gelöst werden soll?

68 Konzept dargestellt in Anlehnung an Neue Narrative – Das Magazin für Neues Arbeiten, Ausgabe 11, Seite 80, Artikel Selbstorganisation bei mymuesli.

   b) Wie sehen der Zielzustand und die eigene Lösungsidee aus? Woran ist deutlich, dass der Agendapunkt erledigt ist?
   c) Auf welches Teamziel zahlt der Agendapunkt ein?
3. Zu jedem Agendapunkt wird angegeben, was die Person benötigt. Es gibt dazu drei Möglichkeiten:
   a) Informationen teilen
   b) Beratung und Unterstützung einholen
   c) Kreative Zusammenarbeit erforderlich
4. Die Teilnehmenden bereiten sich auf das Meeting vor, indem Sie sich die Agenda durchlesen.
5. Das Meeting wird durchgeführt mit folgenden Punkten
   a) Check-in
   b) Agendapunkte abarbeiten mit den jeweiligen Verantwortlichen
   c) Check-out
6. Themen werden nachbereitet.

Diese Meetingstruktur vereint verschiedene Aspekte aus dem Prinzip »Führen und Zusammenarbeiten mit Kopf und mit Hand«. Einerseits ist es ein klarer Rahmen, an dem sich alle Beteiligten orientieren sollen. Zum anderen werden sich durch die intensive Vorbereitung die Teilnehmenden und die Einbringer der Agendapunkte klarer über ihr Anliegen und bringen es eigenverantwortlich ein. Die übergeordneten Teamziele sind präsent und werden mit den Agendapunkten verknüpft. Jeder ist zugleich mitverantwortlich am Ergebnis des Meetings – durch die Vorbereitung und auch das Vordenken von eigenen Lösungen und dem, was eigentlich gebraucht wird.

6.4.2 Verbindlicher und nachhaltiger zusammenarbeiten

Die große Herausforderung ist, nachhaltig an einer Verbesserung der Zusammenarbeit dranzubleiben – ohne ständig dazu Workshops zu machen. Ein hervorragendes Instrument dazu sind teaminterne Feedbackschlaufen[69]. Diese beziehen alle Beteiligten mit ein.

69 Dieses Konzept habe ich von Dennis Chan beim freiraumcamp 2019 kennengelernt. Dennis Chan ist ein Transformationsmanager der Sparkasse Hamburg.

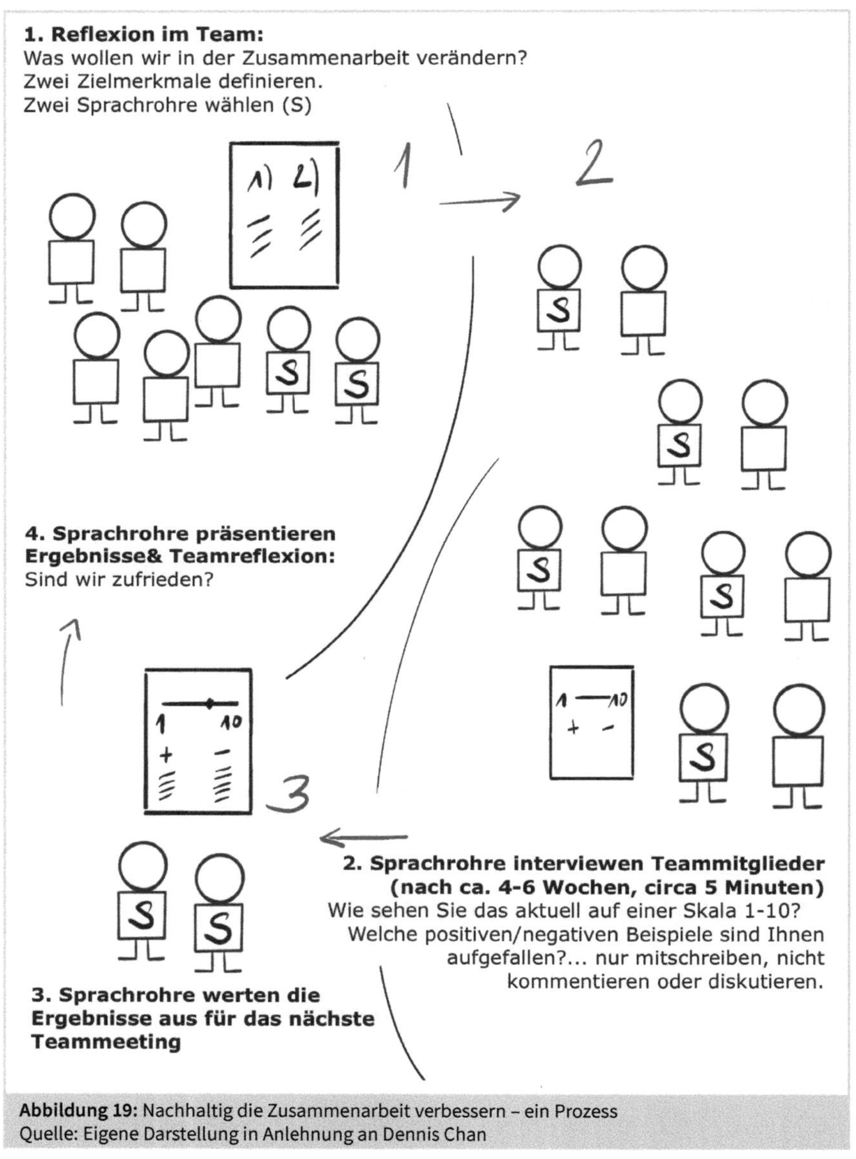

Abbildung 19: Nachhaltig die Zusammenarbeit verbessern – ein Prozess
Quelle: Eigene Darstellung in Anlehnung an Dennis Chan

Eine Vereinbarung am Ende eines Termins oder Workshops könnte zum Beispiel sein: »Wir werden weniger meckern und uns mehr auf unseren Einflusskreis konzentrieren.« Im Team werden nun zwei Mitglieder gesucht, die dieses Vorhaben strukturiert in den nächsten 6–8 Wochen beobachten. Diese beiden sind die internen Lotsen. Den Zeitraum legt das Team gemeinsam fest. Ebenso gehört zum Prozess, dass die zwei Lotsen in diesem nächsten Zeitraum alle Teammitglieder und auch Sie als Führungskraft kurz individuell befragen. Die Kurzinterviews erfolgen spontan, ohne vorherige Ankündigung, und beinhalten folgende zwei Fragen:

- »Auf einer Skala von 1–10 – wo sehen Sie uns uns bei diesem Ziel?«
- »Welche konkreten Beispiele, gut oder negativ, sind Ihnen aufgefallen?«

Die Antworten werden dokumentiert und nicht kommentiert. Das Interview dauert 3–5 Minuten. Die Ergebnisse stellen die zwei Verantwortlichen im nächsten Termin vor. Dadurch, dass nicht klar ist, wann die Kurzinterviews stattfinden, ist das Team in der gesamten Zeitspanne aufmerksam und wach.

Die beiden Lotsen stellen im Termin die Ergebnisse vor: den gemittelten Wert auf der Skala sowie die Nennungen der positiven und negativen Beispiele und Erfahrungen. Im Team entscheiden Sie gemeinsam, ob Sie mit der Zielerreichung zufrieden sind oder weiter daran arbeiten möchten. Sie könnten dann ein neues Ziel definieren.

6.4.3 Abschalten, statt immer erreichbar zu sein

Damit Sie kraftvoll führen und auch Ihr Team engagiert dabei ist, brauchen Sie Energie. Eine tägliche, wichtige Regenerationsquelle dafür ist der Schlaf[70]. Darüber hinaus sind Urlaube zum Erholen da – und nicht zum Arbeiten. Dennoch sind laut einer Bitkom-Studie[71] aus dem Jahr 2020 70 % der Arbeitnehmer im Urlaub erreichbar. Mehr als 60 % bieten die telefonische Unterstützung oder den Kontakt per SMS/Messenger an. Ein Drittel ist per E-Mail verfügbar und 13 % nimmt sogar an Video-Calls teil, wenn es notwendig erscheint.

Diese Zahlen sind erschreckend, denn so fahren die Firma und alle Projekte unterschwellig in den Urlaub mit. Man ist ständig auf Bereitschaft, statt komplett abzu-

70 Ein fantastisches Buch über die Bedeutung des Schlafes ist »Why we sleep« bzw. »Das große Buch vom Schlaf« von Matthew Walker.

71 Quelle https://www.bitkom.org/Presse/Presseinformation/7-von-10-Berufstaetigen-sind-im-Sommerurlaub-dienstlich-erreichbar, abgerufen am 15. April 2021.

schalten. Ein richtiger Erholungseffekt kann so nicht eintreten, denn Sie sind weder komplett im Urlaub noch völlig präsent in der Firma.

Was steckt dahinter? Ist es das Gefühl, etwas zu verpassen oder unentbehrlich zu sein? Ist es ungewohnt, offline zu sein? Oder ist es in, immer busy zu sein? Ist es normal in der Organisation, dass die Führungskräfte verfügbar sind? Es ist eine spannende Frage, die nur Sie sich ehrlich beantworten können.

Fakt ist, dass wir nicht dauerhaft produktiv und kreativ sein können. Jeder Mensch benötigt Pausen. »Die Kunst des Ausruhens ist ein Teil der Kunst des Arbeitens.« ist ein schönes Zitat des amerikanischen Autors John Steinbeck. Vielleicht gibt Ihnen der Gedanke des Zitats eine innere Erlaubnis, abzuschalten und sich auszuruhen, damit Sie dann wieder gut durchstarten können.

Beachten Sie auch, dass Ihre Erreichbarkeit im Urlaub sich implizit auch auf Ihre Mitarbeitenden auswirkt. Sie nehmen dann an, dass auch sie eher erreichbar sein müssten. Daher gehen Sie bitte mit gutem Beispiel voran!

!

Im Urlaub abschalten

- Erstellen Sie eine Projektübersicht. Was ist der aktuelle Status, was sind mögliche nächste Schritte während der Abwesenheit und wer sind Ansprechpersonen?
- Informieren Sie Ihre wichtigsten Projektpartner, Kollegen, Schnittstellen mit ein paar Wochen Vorlauf, dass Sie im Urlaub sein werden. Fragen und besprechen Sie, was es vorher noch zu klären gibt. So vermeiden Sie Überraschungen und einen vollen Terminkalender in den letzten Tagen vor dem Urlaub.
- Besprechen Sie mit Ihrem Team Ihre Urlaubszeit und dass Sie aus guten Gründen offline sein möchten. Benennen oder organisieren Sie zusammen einen oder auch zwei Vertreter für Sie.
- Machen Sie mit Ihren Vertretern eine ausführliche Übergabe Ihrer Aufgaben bzw. zusammen mit der Projektliste. Dies kann durchaus am vorletzten Tag vor Ihrem Urlaub sein. So haben alle Beteiligten noch einmal Zeit, die Aufgaben und Themen zu vertiefen und an Ihrem letztem Tag vor dem Urlaub noch Fragen zu stellen.
- Definieren Sie zusammen mit den Vertretern, in welchen Notfall- und Ausnahmesituationen Sie wie erreichbar sein möchten. Was ist ein Notfall, eine Ausnahme? Wie möchten Sie kontaktiert werden? Ich empfehle hier eine SMS- oder WhatsApp-Nachricht, in der die Vertreter schon kurz das Anliegen umreißen. Daraufhin können Sie sich dann telefonisch melden. Hier können Sie auch eine Telefonnummer – zum Beispiel Ihrer Frau oder Ihres Ehemanns – angeben. So könnten Sie Ihr Telefon zu Hause lassen.

- Aktivieren Sie einen Abwesenheitsassistenten, in dem Sie Ihre Vertreter mit den jeweiligen Kontaktdaten benennen.
- Blocken Sie sich am ersten Tag nach Ihrer Rückkehr den Vormittag oder auch den ganzen Tag (je nach Urlaubslänge), um Ihre E-Mails zu sichten und sich mit Ihren Vertretern auszutauschen.

Probieren Sie dies für sich aus und oder ermutigen Sie auch Ihre Mitarbeitenden mit dieser Liste, entspannt in den Urlaub zu gehen.

Auf einen Blick:

- Meetings sind eine sehr gute Chance, dass alle Mitarbeitenden mitverantwortlich am Termin teilnehmen, zum Beispiel durch das Meetingformat »Delegierter Meetingprozess«.
- Möchten Sie die Zusammenarbeit nachhaltig und kontinuierlich verbessern, eignen sich Feedbackschleifen. Dadurch wird jeder gefordert, an den vereinbarten Maßnahmen dranzubleiben.
- Ganz pragmatisch ist die Teamenergie zu steigern, indem Sie sich selbst und Ihr Team ermutigen, im Urlaub wirklich abzuschalten.

Reflexionsfragen:

- Wie zufrieden sind Sie aktuell mit der Durchführung von Meetings?
- Bei welchen Meetings möchten Sie die Mitarbeitenden mitverantwortlicher beteiligen?

Digitale Extras:

- Praxisbeispiel mymuesli https://www.ihk-niederbayern.de/blueprint/servlet/resource/blob/4583114/0559f3d58e313f69b10126674bab6b15/fachkraeftesicherung-praxisbeispiel-mymuesli-data.pdf
- Arbeitsblatt 16 »Vorlage für eine Agenda zu einem Delegierten Meeting Prozess«
- TED Talk von Matthew Walker zum Thema Schlaf https://www.ted.com/talks/matt_walker_sleep_is_your_superpower?utm_campaign=tedspread&utm_medium=referral&utm_source=tedcomshare

7 Praxisleitfaden: Transformationsprojekte souverän und menschlich gestalten

In diesem Kapitel schauen wir uns die drei Prinzipien für eine erfolgreiche Zusammenarbeit im Kontext von Veränderungsprojekten an. Sie werden chronologisch verortet. Sie finden Antworten auf die Fragen:

- Worauf ist wann zu achten, wenn es um ein Transformationsprojekt geht?
- Was bedeuten die drei Prinzipien in den verschiedenen Phasen von Veränderungsprojekten?
- Wann setze ich welchen Schwerpunkt?

Sie lernen fünf Phasen von Veränderungsprojekten sowie drei Teamentwicklungsstadien kennen. Diese Phasen können Sie auf eine Zusammenarbeit und sogar auf die Zusammenarbeit in Veränderungsprojekten übertragen. Darüber hinaus werden wir uns mit der sogenannten Transformationsschwelle beschäftigen. Sie erfahren sieben Schritte, wie Sie diese persönlich und mit Ihrem Team überwinden.

Die Phasen und die Transformationsschwelle verorten wir im Transformationsmodell, sodass es einfach und nachvollziehbar bleibt. Sie bekommen dadurch einen guten Rahmen, in den Sie sich, Ihr Team und die Organisation einordnen können. Gleichzeitig integrieren wir die bisherigen Inhalte und vertiefen diese.

Die Intention ist, dass Sie sich selbst und Ihr Team besser einschätzen, besser steuern und dadurch Veränderungen und die Zusammenarbeit leichter gestalten, sodass Transformationsprojekte mehr Lust und weniger Frust bereiten.

Die meisten Transformationsprojekte laufen unrund und frustrierend, weil die Kernprinzipien von Veränderungsprozessen nicht beachtet werden. Daher möchte ich Ihnen in diesem Kapitel die Kernprinzipien und Kernphasen von Veränderungsprozessen aufzeigen. Dies sensibilisiert Sie, wenn Sie als Führungskraft oder interner Coach arbeiten. Sie erhalten konkrete Tipps und Hinweise, auf was Sie in den verschiedensten Phasen achten sollten. Ich beobachte, dass immer mehr Führungskräfte interne Veranstaltungen moderieren. So verschmelzen diese beiden Rollen. Wo es mir angemessen erscheint, gebe ich Einblicke und Tipps aus meiner Erfahrung als Prozessbegleiterin.

Viele Organisationen und Teams möchten agiler zusammenarbeiten. Daher finden Sie dies als ergänzendes Praxisbeispiel zu den theoretischen Ausführungen.

7.1 Kernphasen von Veränderungen und Zusammenarbeit verstehen

7.1.1 Mit der Theorie U von A nach B: Fünf Phasen von Veränderungen

Würden Veränderungen linear verlaufen und wären sie planbar, würden alle Veränderungsprojekte erfolgreich sein. Doch so ist es nicht. Veränderungen laufen nicht linear und logisch von A nach B. Vielmehr durchlaufen Sie durch einen U-Prozess. In diesem U wiederum sind gemäß der Theorie U fünf Phasen enthalten[72]. Diese Phasen vereinfachen jeden Prozess. Sie können als übergeordneter Rahmen dienen, wenn Sie Meetings, Workshops oder Prozesse organisieren. Jedes Gespräch, jede Begegnung kann mit dem U wirkungsvoller gestaltet werden.

Nachfolgend erfahren Sie die Grundprinzipien der fünf methodischen Phasen im U-Prozess. Diese sind kurz und knackig zusammengefasst. Sie lassen sich hervorragend an das bildliche Transformationsmodell andocken.

Die Phasen sind in der Übersicht:
1. Gemeinsame Intentionsbildung
2. Gemeinsame Wahrnehmung
3. Gemeinsame Willensbildung
4. Gemeinsames Experimentieren
5. Gemeinsames Gestalten

Bei einem linearen und logischen Verlauf wird von einer technisch zu steuernden Veränderung ausgegangen. Wenn ein Geschehen passiert, tritt etwas anderes ein. In der Theorie U wird hingegen der Mensch mit seinen Bedürfnissen integriert. Dieser Ansatz ist somit deutlich menschlicher und realistischer. Dies wird ebenfalls durch die Bezeichnung der Phasen deutlich. Es ist ein gemeinsamer Prozess.

72 Scharmer 2015, S. 47.

Die fünf Phasen lassen sich sehr gut im Transformationsmodell verorten:

Abbildung 20: Die Phasen des Theorie U-Prozesses
Quelle: Modifiziert nach Otto Scharmer, 2015

Phase 1: Eine gemeinsame Intention bilden

In dieser ersten Phase geht es um eine gemeinsame Intentionsbildung. Fragen aus dem Prinzip »Führen mit Herz« stehen im Vordergrund, wie zum Beispiel »Wozu machen wir das?«, »Was sind unsere Zielsetzungen und größten Hoffnungen für das Projekt bzw. für diesen Termin?«

Es sind die Fragen nach der Bedeutung, die hier gestellt werden sollten. In dieser Phase verbinden sich die Teilnehmenden mit dem Projekt. Sie fühlen die Bedeutung des Themas für sich persönlich. »Führen mit Herz« steht im Vordergrund. Die Mitarbeitenden sollen das Gefühl haben, dass sie gesehen und respektiert werden.

Diese Phase kann unterschiedlich lang sein. Sie kann ein paar Minuten oder auch ein paar Tage dauern. Dies hängt davon ab, wie komplex das Thema und die Fragestellung sind.

In dieser ersten Phase ist die Intention, gemeinsam im Thema anzukommen. Als Führungskraft ist es wichtig, zu signalisieren, dass Sie den Anfang einer Projektphase oder eines Termins so gestalten, dass sich alle willkommen und sicher fühlen. Die persönliche, wohlwollende Haltung ist wichtig.

Im Modell bedeutet es, dass sich die Beteiligten am Anfang einer Brückenüberquerung sammeln und reflektieren:

- *Wozu* wollen wir das Haus verlassen und die Brücke queren?
- Wozu wollen wir alte Muster verlassen und uns auf unsicheres Terrain begeben? Was erhoffen wir uns davon?

Auch in einem Gespräch oder einem alltäglichen Termin sollten wir die Phase berücksichtigen. Dies kann kurz und knapp erfolgen, indem wir darstellen, was die eigene Zielsetzung für den Termin ist und auch abfragen, was für die Teilnehmenden wichtig ist. Die Frage »Wozu kommen wir heute zusammen?« sollte beantwortet werden.

Phase 2: Eine gemeinsame Wahrnehmung der Situation schaffen

Nachdem die Zielsetzung und Intention für den Termin oder das Projekt abgestimmt sind, wird eine gemeinsame Sichtweise entwickelt. Kernfragen für diese Phase sind:

- Wie schauen die Beteiligten auf die Situation?
- Was sind die Herausforderungen und Probleme?
- Welche Ressourcen sind schon da? Welche Ideen gibt es?
- Welche Meinungen und Wahrnehmungen gibt es zu Begriffen und Zielsetzungen?

Es geht darum, sich offen auszutauschen, viele Meinungen und Sichtweisen zu hören, möglichst offen zuzuhören und neugierig zu sein sind die Ausrichtungen als Führungskraft. Erinnern Sie sich an die Parabel vom Elefanten.

Die Teilnehmenden werden in dieser Phase unterstützt, die Situation und die Zusammenhänge zu verstehen. Im Modell heißt dies übersetzt: Alle schauen gemeinsam auf die jetzige Situation und das Zielbild sowie den Weg dazwischen. Fragen dürfen und sollen gestellt werden. Ideen sollen geäußert werden. Dies wird offener erfolgen, wenn es eine gute erste Phase der gemeinsamen Intentionsbildung gab.

Es kann sein, dass sich durch mehr Informationen nicht nur die Verstehbarkeit erhöht. Manchmal werden die Menschen dadurch auch unsicher. Die Beteiligten bewegen sich vermutlich mehr in Richtung des Flusses der Unsicherheit. Zugleich erleben die Beteiligten im Idealfall, dass ihre Meinung und Erfahrung einen Wert hat und dass es sich lohnt, die eigene Wahrnehmung zu äußern. Hier sind Sie als Führungskraft gefragt, offen und zugleich stabil in der Richtung zu sein.

Es ist wirkungsvoll, nicht nur den Kopf in diese Phase mit einzubeziehen, sondern auch das Herz und die Hand. Mit den verschiedenen Perspektiven werden alle Aspekte einer Wahrnehmung angesprochen. So wird diese Phase menschlicher.

Perspektive	Leitfragen
Kopf – Denken	• Wie verstehen wir die Aufgabe, die Herausforderung? • Welche Fragen tauchen auf? • Worauf sind wir neugierig?
Herz – Gefühle	• Welche Gefühle tauchen auf? • Worauf haben wir Lust? • Wie fühlen sich wohl andere Stakeholder mit der Situation?
Hand – Mut	• Was sind zentrale Herausforderungen für uns? • Welche Stärken und Ressourcen helfen uns? • Welche Knackpunkte sehen wir?
Übergeordnet – Zukunft	• Was nehmen wir als Erfolgsfaktoren für das Projekt wahr? • Welches Zukunftspotenzial entfaltet sich durch die Umsetzung?

Tabelle 16: Eine Situation mit vier Perspektiven wahrnehmen
Quelle: Modifiziert nach Christine Wank

Phase 3: Eine gemeinsame Idee von der Zukunft entwickeln

Wo generieren Sie Ideen oder haben gute Einfälle für Fragestellungen? Zumeist passiert dies nicht, wenn Sie angestrengt am Schreibtisch sitzen, sondern wenn Sie sich entspannen und das Thema losgelassen haben. Zum Beispiel, wenn Sie spazieren gehen oder duschen.

Dies ist der Grundgedanke für die nächste Phase. Es gilt nach einem aktiven Austausch und nach dem eher konzentriertem Arbeiten bewusst die Thematik loszulassen und eine Pause zu machen. In einem längeren Termin kann dies durch eine Pause passieren. Bei einem längeren Workshop ist im besten Fall eine Übernachtung mit eingeplant, sodass diese Phase durch das Abendessen gestartet wird, bevor am nächsten Tag konzentriert weitergearbeitet wird.

Die Kernfragen in dieser Phase können sein:

- Was ist die beste Zukunftsmöglichkeit?
- Was ist unser Zielbild und unser Ziel für die nächsten Wochen?

Um das Transformationsmodell wieder aufzugreifen, kann diese Phase damit verglichen werden, dass die Beteiligten vereinbaren, auf die Brücke über den Fluss der Unsicherheit zu gehen. Sie müssen diese noch nicht queren, doch sie bewegen sich von dem Haus heraus auf das Neue hinzu. Sie sagen Ja zum Neuen. Zugleich entsteht individuell und in der Gruppe ein besseres Gefühl davon, was sich hinter dem Neuen verbirgt.

Als Führungskraft ist es besonders wichtig, diesen Schritt und das anfängliche Vakuum auszuhalten, mitzumachen und verbindlich zu sein. In dieser Phase agieren Sie als Führungskraft aus der Haltung des Presencing heraus.

Phase 4: Gemeinsam das Neue ausprobieren

In dieser Phase geht es darum, die ersten Schritte in Richtung Zukunft auf der Brücke zu setzen. Es soll nicht mehr nachgedacht, analysiert und darüber geredet werden. Vielmehr ist das Ziel, in der Aktivität die Zukunft auszuprobieren, die Zukunft im Tun zu erkunden. Hier ist die Kernkompetenz des Prototypings aus dem Prinzip »Führen mit Hand« wichtig.

Stoppen Sie langatmige, theoretische Diskussionen. Ermutigen Sie, konkret in die Umsetzung zu gehen. Die ersten Schritte auf der Brücke in Richtung des Neuen werden gewagt und nach kurzer Zeit reflektiert. »Besser 80 % getan, als 100 % geträumt«, ist die Maxime. Es ist entscheidend diese Phase auch wirklich in Gang zu bringen, ins Tun zu kommen, statt im Kopf zu bleiben.

Für die meisten Teams ist hier eine Transformationsschwelle. Es bedeutet, alte Muster hinter sich zu lassen und das Neue zu wagen. Das Gute: Mit jedem Ausprobieren erhöht sich die Selbstwirksamkeit. Das bedeutet, dass die Menschen mehr und mehr an sich glauben. Erfolge werden sichtbar. Maßnahmen, die nicht gut funktionieren, können korrigiert werden. Entscheidend ist, die Folgen im Tun zu bewerten, statt Themen nur im Kopf hin und her zu bewegen. Auch wenn die Brücke wackelig ist, werden die Menschen mit jedem Schritt sicherer.

Phase 5: Gemeinsam das Neue gestalten

In der letzten Phase des U-Prozesses agieren die Beteiligten aus dem Klettergerüst heraus. Sie sind am Ziel angekommen. Das Agieren ist nicht nur untereinander verbundener als im Holzhaus. Vielmehr fühlen sich die Beteiligten auch verbunden mit einem größeren, übergeordneten System. Die reine Wirtschaftlichkeit und das Gewinnstreben sind nicht mehr die alleinigen Ziele. Vielmehr geht es zum Beispiel um nachhaltiges Wirtschaften, die Gestaltung eines Beitrages zum Gemeinwohl. Die Arbeit und die daraus entstehenden Aufgaben werden nicht mehr rein auf den Inhalt reduziert. Die Beteiligten sehen stattdessen immer mehr den gesamten Kontext, in dem sie agieren.

Theorie und Realität

Mit dem Wissen von diesen fünf Phasen können Sie sich nun fragen: Wie werden Veränderungen in Ihrer Organisation umgesetzt? Wie werden Sie mit neuen Strategien und Plänen konfrontiert?

In meiner Beratungs- und Coaching-Praxis beobachte ich, dass die Mitarbeitenden nur sehr selten mit einer gemeinsamen Phase der Intentionsbildung und einer gemeinsamen Wahrnehmung eingestimmt werden. Stattdessen startet die Kommunikation zumeist mit der Ansage, was jetzt anders gemacht wird. Es wird also direkt mit dem Gestalten auf der rechten Seite des U angefangen – ohne die Beteiligten einzubinden. Kein Wunder, dass das für Frust und Widerstand sorgt. Die Konsequenz: Die Mitarbeitenden gehen lieber ins Opfer- und Jammertal statt auf die Brücke.

Doch auch in den obersten Etagen wird oftmals die erste Phase sehr stark reduziert, wenn sie denn überhaupt stattfindet. Frage ich als Externe am Anfang einer Prozessbegleitung nach dem Wozu, dem Zielbild sowie dem Kontext der geplanten Maßnahmen, erhalte ich oftmals große Augen als Antwort. Nur sehr selten höre und sehe ich eine fundierte Intention in einer Unternehmensstrategie. Woran es nicht mangelt, sind Folien mit wirtschaftlichen Zielsetzungen, Maßnahmenplänen sowie Vorstellungen, wie dies theoretisch gehen soll. Dabei wird eine Komponente zumeist vergessen: der Mensch mit seinen Bedürfnissen nach Herz, Kopf und Hand.

Deshalb ist es wichtig, das Modell mit dem U-Prozess noch durch drei Stadien der Zusammenarbeit zu ergänzen. So haben Sie nicht nur den Überblick darüber, wie Veränderungen prozessual geschehen und optimal unterstützt werden sollten, sondern Sie ergänzen dies mit der menschlichen Sichtweise und den psychischen Bedürfnissen der Mitarbeitenden. So können Sie danach bestens einschätzen, was Ihre Mitarbeitenden nun von Ihnen benötigen.

7.1.2 Mit den Menschen von A nach B: Drei Stadien der Zusammenarbeit beachten

Nun verändern wir die Sichtweise. Wir versetzen uns in die Mitarbeitenden hinein. Wie geht es ihnen, wenn sie mit Neuerungen konfrontiert werden? Wie verhalten Sie sich und wieso? Was benötigen Sie von Ihnen als Führungskraft? Woher wissen Sie, was jetzt dran ist? Bestimmt haben Sie dafür schon ein gutes Gespür. Dieses können Sie mit den folgenden Seiten ergänzen und so noch sicherer sein.

Insgesamt gibt es drei Stadien der Zusammenarbeit[73]:

- **Angepasstes Stadium**: Die Menschen agieren abwartend, angepasst, sehr auf den Inhalt fokussiert und verschlossen. Sie sind unsicher. Widerstände gegenüber dem Neuen sind zu beobachten.

73 Wilmsen/Schaeffer 2020.

- **Aktives Stadium**: Die Zusammenarbeit ist offener und dialogorientierter. Die Menschen bewegen sich aktiv in Richtung des Ziels. Sie fühlen sich sicherer.
- **Verbundenes Stadium**: Die Menschen sind komplett mit dem Neuen, dem Ziel verbunden. Zugleich sehen sie nicht nur das Ziel, sondern interessieren sich auch für den höheren Kontext um das Ziel herum. »Sinnorientiertes« Arbeiten wird erlebt.

Diese Stadien lassen sich sehr gut mit den Phasen aus der Theorie U sowie dem Gesamtbild verbinden:

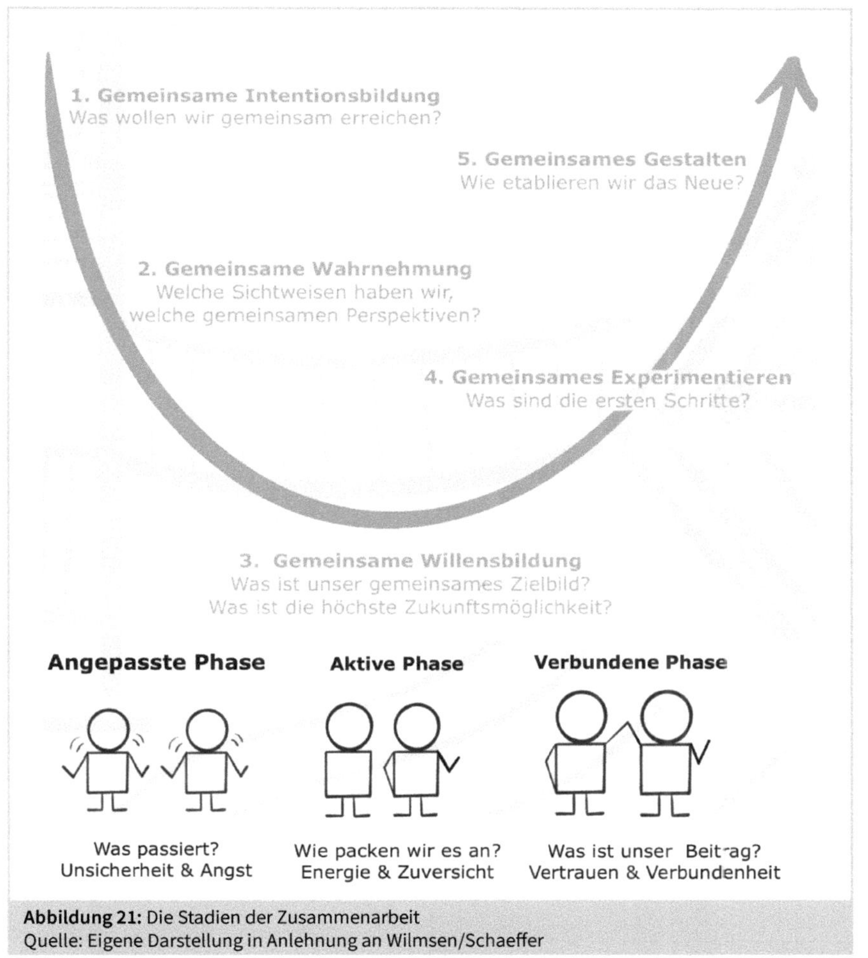

Abbildung 21: Die Stadien der Zusammenarbeit
Quelle: Eigene Darstellung in Anlehnung an Wilmsen/Schaeffer

Diese Stadien bauen aufeinander auf. Jedes Team wird diese Stadien durchlaufen, wenn es mit Neuerungen bzw. Veränderungen konfrontiert wird. Diese Veränderungen betreffen vor allen Dingen die strukturelle Ebene. Strukturelle Veränderungen sind neue Teamzusammensetzungen, eine neue Führungskraft, eine neue Strategie und Ausrichtung der Organisation insgesamt und natürlich auch die Nachricht eines umfassenden Stellenabbaus.

Diese Veränderungen wirken sich direkt auf die Teamkultur, also den dritten Quadranten aus. Symptome sind klar zu beobachten. Dementsprechend benötigt es eine sowohl andere innere Haltung als auch andere Kompetenzen von Ihnen als Führungskraft oder interner Coach. Darum soll es in den nächsten Kapiteln gehen.

Damit Sie sich orientieren können, erhalten Sie hier eine Übersicht über die Kennzeichen der drei Stadien sowie den empfohlenen Handlungsrichtungen für Sie. Diese Übersicht ist bestimmt nicht vollständig. Sie soll darüber hinaus beschreibend und nicht wertend sein. Sie dient dazu, dass Sie sich und Ihr Team einschätzen können.

	Angepasstes Stadium	**Aktives Stadium**	**Verbundenes Stadium**
Übergeordnete Situation	• Team wird direkt oder indirekt mit dem Neuen konfrontiert – oftmals unfreiwillig	• Menschen/Team sind mit dem neuen vertrauter und setzen erste Schritte	• Das Neue ist zur Gewohnheit geworden • Es wird Zeit für die nächste Neuerung
Bildlich	• Holzhaus als Heimat ist bedroht und wackelt • Nachricht, dass ich mich aus dem Holzhaus bewegen soll/muss	• Ich habe mein Holzhaus verlassen • Ich stehe auf der Brücke und gehe die ersten Schritte, fühle mich noch etwas wackelig	• Ich fühle mich sicher auf der Brücke • Ich bin mehr und mehr im Klettergerüst und fühle mich sicher im Neuen
Grundgefühle und Fragen bei den Menschen	• Unsicherheit – was heißt es für mich? • Ängste – werde ich noch gebraucht? • Schwindendes Selbstvertrauen – schaffe ich das?	• Freude über erste Erfolge und bessere Stimmung • Zuversicht – wir schaffen das • Vertrauen – ich verstehe besser, um was es geht • Ich fühle mich menschlich sicher und öffne mich mehr	• Vertrauen in sich selbst und in das Team • Verbundenheit mit dem Ziel und dem großen Ganzen

	Angepasstes Stadium	Aktives Stadium	Verbundenes Stadium
Symptome im Team, in der Zusammenarbeit	• Unsicherheiten und Ängste werden nicht offen gezeigt – aus Angst, als schwach zu gelten • Wenig offener Dialog – es wird wenig miteinander, sondern eher übereinander gesprochen • Abwartende Haltung, wenig Eigenverantwortung • Silodenken • Dienst nach Vorschrift • Ablehnung und Widerstand gegen das Neue	• Dialoge und Meetings werden offener, es wird mehr über Gefühle und Menschliches gesprochen • Mehr Eigenverantwortung wird übernommen • Engagiert für die Projekte, Ideen werden aktiver eingebracht • Silodenken bricht auf, es wird offener gedacht • Ggf. Arroganz ggü. anderen Teams, die noch in der reaktiven Phase sind	• Persönliche Bedürfnisse stehen weniger im Vordergrund • Mitarbeitende konzentrieren sich auf ein höheres Ziel/Purpose • Es wird über das persönliche und unternehmerische Ziel hinaus gedacht und agiert (z. B. mit sozialen Projekten, oder mit Reduktion der Gewinnmargen etc.)
	• Gestresstes Miteinander (fight, flight or freeze) – Konflikte werden aggressiv angesprochen, vermieden oder ausgesessen • Es geht eher um Rechthaben als um ein gemeinsames Lernen – als persönlicher Schutz- und Absicherungsmechanismus • Sich beweisen wollen im Team und auch gegenüber anderen Teams • Sehr angepasstes Verhalten, ggf. das Spiel »Wer ist das größere Opfer« • No go: Veränderungen einfach vorgeben ohne Erklärung und ohne angehört zu werden	• Unterschiedliche Meinungen und Bedürfnisse prallen aufeinander – es kommt zu Meinungsverschiedenheiten und Konflikten • Menschen zeigen sich ohne Maske, es wird mehr über Menschliches gesprochen • Machtkämpfe – »Ich« statt »Wir« – persönliche Interessen stehen weiter im Vordergrund; Konflikte werden persönlich genommen • Aber auch: Einige rennen vorweg und es geht ihnen zu langsam	

	Angepasstes Stadium	Aktives Stadium	Verbundenes Stadium
Hauptsächliche Bedürfnisse der Menschen	• Verstehen, worum es geht, was die nächsten Schritte sind, was erwartet wird – »Führen mit Kopf« • Sicherheit und Halt – vor allem in Bezug zur Führung – kann sie meine Ängste und Unsicherheiten aushalten? Werde ich »aufgefangen«? • Gesehen werden – mit meinen bisherigen Leistungen und auch mit meinen Gefühlen – »Führen mit Herz«	• Rückversicherung – ich möchte mit meiner Meinung ernst genommen werden • Belohnung des Mutes, sich zu äußern und zu engagieren (Handlungsspielraum, ernst genommen werden mit Ideen) • Maßnahmen sollen berechenbar sein	• Erfolge würdigen • Projekte abschließen
Geforderte Rolle als Führungskraft oder Prozessgestalter	• Guide – gibt Orientierung über die Veränderungen • Experte – gibt Sicherheit im Prozess, beantwortet Fragen	• Coach – stellt Fragen und unterstützt in der Potenzialentwicklung • Vermittler – vermittelt zwischen den Interessen	• Sponsor – fördert die Menschen in ihrer Entwicklung • Inspirator – kreiert neue Ideen

Tabelle 17: Kennzeichen der drei Stadien einer Zusammenarbeit
Quelle: Eigene Darstellung in Anlehnung an Wilmsen/Schaeffer

Da die Symptome der einzelnen Stadien zumeist selbsterklärend sind, gehen wir direkt zum nächsten Schritt über. In den nächsten drei Kapiteln werden Sie erfahren, wie Sie als Führungskraft oder interner Prozessbegleiter die Zusammenarbeit in den unterschiedlichen Stadien bestmöglich gestalten. Die meisten Impulse erhalten Sie zu zum ersten Stadium sowie dem Überwinden der Transformationsschwelle, da dort am meisten Unterstützung benötigt wird.

Die folgenden Bausteine sind meine persönlichen »Best-of«-Werkzeuge, die ich bei der Begleitung von Veränderungsprozessen anwende. Sie sind keine Garantie für den Erfolg. Doch die Bausteine machen verschiedene Veränderungsvorhaben besprechbar und dadurch machbarer. Sie sollen es Ihnen und Ihren Mitarbeitern erleichtern, die Veränderungen umzusetzen. Zum Teil wiederholen sich dabei die Tipps aus den vorherigen Kapiteln. Diese werden nun situativ und chronologisch sinnvoll eingeordnet.

Auf einen Blick:
- Veränderungen laufen nicht linear von A nach B, sondern nehmen einen U-Verlauf.
- Der U-Prozess hat fünf Phasen: Intention bilden, Wahrnehmen, Ziele setzen, Ausprobieren und Gestalten. Somit ist er ein gemeinsamer und menschlicher Prozess.
- Die Phasen einer Zusammenarbeit im Team werden in drei Stadien eingeteilt. Es gibt ein angepasstes, ein aktives sowie ein verbundenes Stadium.

Reflexionsfragen:
- Wie werden neue Strategien in Ihrer Organisation kommuniziert und umgesetzt? Bei welchen Phasen der Theorie U gibt es Maßnahmen?
- Wie reagieren Sie, wenn Sie mit Neuerungen konfrontiert werden? Wovon hängt Ihre Reaktion ab?
- Wie empfinden Sie aktuell die Zusammenarbeit innerhalb Ihres Kollegenkreises – angepasst, aktiv oder verbunden?
- Wo steht ihr Team, wie verhalten sich Ihre Mitarbeitenden? In welchem Stadium der Zusammenarbeit würden Sie es verorten?
- Welche Symptome und Bedürfnisse möchten Sie ergänzen?

Digitale Extras
- Arbeitsblatt 17 »Drei Stadien der Zusammenarbeit in der Übersicht«

7.2 Das angepasste Stadium gestalten: Menschen für das Neue aktivieren

Erinnern Sie sich einen kurzen Moment an eine Situation, in der Sie das erste Mal von einem Strategiewechsel oder einer Umstrukturierung gehört haben. Wie haben Sie sich gefühlt? Wie hat sich dies auf Ihre Stimmung und Motivation ausgewirkt? Was hätten Sie sich damals von den Managern gewünscht? Was fanden Sie gut, was hat Ihnen geholfen? Behalten Sie dies immer im Hinterkopf, wenn Sie mit Ihrem Team interagieren.

Wenn Sie Ihr Team oder die Zusammenarbeit durch ihre Reaktivität in diesem angepassten Stadium verorten, kann dies unterschiedliche Ursachen haben. Vielleicht sind Sie selbst gerade neu als Führungskraft im Team gestartet. Oder Sie erleben einen Stimmungswechsel als Folge auf einen angekündigten Kurswechsel des Unternehmens. Vielleicht haben Sie als Transformationsmanager die Aufgabe, diese Transformation nun umzusetzen und haben in einem ersten Termin gemerkt, dass es viele Widerstände gibt. Außerdem kann es sein, dass Sie ohne externen Anlass merken, dass die Mitarbeitenden sehr angepasst agieren.

Auf alle Fälle bemerken sie, dass dieses Verhalten nicht mehr passt – weder in die Zusammenarbeit mit Ihnen noch in die Zusammenarbeit für die Ziele der Gesamtorganisation. So gibt es insgesamt mindestens drei Anlässe/Situationen, wieso sich ein Team im angepassten Stadium befindet:

1. Als Reaktion auf eine neue Führungskraft oder auch ein neues Teammitglied
2. Als Reaktion auf eine neue Struktur oder Strategie
3. Als Dauerzustand, der sich eingeschlichen hat

Egal welches der Auslöser ist, Sie merken, dass es ruckelt und noch nicht rund läuft. Die Zusammenarbeit ist gehemmt. Gleichzeitig merken Sie, dass an dem Neuen kein Weg vorbei führt und Sie möchten, dass sich das Team sich so schnell wie möglich umstellt, damit es ihnen besser geht. Die Stimmung soll positiver und konstruktiver werden. Dies gelingt, indem Sie Ihr Team vor allen Dingen mit Kopf und mit Herz führen.

7.2.1 Als Schrittmacher führen: First pace, then lead

Vermutlich haben Sie sich schon länger mit der Umstrukturierung auseinandergesetzt. Sie waren auf Klausurtagungen, hatten diverse Abstimmungen mit der Geschäftsführung und Ihren Kollegen. Sie erinnern sich, dass Sie anfangs irritiert und unsicher waren, was genau die neue Strategie für Sie selbst und für Ihr Team bedeutet. Sie tappten im Nebel, hatten viele Fragen und fühlten sich unsicher. Mit jedem Gespräch wurde es klarer, worum es geht und mehr und mehr haben Sie verstanden und wirklich gefühlt, wozu die Richtungsänderung notwendig ist. Sie haben eine Haltung zum Neuen entwickeln können. Und genau diese Haltung benötigen Sie nun, wenn Sie sich mit Ihrem Team gemeinsam auf das Neue zubewegen.

Erinnern und beherzigen Sie die innere Haltung von »First pace, then lead« aus Kapitel 5.1. Mit Ihrem Wissens- und Erfahrungsstand befinden Sie sich vermutlich schon im aktiven oder auch verbundenen Stadium, also weiter rechts im Klettergerüst. Ihre Mitarbeitenden sind vermutlich noch im Holzhaus. Versetzen Sie sich in Ihr Team hinein:

- Welchen Wissensstand hat es?
- Welche Stimmungen in Bezug auf das Neue nehmen Sie wahr?
- Welche Fragen sind da? Welche Informationen benötigen sie?

Die Gefahr in diesem Stadium ist, dass Sie die Menschen inhaltlich und in der Beziehung überfordern, denn Sie sind bereits ein Stück auf dem neuen Weg gegangen. Sie sind vom Weg überzeugt, es gibt keine Zweifel mehr. Eine innere Überzeugung von »Jetzt aber los!« würde das Gegenteil bewirken. Sie werden ungeduldig sein und die Reaktanz noch erhöhen.

Menschen bewegen

Es ist wie bei einer Gruppe von Menschen, die sich zu einem Einsteiger-Lauftraining angemeldet haben. Sie als Lauftrainer mit viel mehr Erfahrung möchten die Gruppe nun so schnell wie möglich zum Laufen bringen – am besten schon in drei Monaten zu einem Wettkampf anmelden. Doch die meisten Teilnehmer haben vielleicht gar keine Motivation, an einem Wettkampf teilzunehmen, sondern möchten sich einfach mehr bewegen.

Wie bekommen Sie die Menschen zum Laufen? Als Erstes wollen sie den Lauftrainer kennenlernen. Was ist das für ein Mensch, wieso läuft er und was ist seine Trainingsphilosophie? Was wird auf uns zukommen, wenn wir gemeinsam trainieren? Als Trainer könnten Sie direkt mit dem Lauftraining loslegen – und würden damit vermutlich sehr viele Teilnehmer verschrecken oder zumindest irritieren. Oder Sie gestalten erst einmal ein Warm-up – nicht für den Körper, sondern für die Gruppe insgesamt: eine kleine Vorstellung von Ihnen als Trainer, eine kurze Vorstellungsrunde der Teilnehmenden. Gut wäre auch, die Einzelnen zu fragen, was sie motiviert hat, sich anzumelden und wie viel Lauferfahrung sie schon haben. So erfährt der Trainer den Trainingsstand der Gruppe und kann im Nachgang das Training anpassen. Und die Teilnehmenden hören, dass die Kollegen auch nicht für Olympia trainieren. Durch diesen ersten Schritt kommt der Trainer mit den Sportlern in Kontakt. Dadurch können die Teilnehmenden Sicherheit aufbauen und sich innerlich entspannen.

Zu Veränderungen in Organisationen melden sich die wenigsten freiwillig an

In diesem Beispiel melden sich die Teilnehmenden freiwillig an. Sie sind per se zum Laufen motiviert. Im Unternehmensalltag ist die Teilnahme an der Transformation vorgegeben. Die Menschen suchen sie sich nicht aus. Das bedeutet, dass sie per se weniger offen für die Themen sind. Umso wichtiger ist, die Menschen innerlich nicht weiter zu verschließen, sondern im besten Fall für die Transformation zu öffnen. Dies geschieht automatisch, wenn Sie sich an menschlichen Bedürfnissen orientieren und Ihre Kommunikation daran ausrichten:

Psychische Bedürfnisse nach Verstehbarkeit, Machbarkeit und Bedeutung ansprechen

Menschen möchten verstehen, was passiert. Sie möchten die Geschehnisse und Informationen einordnen können. Sie möchten verstehen, wie es zur Veränderung kommt und was sich hinter dem Thema verbirgt. Haben sie das Gefühl, dass ihnen etwas verheimlicht wird oder ihnen nicht zugetraut wird, dass sie mit Informationen umgehen können, verschließen sie sich eher. Der Widerstand wird größer.

Menschen möchten spüren, dass sie die Anforderungen bewältigen können. Dazu gehört auch, dass sie das Gefühl haben, Geschehnisse beeinflussen zu können. Wenn sie sich schon nicht aussuchen können, dass sich das Unternehmen verändert und es eine neue Strategie gibt, so ist es ein ureigenes Interesse, dass sie irgendwie mitgestalten können. Das Gegenteil ist, wenn ein fertiger Maßnahmenplan präsentiert wird, ohne dass sie mitreden oder mitgestalten können.

Menschen möchten ernst genommen, respektiert und anerkannt werden. Sie möchten eine Bedeutung in einem Projekt sehen. In erster Linie fragen sich Menschen: »Was bedeutet es für mich? Fühle ich mich ernst genommen? Fühle ich mich respektvoll integriert?« Werden Veränderungen rein sachlich und ohne eine menschliche Beziehung vollzogen, verschließen sich die Betroffenen. Denn das Gefühl ist eher, wie ein Objekt behandelt zu werden als wie ein Mensch und Beteiligter im Prozess.

Menschen möchten nicht bevormundet oder geschützt werden. Vielmehr möchten wir alle als erwachsene Menschen mit psychischen Bedürfnissen gesehen und behandelt werden. Die vorherrschende Emotion in diesem Stadium ist Angst. Daraus resultiert Unsicherheit. Es ist ein Stadium, in dem es zu Stress kommt.

Aktiv den Kontakt von Mensch zu Mensch suchen

Stress und Unsicherheit reduzieren Sie, indem Sie wohlwollend in Kontakt gehen. Suchen Sie die Gespräche, suchen Sie Augenkontakt. Auf der körperlichen Ebene wird dadurch das Hormon Oxytocin ausgeschüttet, welches Stress reduziert. Sprechen Sie die »neuen« Themen aktiv an, statt um sie herum zu kreisen. Geben Sie eine Orientierung, wohin die Reise geht und was die nächsten Schritte sein werden.

Sind Sie zum Beispiel neu in einem Team als Führungskraft oder als interner Coach, empfehle ich Ihnen, sich nicht nur fachlich, sondern auch menschlich dem Team vorzustellen, zum Beispiel mit folgenden Leitfragen:

- Was motiviert Sie für die Position?
- Welche Stationen haben Sie bisher geprägt?
- Was ist Ihnen in der Zusammenarbeit wichtig, worauf legen Sie Wert?
- Was ist Ihnen außer der Arbeit wichtig?
- Wie wollen Sie die erste Zeit gestalten? Wie möchten Sie sich in die Zusammenarbeit einarbeiten?
- Was interessiert Sie an dem Team, worauf sind Sie neugierig?

Suchen Sie den Kontakt zu den einzelnen Menschen. Seien Sie neugierig und offen. Dadurch hören Sie nicht nur wichtige Informationen, sondern zeigen dem Menschen auch Wertschätzung. Entscheidend ist, dass Sie diese Gespräche aus einer inneren Haltung des Interesses führen – statt als Instrument, welches Sie nutzen, um schneller ein Ziel zu erreichen.

Die zweite klassische Situation ist, dass die Menschen mit einem neuen Thema, einer neuen Strategie konfrontiert sind. Dafür haben sie sich meist noch weniger aktiv entschieden als eine neue Führungskraft – denn diese werden zum Teil in den Organisationen ja schon von den Teams gewählt. Im besten Fall erfahren Menschen eine Kursänderung oder einen geplanten Stellenabbau direkt durch Sie als Führungskraft oder auch durch ein Townhall-Meeting, in dem die Geschäftsführung alle informiert. Im schlimmsten Fall erfahren die Mitarbeitenden von einem Strategiewechsel oder einem Stellenabbau aus den Medien.

Rechnen Sie nicht mit Beifall auf die geplanten Veränderungen, sondern planen Sie Reaktanz, Abwehr und große Unsicherheit ein. Und planen Sie nun unbedingt Termine mit dem Team ein, in denen Sie das Thema ansprechen. Verstecken Sie sich nicht hinter vermeintlich wichtigeren Terminen. Das Wichtigste ist, dass Sie nun für Ihr Team da sind.

In der Führungsrolle des Guide geben Sie Orientierung

Als Führungskraft oder auch Veränderungscoach nehmen Sie im gesamten Prozess unterschiedliche Rollen ein, je nachdem wo Sie Ihr Team gerade empfinden[74]. In einem stark angepassten Stadium ist die Rolle des sogenannten Guides besonders ausgeprägt.

Als Guide ist es Ihre Kernaufgabe, dem Team eine erste Orientierung zu geben: Wie ist die Lage, wie die ist die Routenplanung bzw. was sind grob die nächsten Schritte. Sie geben Hintergrundinformationen zur Route. Wieso und *wozu* wurde die Route ausgewählt, welches Gelände kommt vermutlich auf uns zu, welche Ausrüstungen benötigen wir und welche Vorstellungen gibt es über das Ziel. Als Guide informieren Sie viel. Gleichzeitig ist es die Verantwortung eines Guides, vergleichbar mit der Rolle eines Bergführers, sich nach den Befindlichkeiten der Teammitglieder zu erkundigen. Sie möchten, dass sie gemeinsam ein Gefühl für die Planungen entwickeln und dass alle Fragen geklärt sind, bevor Sie losmarschieren. Eines der Ziele ist, Bilder und Geschichten im Kopf über die Zukunft, das sogenannte Kopfkino, zu beruhigen.

Diese gemeinsame Lagebesprechung ist an den Bedürfnissen orientiert. Ein paar typische Fragen sind:

- Wozu ist die Veränderung notwendig? Wozu machen wir das?
- Was bedeutet das für uns als Team und für mich als Mitarbeitender ganz persönlich?
- Was heißt das konkret für unseren Arbeitsalltag?
- Was wird von uns erwartet?
- Wie steht unsere Führungskraft dazu?

Was meinen Sie, was könnten noch Fragen sein? Diese Leitfragen dienen Ihrer Vorbereitung. Natürlich fragen Sie Ihre Mitarbeiten auch direkt, was für Sie unklar ist. Dies beschreibe ich später detaillierter.

74 Wilmsen/Schaeffer 2020.

In der Führungsrolle des Experten vermitteln Sie Prozesssicherheit

Neben der Rolle als Guide nehmen Sie implizit noch eine andere Rolle ein. Es ist die des Experten. In unserem Kontext von Veränderungsprozessen ist gemeint, dass Sie durch Ihre stabile innere Haltung zur Veränderung ein Verhaltens- bzw. Vorbild-Experte sind – und weniger ein fachlicher oder methodischer Experte. Im besten Falle haben Sie eine klare, stabile, innere Haltung zu den Veränderungsmaßnahmen. Sie verstehen und spüren, *wozu* die Veränderungen notwendig sind und *was* die Ziele und die nächsten Schritte sind.

Sie haben ein gutes Bild davon, *wie* sie in Zukunft zusammenarbeiten möchten und wie Sie die Veränderungen gestalten – also wie die Zukunft in Ihrem Bereich aussieht. Das bedeutet nicht, dass Sie selbst von Anfang an alle Antworten wissen, sondern, dass Sie innerlich entschlossen und zugleich offen und menschlich sind. Frederic Laloux meint sogar, dass das Stellen von starken, inspirierenden Fragen als Führungsaufgabe viel wichtiger als das Antwortengeben sei[75].

Ein Maskentragen ist in diesem Stadium kontraproduktiv. Sie dürfen ehrlich sein und zum Beispiel zugeben: »Ich habe mich anfangs, als ich die Strategie das erste Mal hörte, auch schwergetan damit und dachte, was für ein Quatsch. Doch je mehr ich mich damit beschäftigte und je mehr ich unserem CEO zuhörte, umso mehr verstand ich, was er meint.« Oder »Ich habe Respekt davor, unsere Teams komplett anders zusammenzustellen. Ich weiß heute auch nicht, ob es der richtige Weg ist. Doch ich weiß, dass wir es versuchen müssen, um besser und schneller zu werden und dem Kunden gerechter zu werden.«

Wenn Sie anfangen und sich auch als Mensch zeigen, ermutigen Sie damit Ihre Mitarbeitenden sich ebenfalls zu zeigen. Und dann ist die erste Brücke da und die Basis für das nächste Stadium ist gelegt. Bevor wir uns diese im Detail anschauen, finden Sie nun noch zahlreiche Praxisbeispiele und Tipps.

75 Frederic Laloux in der Session »The Future of Leadership« beim Coaching Summit 2020 »Leading in Times of Uncertainty«, https://www.coachesrising.com/summit/.

Auf einen Blick

- Im angepassten Stadium ist typisch, dass die Menschen sich angepasst und reaktiv verhalten. Dies ist eine natürliche Reaktion auf strukturelle Veränderungen. Es kann aber auch ein dauerhafter Zustand sein, wenn die Menschen verlernt haben, Verantwortung zu übernehmen.
- Als Führungskraft ist wichtig, sich mit den Menschen inhaltlich und auf der Beziehungsebene zu verbinden. »First pace, then lead« ist ein Erfolgsfaktor.
- Als Führungskraft ist es besonders wichtig, sowohl Orientierung zu geben als auch Prozesssicherheit zu vermitteln.

7.2.2 Praxisbeispiel: Agilität einführen

Nahezu in jedem Unternehmen fällt aktuell das Buzzword »Agilität«. Die Zusammenarbeit soll »agiler« werden oder auch ganze Strukturen werden auf »agil« umgestellt. Aus diesem Grund betrachten wir nun die drei Stadien der Veränderung zusammen mit dem Thema Agilität. Sie lesen, was eine Umstellung auf agil theoretisch bedeuten könnte. Die jeweiligen nachfolgenden Beispiele verdeutlichen einen idealen Ablauf der Einführung des Konzeptes.

In der ersten Phase ist es wichtig, eine gemeinsame Intention und gemeinsame Wahrnehmung zu dem Begriff und der Zielsetzung zu gestalten. Deshalb ist es elementar, sich zunächst zu verdeutlichen, was Agilität meint und was hinter dem Konzept steckt.

Das Konzept Agilität verstehen

Der englische Begriff *agile* heißt übersetzt wendig, beweglich oder auch gelenkig. Das Konzept zum agilen Arbeiten ist 2001 entstanden. Damals trafen sich siebzehn unabhängige Softwareentwickler für zwei Tage in einem Skiresort. Neben Skifahren, Essen und Entspannen tauschten sie sich über die Arbeitsweisen in der Programmierung und Softwareentwicklung aus.

Sie stellten fest, dass sie alle müde von der sehr dokumentationslastigen Softwareentwicklung waren. Als Alternative erarbeiteten und verabschiedeten sie das »Manifest für agile Softwareentwicklung«. Kern des Manifests sind vier Schwerpunkte in der Softwareprogrammierung. Diese vier Grundwerte verbessern die Entwicklung und unterstützen die Beteiligten, bessere Softwareprodukte hervorzubringen.

Die vier agilen Werte sind:

1. *Individuen und Interaktionen* mehr als Prozesse und Werkzeuge
2. *Funktionierende Software* mehr als umfassende Dokumentation
3. *Zusammenarbeit mit dem Kunden* mehr als Vertragsverhandlung
4. *Reagieren auf Veränderung* mehr als das Befolgen eines Plans

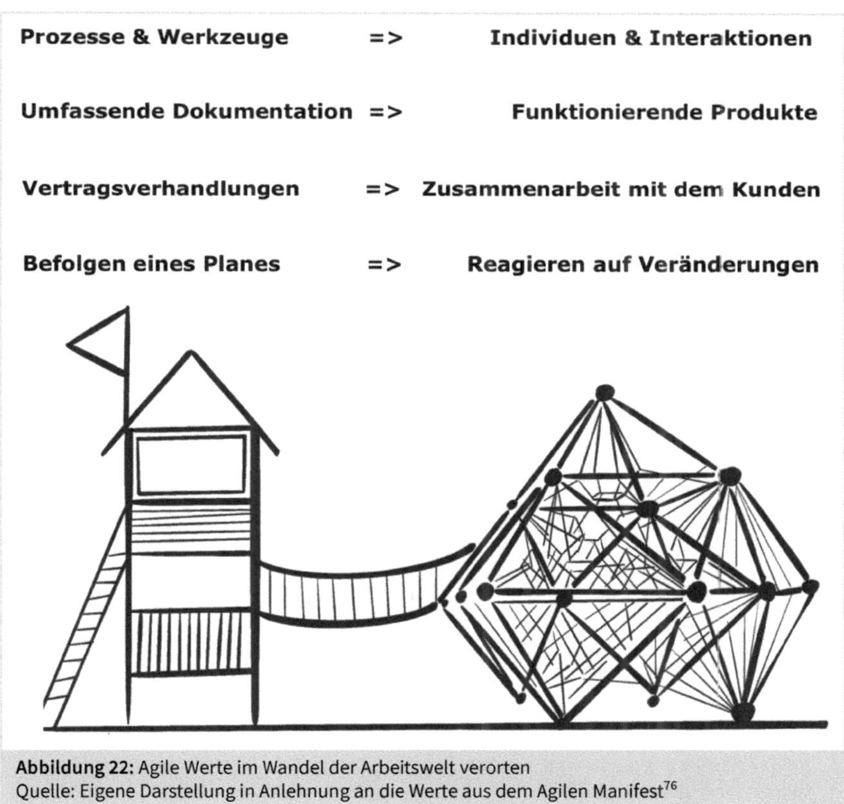

Abbildung 22: Agile Werte im Wandel der Arbeitswelt verorten
Quelle: Eigene Darstellung in Anlehnung an die Werte aus dem Agilen Manifest[76]

Die Gründer des Agilen Manifests betonen, dass die Werte am Ende jedes Satzes nicht unwichtig sind. »Uns stören die alten Werte nicht, aber wir schätzen die anderen etwas mehr.« Es geht also nicht um ein Entweder-oder, sondern um ein Sowohl-

76 https://agilemanifesto.org/iso/de/principles.html.

als-auch mit Schwerpunkt auf den Ausprägungen am Anfang der jeweiligen Werte. Obwohl das Konzept aus der Softwareentwicklung kommt, kann es auf andere Abteilungen oder Lebensbereiche übertragen werden. Im Joballtag bedeutet es, ein Konzept nicht bis ins letzte Detail auszuarbeiten, sondern sich kontinuierlich mit dem Kunden abzustimmen. Der Prozess ist so für den Kunden transparenter und das Ergebnis höchstwahrscheinlich besser.

Im Zusammenhang mit dem Transformationsmodell symbolisieren die agilen Werte die Prinzipien im Klettergerüst. Die alten Werte sind typisch für das Holzhaus, die klassische Arbeitswelt. Zwischen den beiden Polen herrscht ein integratives und dynamisches Denken. Dieses Hin- und Herpendeln zwischen den Werten und Welten spiegelt den Businessalltag ausgezeichnet wieder. So gibt es Aufgaben, die eher prozessual abgearbeitet werden müssen und solche, wo es individueller geschehen kann. Trotzdem bin ich überzeugt, dass die Grundrichtung der Arbeitsweisen in Richtung der agilen Werte tendiert. Das bedeutet, dass selbst in vermeintlich sehr starren Umfeldern, wie zum Beispiel einer Revisionsabteilung, die Bedürfnisse der Individuen stärker in den Vordergrund rücken.

Um einen tieferen Einblick zu erhalten, betrachten wir die Prinzipien, die hinter den agilen Grundwerten stehen. Diese wurden ebenfalls 2001 im Agilen Manifest definiert. Die zwölf Prinzipien hinter den vier Grundwerten sehen Sie links in der Tabelle. In der rechten Spalte stehen Reflexionsfragen.

Agiles Prinzip	Reflexionsfragen und Anmerkungen
1. Unsere höchste Priorität ist es, den Kunden durch frühe und kontinuierliche Auslieferung wertvoller Software zufriedenzustellen.	Was ist die höchste Priorität für die Organisation/das Team?
2. Heiße Anforderungsänderungen selbst spät in der Entwicklung willkommen. Agile Prozesse nutzen Veränderungen zum Wettbewerbsvorteil des Kunden.	Wie ist aktuell die Einstellung zu Anforderungsänderungen – wie flexibel gehen Sie und Ihr Team damit um?
3. Liefere funktionierende Software regelmäßig innerhalb weniger Wochen oder Monate und bevorzuge dabei die kürzere Zeitspanne.	Lieber Zwischenziele definieren und öfter einen Zwischenstand kommunizieren als am Ende eine perfekte, jedoch nicht kundengerechte Lösung produzieren. Ein Prototyping ist dabei hilfreich.

Agiles Prinzip	Reflexionsfragen und Anmerkungen
4. Fachexperten und Entwickler müssen während des Projekts täglich zusammenarbeiten.	Wie arbeiten Entwicklung und Kundenansprechpartner aktuell zusammen? Austausch fördern! Austausch erfordert erwachsene Kommunikation und Kritikfähigkeit.
5. Errichte Projekte rund um motivierte Individuen. Gib ihnen das Umfeld und die Unterstützung, die sie benötigen, und vertraue darauf, dass sie die Aufgabe erledigen.	Was benötigen die Menschen, damit sie motiviert sind? Was benötigen Sie, damit Sie vertrauen?
6. Die effizienteste und effektivste Methode, Informationen an und innerhalb eines Entwicklungsteams zu übermitteln, ist im Gespräch von Angesicht zu Angesicht.	Persönlicher Austausch vor schriftlicher Kommunikation. Wie werden aktuell Informationen weiter gegeben?
7. Funktionierende Software ist das wichtigste Fortschrittsmaß.	Was ist für Sie das wichtigste Fortschrittsmaß? Was ist es für Ihre Kunden?
8. Agile Prozesse fördern nachhaltige Entwicklung. Die Auftraggeber, Entwickler und Benutzer sollten ein gleichmäßiges Tempo auf unbegrenzte Zeit halten können.	Es geht nicht um Aktionismus, sondern um Kontinuität. Welche Arbeitsintensität ist nachhaltig gut für Sie uns das Team?
9. Ständiges Augenmerk auf technische Exzellenz und gutes Design fördert Agilität.	Welche Stärken des Teams fördern Agilität?
10. Einfachheit – die Kunst, die Menge nicht getaner Arbeit zu maximieren – ist essenziell.	Sich immer wieder fragen: Was ist das Wichtigste in der Arbeit, und was kann ich weglassen?
11. Die besten Architekturen, Anforderungen und Entwürfe entstehen durch selbstorganisierte Teams.	Selbstorganisierte Teams als *ein* Aspekt von Agilität, es ist nicht *das* Prinzip.
12. In regelmäßigen Abständen reflektiert das Team, wie es effektiver werden kann, und passt sein Verhalten entsprechend an.	Wie wird momentan die Zusammenarbeit reflektiert? Retros im Team setzen eine reife Kommunikation und eine Fähigkeit zur Metareflexion voraus.

Tabelle 18: Agile Prinzipien
Quelle: Eigene Darstellung in Anlehnung an das Agile Manifest[77]

77 https://agilemanifesto.org/iso/de/principles.html.

Nach Ausarbeitung des Agilen Manifest hielt Robert C. Martin am Ende der zwei Tage ein *mushy* Statement. Mushy meint breiig oder auch weich. Das Agile Manifest sei

> *»... eine Zusammenstellung von Werten basierend auf Vertrauen und Respekt untereinander sowie die Unterstützung von organisationalen Modellen, die auf Menschen, Zusammenarbeit und Gemeinschaften fokussieren, in denen wir arbeiten möchten. Im Kern, so glaube ich, sind Agile Methodologists wirklich überzeugt von ›weichem‹ Zeug – gute Produkte an Kunden liefern durch Menschen, die in einem Umfeld arbeiten, in welchem nicht mehr von ›Menschen/Mitarbeiter als unser wichtigstes Vermögen‹ geredet wird, sondern in einem Umfeld, welches tatsächlich so agiert, als seien die Menschen das Wertvollste – ohne den Begriff ›Vermögen‹ zu nutzen. So ist das kometenhafte Interesse – aber auch die starke Kritik an agilen Methoden – eine Aussage über das weiche Zeug an Werten und Kultur.«*[78]

Im Mittelpunkt steht also eine menschliche Zusammenarbeit mit der bestmöglichen Kundenlösung als Ziel. Im Zentrum steht der Mensch – und nicht der Prozess.

Es wird sich nicht zwanghaft an Prozessen orientiert im Sinne von »das muss jetzt so gemacht werden«, sondern der Kunde mit seinen Anforderungen und seiner Situation steht im Vordergrund. Oder auch: Die Menschen in einer dienstleistenden Organisation orientieren sich gegenseitig an ihren Stärken, statt Aufgaben einfach abzuarbeiten. Es wird weniger geschaut, was die Rollen sind. Vielmehr setzen die Mitarbeitenden situativ und kunden- bzw. projektspezifisch ihre Stärken ein. Alle agieren mitverantwortlicher.

Das Konzept und die Grundgedanken von Agilität können wir sehr gut mit dem 4-Ebenen-Modell verbinden. Agiles Arbeiten bedeutet nicht nur die Einführung neuer Meetingformate auf der strukturellen und prozessorientierten Ebene, denn diese neuen Prozesse erfordern Beziehungskompetenzen wie zum Beispiel eine offenere und reifere Kommunikation. Auf der persönlichen Ebene sind Feedbackfähigkeiten, Fehlertoleranz sowie Kritikfähigkeit gefordert. Werte wie zum Beispiel Mut, Respekt und Offenheit prägen die innere agile Haltung.

78 https://agilemanifesto.org/history.html, abgerufen am 14. Juni 2021.

Eine gemeinsame Intention zum agilen Arbeiten entwickeln

Nachdem Sie sich darüber im Klaren sind, was Agilität ist, sollten Sie sich über Ihr *Wozu* dahinter verständigen. Was ist das Zielbild dahinter, und was ist Ihr Antrieb, agiler zu werden? Was ist das *Wozu* für die Organisation? Diese gemeinsame Intentionsbildung sollte gemäß dem Konzept der Theorie U vor der gemeinsamen Wahrnehmung geschehen. Meines Erachtens ist es in diesem Fall sinnvoller, sich zunächst mit dem Konzept zu beschäftigen und dann mit dem Wozu, da das Thema so unterschiedlich genutzt wird.

Diese Phase ist wichtig, um dann konsequent die nächsten Schritte zu gehen und vor allen Dingen die Umsetzung von agilen Instrumenten in den vier verschiedenen Ebenen anzugehen.

Einige der deklarierten Zwecke, die ich beobachte, sind zum Beispiel schnellere Produktentwicklung oder höhere Kundenzufriedenheit. Das Wozu dahinter ist dann zum Beispiel der Wunsch, bessere, nachhaltigere, ethisch korrektere Produkte und Leistungen anzubieten. Von einer anderen Organisation hörte ich, dass der Geschäftsführer möchte, dass die Organisation so menschenorientiert wie möglich agiert. Die Mitarbeitenden sollen sich wohlfühlen und von innen heraus motiviert sein. Hierzu stellte sich in dieser Organisation heraus, dass mehr individuelle Verantwortungsübernahme sowie Selbstorganisation ein starker Motivationsfaktor waren.

Der Nutzen muss für die Beteiligten verstehbar, nachvollziehbar und spürbar sein. Sonst sind die Maßnahmen ein Selbstzweck und werden per se instrumentalisiert. Dies widerspricht dem eigentlichen Anspruch von Agilität: Individuen vor Prozessen. Mehr die menschlichen Bedürfnisse berücksichtigen und erfüllen als einfach einen Prozess einführen.

Agilität ist kein Freifahrtschein, um sich den tatsächlichen Herausforderungen nicht zu stellen. Agilität wird häufig als Pflaster auf die Wunde geklebt, statt nach der Ursache der Blutung zu schauen. Das bedeutet, dass sich jede Geschäftsführung, jede Führungskraft und jeder Mitarbeitende die Frage beantworten sollte: Was ist wirklich unser Ziel, unsere Vision? Was sind unsere Kernaufgaben, womit verdienen wir unser Geld?

Das Antwortenfinden auf diese Fragen benötigt Zeit und ein Innehalten. Vielleicht sind die Antworten auch ehrlich und besagen am Ende, dass agiles Arbeiten (noch) keinen Sinn für die Organisation ergibt. Nicht jede Organisation und auch nicht jede Abteilung muss den kompletten Weg vom Holzhaus ins Klettergerüst gehen.

So höre ich beispielsweise von stark produktionsgetriebenen Betrieben, dass ein agiles Arbeiten viel zu weit und unangemessen ist. Der nächste Schritt der Entwicklung sei eher ein aufgeräumtes und geputztes Haus, in dem mehr miteinander kommuniziert wird. Es ist auch nicht per se schlecht, weiter in einem Holzhaus zu arbeiten. Wichtig ist, sich der aktuellen Situation bewusst zu sein, und zu wissen, welches die nächste Entwicklungsstufe ist.

Auch wenn Agilität keine Vorgabe von oben ist, können Sie damit anfangen. Definieren Sie, wozu Sie mit Ihrem Team agiler zusammenarbeiten möchten. Im Folgenden finden Sie Bausteine für ein Kick-off des Neuen. Dieses können Sie zum Thema Agilität anpassen.

Reflexionsfragen

- Was verstehen Sie bzw. was versteht die Geschäftsführung unter dem Begriff Agilität und agiles Arbeiten?
- Auf welcher Ebene ist Ihr Hauptverständnis von Agilität?
- Wozu sollen die Menschen agiler arbeiten?
- Was ist die größte Hoffnung dahinter?
- Was verspreche ich mir bzw. die Geschäftsführung sich davon?

Digitales Extra:

- Arbeitsblatt 18 »Agile Werte und Prinzipien«

7.2.3 Praxisbausteine: Einen Kick-off menschlich gestalten

Ein wichtiger Meilenstein ist das Vorstellen des Neuen im Team. Dies sollten Sie unabhängig davon durchführen, ob die Strategie zum Beispiel in einem Townhall-Meeting im gesamten Unternehmen vorgestellt wird oder nicht.

Wie ein Bergführer weisen Sie Ihr Team vor einer großen Wanderung auf die Route und darauf, wozu sich die Wanderung lohnen wird, hin. So kann das Team besser verstehen, was auf sie zukommt.

In diesem Kick-off sollten Sie eine gute Basis schaffen und die Strategie darstellen. Dies ist die Phase der gemeinsamen Intentionsbildung im U-Prozess. Planen Sie für eine Kick-off-Veranstaltung mindestens einen halben Tag ein. Ideal sind zwei aufeinanderfolgende halbe Tage, zum Beispiel mit dem Start am Nachmittag des ersten Tages und dem Vormittag des zweiten Tages als Abschluss. Empfehlenswert ist, wenn Sie sich durch einen internen oder externen Moderator unterstützen lassen. Dies gilt umso mehr, wenn das Team mehr als acht Personen groß ist.

Begrüßung und Check-in

Starten Sie nach einer kurzen Begrüßung mit einem Check-in und geben Sie jedem Mitarbeitenden die Möglichkeit, im Termin anzukommen und sich mit dem Thema sowie dem Ziel des Termins zu verbinden. Die gemeinsame Intentionsbildung ist ein übergeordnetes Ziel. Zugleich dient diese Phase dazu, dass sich alle etwas sicherer fühlen. Sie legen den Grundstein dazu, dass sich die Mitarbeitenden und auch Sie im Termin öffnen.

Stellen Sie zwei Check-in-Fragen. Eine Frage zum allgemeinen Befinden (A) sowie eine Frage, die sich auf den Kick-off bezieht (B).

Mögliche Check-in-Fragen sind

- Welches Emoji drückt meine aktuelle Stimmung am besten aus? (A)
- Wie geht es mir hier und jetzt auf einer Skala von 1–10? (A)
- Wie präsent bin ich gerade auf einer Skala von 1–10 und was hält mich davon ab, mich komplett auf den Termin zu konzentrieren? (A)
- Was bewegt mich gerade – gedanklich, emotional, Sonstiges? (A)
- Was wünsche ich mir für diesen Termin und was ist mein Beitrag dazu? (B)
- Welche Frage beschäftigt mich am meisten, wenn ich an die neue Strategie denke? (B)
- Was verbinde ich mit dem Begriff »Agilität«?

Lassen Sie die Teilnehmenden zunächst in Stille Stichpunkte zu den Fragen vorbereiten. Dies ermöglicht jedem, seine Gedanken zu ordnen. Für die B-Fragen können Sie auch Kärtchen austeilen, auf denen die Antworten notiert und später präsentiert werden.

Danach empfehle ich, dass sich die Mitarbeitenden in Kleingruppen, zu zweit oder zu dritt zu den Fragen und den Antworten austauschen. Dadurch, dass sich jeder zunächst in einer kleinen Gruppe öffnet und austauscht, entstehen Verbindung und individuelle Sicherheit. Diese ist die Basis dafür, dass sich die Menschen später in der großen Runde öffnen.

Erst danach erfolgt der klassische Check-in in der Runde. Jeder sagt etwas und checkt ein. Notieren Sie die Antworten auf die Frage B sichtbar auf einem Flipchart oder auf einer Pinnwand oder lassen Sie die Antwortkärtchen von den Teilnehmenden aufhängen. Wichtig ist, dass beim Check-in nicht kommentiert oder diskutiert wird, bevor alle eingecheckt haben.

Nach dem Check-in können Sie anschließen und diesen abrunden. Wie geht es Ihnen ganz persönlich nach dem Gehörten, was ist Ihnen wichtig? Gibt es schon etwas, was Sie jetzt sagen möchten? Stellen Sie dann die Agenda bzw. den Ablauf des Kick-offs vor.

Das Neue in eigenen Worten vorstellen

Als ersten inhaltlichen Punkt stellen Sie möglichst bildlich, lebhaft und in Ihren eigenen Worten die Strategie vor. Im besten Fall ziehen Sie dazu eine kleine Geschichte aus dem Alltag als Einstieg heran.

Betten Sie diese in einen größeren Kontext ein. »Framen« Sie das Neue. Erklären Sie, welche Marktbedingungen, globale Entwicklungen, Markttrends oder Konsumentenbedürfnisse eine Rolle gespielt haben. Erläutern Sie auch, was passiert, wenn nichts passiert und was die größte Hoffnung der Geschäftsführung mit der Strategieänderung ist. Beantworten Sie die Fragen, die sich Ihr Team stellt: Was soll passieren? Wozu ist das notwendig? Unterstützen Sie mit der Strategievorstellung die Menschen dabei, zu verstehen, worum es geht.

Nutzen Sie dazu nicht nur Folien. Ergänzen Sie die Zahlen, Daten, Fakten durch eigene Beispiele, eigene Standpunkte und Storys. Übersetzen Sie konkret, was Sie unter »Buzzwords« wie zum Beispiel »Agilität«, »digitale Kompetenz« oder »Arbeit 4.0« verstehen. Denken Sie an die »Sendung mit der Maus«. Nehmen Sie Ihre Mitarbeiter mit. Wenn es zu Ihnen passt, können Sie die jetzige Situation sowie die angestrebte Veränderung mit dem Brückenbild skizzieren. Alternativ könnten Sie auch Beispiele von anderen Unternehmen aufzeigen, die Sie begeistern. Häufig genutzte Beispiele sind das Spotify-Organisationsmodell oder das Vorgehen bei der Bank ING.

Bereiten Sie sich sehr gut auf diese Präsentation vor. Nehmen Sie sich dafür ausreichend Zeit. Proben Sie diese entweder für sich oder auch mit jemand anderem, zum Beispiel dem Lebenspartner, der Lebenspartnerin oder einem Coach. Sprechen Sie sich die Präsentation unbedingt laut vor. Erst dann werden Sie merken, wo Sie sicher sind und wo es noch mehr Stabilität und Worte benötigt.

Berichten Sie gerne auch von Ihrer eigenen Entwicklung dabei. Nehmen Sie die Maske ab und erzählen Sie zum Beispiel, dass Sie es anfangs auch ungewohnt oder überflüssig empfanden und welche Beziehung Sie nun haben.

Wichtig ist der gesamten Phase des Kick-offs, dass Ihnen Ihre Haltung klar wird. Schauen Sie sich daher unbedingt die Fragen aus dem Kapitel 2.3 (Haltung für das Neue) und beantworten Sie sich die wichtigsten. Was ist Ihre tiefste Motivation für die Veränderung? Hilfreich ist für viele Führungskräfte und interne Change Manager, sich immer wieder klarzumachen, dass es um das Wohl der gesamten Organisation und nicht um Einzelinteressen geht.

Einen gemeinsamen Blick auf das Neue bekommen

Der Kick-off-Termin sowie der Strategieprozess wird für die Mitarbeiter bedeutsam, wenn sie Zeit bekommen, sich mit der Strategie zu beschäftigen. Sie hatten diese Zeit im Führungskreis. Geben Sie Ihrem Team ebenfalls den Raum. Die Mitarbeiter fühlen sich ernst genommen und als mündige Erwachsene angesprochen, wenn Sie Zeit zum Reflektieren erhalten.

Deshalb bilden Sie nach Ihrer Präsentation des Neuen Kleingruppen. Diese können je nach Teamgröße zwischen zwei und vier Personen groß sein. Lassen Sie Ihrem Team mindestens 60 Minuten Zeit, um sich zu folgenden Kernfragen austauschen:

- Was sind für uns die Kernbotschaften der Strategie?
- Was ist uns unklar, was sind unsere Fragen?
- Was sind unsere Bedenken, was darf nicht passieren?
- Welche Chancen sehen wir für die Organisation insgesamt und für uns als Team?
- Wie verstehen wir die Strategie, was ist das Neue?
- Was bedeutet die Neuausrichtung für uns in unseren Rollen und Aufgaben? (optional, wenn Sie sehr viel Zeit haben oder in einem Folgetermin)
- Welcher Aspekt der agilen Werte und Prinzipien spricht uns besonders an? (optional, wenn Sie mit dem Thema Agilität arbeiten)

Danach lassen Sie die Mitarbeitenden die Ergebnisse präsentieren. Nehmen Sie sich Zeit, in der Fragen gestellt und Bedenken geäußert werden können. Gerade in dieser Phase ist Ihr »Standing«, Ihre innere Haltung gefragt. Sie sind innerlich ein paar Schritte voraus und haben somit eine Art Expertenrolle für die Strategieumsetzung. Das meint nicht, dass Sie fachlich alle Antworten wissen können und müssen. Wichtig ist, dass Sie eine Haltung haben und klar kommunizieren, was Sie unter den strategischen Eckpunkten verstehen und was Sie im Zusammenhang mit dem Neuen von Ihrem Team erwarten –klar in der Sache und gleichzeitig verständnis- und rücksichtsvoll. Denn Sie wissen, dass auch Sie am Anfang ängstlich und zögernd waren.

Dieser Baustein benötigt viel Zeit. Planen Sie mindestens einen halben Tag ein. Der Effekt ist unbezahlbar: Kollegen kommen ins Gespräch und bauen Beziehungen untereinander auf. Vorstellungen werden abgeglichen, Ängste dürfen geäußert und dadurch gefühlt entschärft werden. Als Führungskraft bekommen Sie ein Gespür für die Sorgen und können diese ansprechen. Sie können im Kick-off methodisch bereits so arbeiten, wie es in Zukunft erforderlich sein wird. Mischen Sie Teams zum Beispiel bewusst durch und lassen Sie sie Ergebnisse und eigene Ideen auf eine andere Art präsentieren.

Rechnen Sie damit, dass sich Mitarbeitende erst einmal nicht oder nur wenig mit dem Neuen anfreunden können. »Wir hatten schon so viele Strategiepapiere, wieso soll sich jetzt was ändern? Das sitzen wir einfach mal aus.« könnte eine Reaktion sein. Was wäre dann Ihre Antwort? Ist es so oder woran spüren Sie, dass es dieses Mal ernst ist?

Oder Sie lassen die Teilnehmenden direkt mit dem Transformationsmodell arbeiten und sich verorten. Bei einer Großgruppenveranstaltung erfolgte zunächst ein kurzer Impulsvortrag zu den grundsätzlichen Veränderungen der Arbeitswelt, in dem ich das bildliche Modell darstellte. Dann teilte ich die Gruppe in ihre jeweiligen Teams ein. Jede Kleingruppe erhielt eine Pinnwand mit dem Transformationsmodell. Die Fragestellungen waren:

- Wo sehen wir uns aktuell?
- Wo sehen wir den Führungskreis?
- Was ist für uns das Neue, was ist dann anders?
- Welche Fragen haben wir an den Führungskreis?

Nach dieser Arbeitsphase gab es somit von jedem Team eine individuelle Sicht auf die Situation, die Zukunft und die Fragen. Dies legte die unterschiedlichen Wahrnehmungen dar und bildete eine sehr gute Gesprächs- und Diskussionsbasis mit der Geschäftsführung.

Die Stimmung zum Neuen erfassen

Stimmungen und Gefühle zu einer anstehenden Veränderung lassen sich schwer greifen. Gleichzeitig möchten wir Klarheit über eine Situation haben. Ich mache sehr gute Erfahrung mit dem Instrument des »Stimmungsbarometers«. Dieses Stimmungsbarometer ist nicht nur zu Beginn der Veränderungsprozesse geeignet. Sie können dieses Instrument in regelmäßigen Abständen nutzen und Fortschritte bzw. Entwicklungen messen. So teilen Sie immer wieder die Wahrnehmung im Prozess (vgl. Co-Wahrnehmung).

Auf einem Flipchart notieren Sie drei Aussagen:

Wenn ich aktuell an die anstehenden Veränderungen denke ...

- Was passiert? Ich verstehe, was passiert und was die Ziele sind.
- Wie machen wir es? Ich habe das Gefühl, dass ich die anstehenden Veränderungen und die damit verbundenen Aufgaben bewältigen kann.
- Wozu machen wir es? Ich habe ein Gefühl von Bedeutung. Ich habe das Gefühl, dass sich mein Einsatz lohnen wird. Ich spüre, wozu die Veränderung notwendig ist.

Hinter oder unter jede Aussage zeichnen Sie eine waagerechte Linie als jeweilige Skala zu der Aussage. Links beschriften Sie die Skala zum Beispiel mit 1 oder einem unglücklichen Smiley und rechts mit einer 10 oder einem glücklichen Gesicht. Die Überschrift können Sie frei wählen. Sind Sie in einem Strategieprozess, wäre der Vorschlag für die Überschrift »Meine Stimmung zur Strategie 2030«. Jeder Mitarbeiter bekommt drei Punkte und klebt seine Befindlichkeit auf die jeweilige Skala. Sie erhalten innerhalb von wenigen Minuten eine Übersicht über die Stimmung im Team. Je nach Atmosphäre im Team machen Sie dies »öffentlich« oder drehen das Flipchart um, sodass jeder anonym klebt.

Mit dem Ergebnis haben Sie eine Gesprächsbasis:

- Was haben Ihrer Meinung nach die Mitarbeitenden für eine Vorstellung von dem Ergebnis?
- Wie hätten Sie die Stimmung im Team vor dem Punktekleben eingeschätzt? Was überrascht?

- Was ist schon da, was ist gut?
- Was genau wird unter »Verstehbarkeit«, »Machbarkeit« und »Bedeutung« verstanden?
- Was sind Ideen aus dem Team: Was können Sie anders machen, damit sich das jeweilige Gefühl verbessert?
- Was wird jetzt am meisten benötigt? Was können die Mitarbeiter dafür tun? Was können Sie als Führungskraft tun?

Bieten Sie unabhängig von der Diskussion im Team Einzelgespräche an, wenn es bei den Mitarbeitern Bedarf gibt.

Erste Maßnahmen definieren

Vereinbaren Sie am Ende des Kick-offs nächste Schritte. Diese können sehr offen sein. Zum Beispiel indem jeder die Strategie weiter ins Bewusstsein dringen lässt, Fragen oder mögliche erste Umsetzungsideen notiert, die dann im nächsten Termin bearbeitet werden. Oder die Mitarbeitenden entscheiden selbst, wozu sie sich persönlich als ersten Schritt verpflichten.

Das kann etwas sehr Kleines sein, wie zum Beispiel »ich meckere weniger« oder »ich suche mehr das persönliche Gespräch, als dass ich E-Mails schreibe bei wichtigen Themen«. Vielleicht verständigen Sie sich als gesamtes Team auch darauf, mit Dailies zu arbeiten?

Egal wie – wichtig ist, dass die Mitarbeitenden bei den nächsten Schritten mitentscheiden und Sie diese nicht einfach inhaltlich vorgeben. Sie legen lediglich den prozessualen und strukturellen Rahmen fest – nämlich, dass ein Folgetermin stattfindet.

Sicherheit in der Unsicherheit durch das Schaffen von Follow-ups

Schaffen Sie Sicherheit und Vertrauen durch gewisse Strukturen. Gefühlt fällt das Holzhaus weg und die Menschen können sich weniger anlehnen und fühlen sich ungeschützt. Umso wichtiger sind nun Strukturen, die Halt geben. Das können Meetings sein.

Vereinbaren Sie als Abschluss des Kick-off-Termins einen Follow-up-Termin. Parallel dazu empfehle ich, ein informelles Meeting anzubieten, wie zum Beispiel die in Kapitel 4.4.2 beschriebenen »Kaffee-Runden«.

Teambeziehungen stärken und sich besser kennenlernen

Unabhängig von den nächsten fachlichen Aufgaben, braucht das Team Zeit, um sich näher kennenzulernen. Insbesondere wenn sich Teams neu zusammensetzen, also wenn zum Beispiel Fachabteilungen aufgelöst und in Kundenteams neu formiert werden, kennen sich die Menschen noch nicht gut. Dies erfolgt ganz automatisch, je mehr Zeit die Personen miteinander verbringen. Je mehr Erfahrung die Menschen miteinander machen, umso eher vertrauen sie sich. Dies ist wichtig, um überhaupt die ersten Schritte auf der Brücke zu machen.

Planen Sie dafür Zeit ein. Ideen sind zum Beispiel:

- Ein persönliches Weekly: Ein Teammitglied stellt sich pro Woche ausführlich vor. Was ist der bisherige Werdegang auch abseits des Jobs, was ist die Beziehung zur Organisation, was sind Stärken und was sind Dinge, die gerne jemand anders machen kann. Hinter jeder Person steckt eine ganz persönliche Geschichte. Wenn diese den Menschen bekannt ist, entwickeln sie ein anderes Verständnis füreinander. Die Beziehungen werden gestärkter und offener.
- Ein externer Teamworkshop: Neben fachlichen Themen wird bewusst viel Zeit für gemeinsame Mahlzeiten oder Spaziergänge eingeplant.
- Brown-Bag-Meetings: Beim gemeinsamen Mittagessen erzählt ein Mitarbeitender von einem Thema, das ihn begeistert, fasziniert oder zu dem er viel gelernt hat.

7.2.4 Aus dem persönlichen Moderationsnähkästchen

Als externer Coach bin ich oft »neu«, wenn ich mit den Menschen arbeite. Sie kennen mich nicht. Zugleich haben die meisten Teilnehmenden Erfahrungen mit Trainern oder Coaches gemacht. So entsteht zwangsläufig ein Bild, also eine Vorstellung darüber, wie ich sein könnte und wie ich arbeite.

In Präsenzterminen und Workshops nehme ich mir gerade vor dem offiziellen Beginn und am Anfang Zeit, mit den Menschen in Kontakt zu kommen. Das können kurze Small Talks sein oder, wenn ich starte, ein bewusster Augenkontakt.

Wenn ich mich und meine Motivation vorstelle, beinhaltet diese immer persönliche Aspekte: Wie geht es mir jetzt aktuell – bin ich nervös, angespannt, freudig? Gibt es eine persönliche Geschichte, die in Verbindung zu der Organisation oder dem Produkt steht? Gibt es sonst eine Story, die zum Thema passt und auflockert?

In Präsenzterminen stelle ich mich nicht mehr hin, sondern sitze ganz bewusst auf einer Höhe mit den Teilnehmenden in einem Kreis, um zu signalisieren: Ich bin eine von ihnen. Ich erzähle, dass ich mich nicht als Expertin fühle und dass sie meinen Input nicht als *die* Wahrheit hören sollen. Sondern dass das, was ich mitteile, meine Beobachtungen und Erfahrungen sind. Es ist längst nicht komplett. Das entspannt nicht nur mich, sondern auch die Zuhörer, denn sie fühlen sich nicht bevormundet.

Bis ich anfange, inhaltlich zu arbeiten, vergehen meist 30–60 Minuten. Zuerst gilt es, eine Orientierung über den Verlauf zu geben (als Guide) und dann die Teilnehmenden miteinander mit dem Thema in Kontakt zu bringen.

Meine Methode kostet zwar sehr viel Zeit in der Vorbereitung, setzt aber die Weichen für einen gelungenen Termin. Wie gestalte ich den Check-in? Was könnte Spaß machen und die Menschen in Bewegung bringen? Sind die Menschen sehr technisch orientiert oder auf der oberen Managementebene unterwegs, ist Vorsicht mit einem allzu persönlichen Check-in geboten. So ist eine meiner Standardfragen »Wie geht es mir heute auf einer Skala von 1–10« für diese Zielgruppen viel zu persönlich und ungewohnt, wie ich bei einer Veranstaltung erleben musste. Der Einstieg war für sie zu weit weg und zu fremd. Besser wäre eine Frage gewesen wie zum Beispiel »Was motiviert mich, mich als Geschäftsführer in meiner Führung weiter zu entwickeln?«

Ebenfalls gilt es, regionale Unterschiede zu beachten. Ich erinnere mich noch lebhaft an zwei völlig unterschiedliche Anfangsphasen eines Workshops bei einem nationalen Logistikunternehmen. In Köln war mein Einstieg viel zu kurz und sie wollten mehr von mir und den anderen erfahren. Wohingegen die Teilnehmenden in Brandenburg weniger beziehungsorientiert waren und nur sehr schwer in Kontakt kamen.

Aus diesen Erfahrungen habe ich viel gelernt, insbesondere mich vor einer Veranstaltung noch mehr mit der Teilnehmersituation auseinanderzusetzen. Womit beschäftigen sie sich den ganzen Tag, welchen Bezug und Erfahrung haben sie zum Thema, welche Kommunikationskultur nehme ich wahr?

Bei langfristigeren Prozessen oder wenn ein Workshopkonzept für viele Teilnehmende ausgearbeitet wird, fange ich bereits vor dem Prozess an. Ich beziehe die Menschen in die Vorbereitung mit ein, indem ich mit ihnen spreche. Ein paar exemplarische Teilnehmer frage ich, welches die aktuelle Lage ist, was sie zum Thema der Veranstaltung denken, was sie sich wünschen würden, was ein guter Lerneffekt wäre etc. So lernen mich ein paar Teilnehmende bereits vorab kennen und ich erfahre mehr über die Menschen und die Organisation und kann die Maßnahme besser entwickeln.

Reaktives, angepasstes Verhalten tritt nicht nur am Anfang auf, sondern auch in laufenden Prozessen. Dies trifft insbesondere zu, wenn die Teilnahme nicht freiwillig ist oder wenn es Angst bzw. Vorbehalte vor der Umsetzung gibt – das klassische »Ja-aber-das-geht-nicht-Syndrom«, ein typisches Symptom für die Transformationsschwelle, die Sie im nächsten Kapitel kennenlernen.

7.3 Der Knackpunkt: Die Transformationsschwelle

Es wäre so leicht zu schreiben und auch zu lesen: Nach einer guten Kick-off-Phase sind alle Voraussetzungen da, dass die Menschen sich aus dem Holzhaus heraustrauen und in das aktive Stadium übergehen. Sie beteiligen sich am Prozess, probieren neue Dinge aus, übernehmen mehr Verantwortung. Leider passiert es in der Praxis nur in Ausnahmefällen. Denken Sie an sich selbst: Welche Veränderung haben Sie zuletzt vom Vorsatz bis zur Zielerreichung einfach umgesetzt, ohne dass Sie gezweifelt oder mit Widerständen zu kämpfen hatten? Es werden die wenigsten Veränderungen sein.

Die Kunst liegt nicht im Wissen, wie es geht, sondern im tatsächlichen Umsetzen. Auf dem Weg zum Ziel werden wir sehr wahrscheinlich mit einer Transformationsschwelle konfrontiert. Diese tritt meistens zwischen dem angepassten und dem aktiven Stadium auf. Oder bildlich gesprochen: wenn wir die ersten Schritte aus dem Holzhaus heraus auf die Brücke treten. Wenn es darum geht, die alten Muster loszulassen und etwas Neues auszuprobieren. Das Neue nicht nur neu zu denken, sondern auch neu zu tun. Dazu benötigen wir Kopf, Herz und vor allen Dingen Hand.

7.3.1 Die Transformationsschwelle verstehen

Die Transformationsschwelle beschreibt einen Zustand, in dem Menschen versuchen, mit alten Mustern und Gewohnheiten neue Probleme zu lösen. Typisch ist in dieser Phase, dass bestehende Muster verstärkt eingesetzt werden, statt Neues auszuprobieren.

Eine Schwelle ist ein Punkt, bei dem die Grenze der Komfortzone erreicht wird. Hinter der Schwelle liegt das Unbekannte, das neue Gebiet. Der Begriff impliziert, »dass es von dort kein Zurück mehr gibt. Sie können nicht mehr umkehren. … Nach dem Überschreiten der Schwelle gibt es nur noch eine Möglichkeit: vorwärts zu gehen.«[79]

Die Transformationsschwelle ist erreicht, wenn Sie merken, dass Sie über den Fluss der Unsicherheit gehen müssen. Sie spüren, dass das Verbleiben im Holzhaus, in den alten Mustern, ebenfalls keine Option ist. Es ist der Punkt, an dem Sie erkennen, dass Sie eine neue Haltung brauchen.

Es ist ein Wendepunkt, den Sie vermutlich auch kennen. Wir fallen schnell zurück in alte Muster. Es ist eine Wegstrecke, auf der es unbequem ist, und wir in unsere Stressmuster verfallen. Das ist zumeist das Gegenteil von dem, was eigentlich benötigt wäre. Diese Phase fühlt sich an, als ob Sie im Leerlauf Vollgas geben.

Bevor wir uns der Unsicherheit auf der Brücke wirklich stellen, gehen wir lieber zurück ins Holzhaus. Von einer guten Haltung sehen wir an uns und anderen an diesem Punkt wenig bis gar nichts. Statt aufrecht und offen zu sein, sind Menschen an ihrer Transformationsschwelle verspannt, verschlossen und gestresst.

Gereizt und angespannt sein, überhöhter Einsatz, zunehmende Konflikte sowie körperliche Symptomatiken (zum Beispiel Schlafprobleme, Tinnitus, Bluthochdruck) über einen längeren Zeitraum hinweg können typische individuelle Symptome für das Erreichen der Transformationsschwelle sein. Im Team merken Sie es an einem Zurückschrecken vor dem Neuen, massiven Widerstand und der Antwort »Ja, aber das geht nicht weil …« auf jeden Vorschlag.

Als Mensch verabschieden wir uns von wohlgeformten Vorsätzen und Zielen, wenn wir nicht über diesen Punkt hinausgehen. In Organisationen kommt es häufig als Reaktion dazu, dass die neue Strategie nicht weiter verfolgt wird und in der Schublade landet. »Die Widerstände waren zu groß«, »die Organisation war noch nicht weit genug« sind beispielhafte Begründungen.

79 Gilligan/Dilts 2013, S. 24.

Die Ursache dafür, wieso Menschen und Teams die Transformationsschwelle nicht überqueren, liegt tiefer. Es fehlt an Mut – sowohl auf der individuellen als auch auf der kollektiven, organisationalen Ebene. Es fehlt an Mut, sich als Menschen zu begegnen.

Menschen sind keine rationalen Wesen, die von A nach B gehen. Zwischen A und B liegt nicht nur ein U-Prozess und die Transformationsschwelle, sondern dazwischen liegt auch die Lücke zwischen Denken und Handeln, die sogenannte Mind Behaviour Gap[80]. Diese Lücke wird in der Wirtschaftswelt oft nicht berücksichtigt, denn diese Lücke entsteht durch Emotionen und Gefühle, die im Wirtschaftskontext viel zu wenig Platz haben.

Die häufigste tatsächliche Transformationsschwelle in Organisationen ist jedoch gerade, dass sich Menschen mehr als Menschen, als emotionale und soziale Wesen, begegnen – mit Gefühlen, Emotionen und all dem, was dazu gehört. Es wird zu wenig über Stress, Ängste und Unsicherheiten gesprochen. Veränderungen und Zusammenarbeit werden zu oft rational geplant. Dabei wird eine oder vielleicht sogar *die* wichtigste Komponente außen vor gelassen: die emotionale Reaktion der Betroffenen. Denn es ist völlig normal, dass Veränderungen in einem Menschen Stress erzeugen oder dass wir uns mindestens unsicher fühlen.

7.3.2 Die Transformationsschwelle mit sieben Schritten überwinden

Die übergeordnete Lösung ist, sich der Transformationsschwelle bewusst zu sein und diese zu akzeptieren. Und um es direkt vorwegzunehmen: Die Transformationsschwelle überwinden Sie, indem Sie das machen, was Unbehagen auslöst. Oder wie es der Philosoph Marc Aurel ausdrückte:

> *»Was dem Handeln im Wege steht, bringt das Handeln voran. Was im Weg steht, wird zum Weg.«*

Passend zu diesem Zitat gibt es einen sehr hilfreichen Prozess, sich der eigenen Transformationsschwelle bewusst zu werden und sie zu überwinden. Dieses sogenannte Transformation Process Model stammt aus dem Konzept »Impeccable Leadership«[81].

80 Diesen Begriff hörte ich beim Autorenabend von Daniel Sieben zum Buch »Ganz Mensch sein« am 8. Juni 2021, https://danielsieben.de/autorenabend-am-08-06-2021-um-19-uhr-in-der-stratum-lounge/.
81 Wilmsen/Schaeffer 2020.

Dieses Modell kann für eine konkrete Situation, Fragestellung oder Herausforderung angewendet werden. Darüber hinaus eignet es sich auch zur Teamentwicklung. Die nachstehende Abbildung und Tabelle geben Ihnen einen Überblick über die einzelnen Prozessschritte. Im Anschluss finden Sie ein Praxisbeispiel dazu.

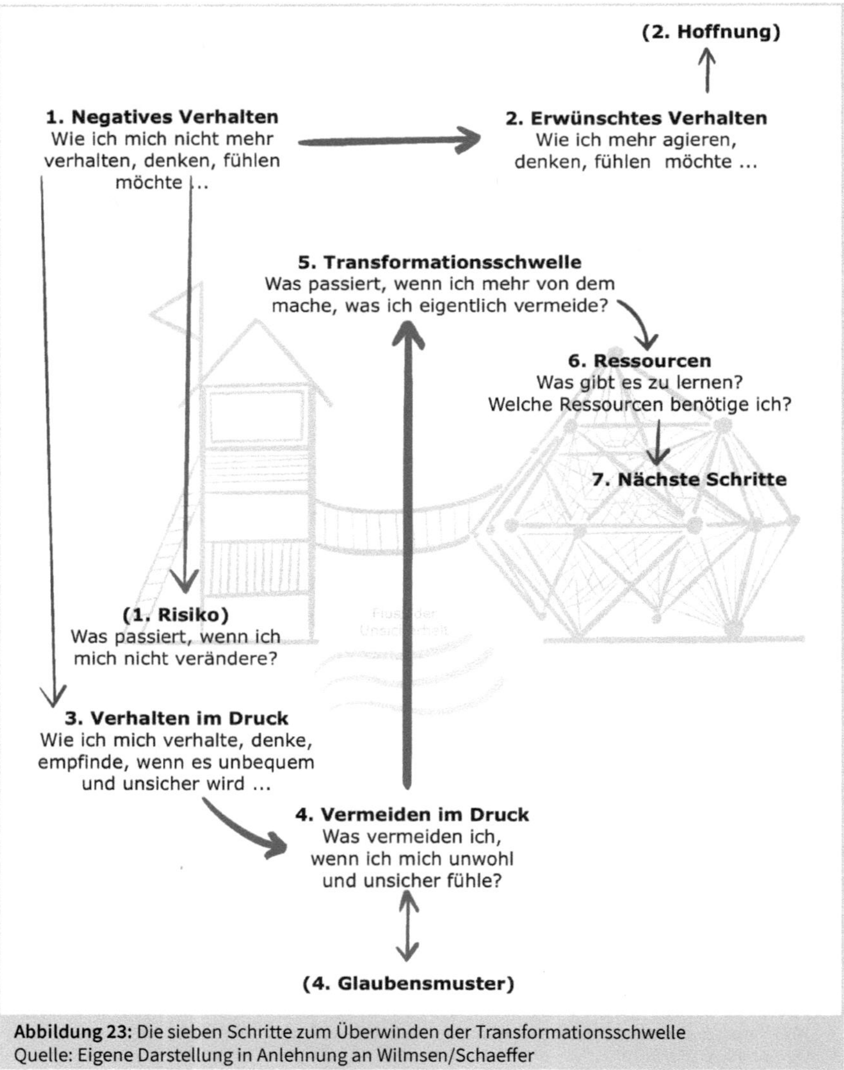

Abbildung 23: Die sieben Schritte zum Überwinden der Transformationsschwelle
Quelle: Eigene Darstellung in Anlehnung an Wilmsen/Schaeffer

	Prozessschritt	Frage	Anmerkungen
	Übergeordnet:	Welches Thema, welche Fragestellung möchte ich anschauen?	Definieren Sie eine spezifische Fragestellung oder Herausforderung.
1	»Negatives« Verhalten	Was möchte ich loswerden, was stört mich, kostet mich viel Energie?	Was genau ist es, was Sie an Ihrem Verhalten stört?
1a	Risiko	Was riskiere ich, wenn ich das Thema nicht angehe?	Stellen Sie sich die Frage, was passiert, wenn nichts passiert, wenn Sie sich nicht ändern.
2	»Erwünschtes« Verhalten, Zielverhalten	Was möchte ich stattdessen machen? Wovon möchte ich mehr haben?	Wonach streben Sie, wie möchten Sie agieren?
2a	Bedeutung	Was erhoffe ich mir dadurch, was habe ich davon?	Überlegen Sie, was es Ihnen bringt, wenn Sie mehr davon haben.
3	Stressmuster, Verhalten im Druck	Was mache ich konkret, wenn ich mich unwohl bzw. unter Druck fühle, so wie unter Punkt 1 beschrieben?	Beobachten Sie sich genau, wie Sie in unbequemen Situationen reagieren – sowohl auf der körperlichen, gedanklichen als auch emotionalen Ebene.
4	Vermeidung	Was vermeide ich, wenn ich mich unwohl fühle, wenn ich in meinem Muster bin?	Was sind die Verhaltensweisen, die Sie mit dem Stressmuster vermeiden?
4a	Glaubensmuster	Welche Glaubensmuster stecken dahinter?	Vermeidungsstrategien haben einen guten Grund und sind zumeist erlernt.
5	Transformationsschwelle	Was passiert, wenn Sie mehr davon machen, was Sie vermeiden wollen?	Das, was wir vermeiden, ist zumeist die Transformationsschwelle, die es zu überwinden gilt.

	Prozessschritt	Frage	Anmerkungen
6	Ressourcen	Was gibt es zu lernen, welche Ressourcen benötige ich, dass ich mich traue, über meine Transformationsschwelle zu gehen? Wie können wir uns gegenseitig unterstützen, dass wir uns über die Schwelle trauen?	Meistens schrecken wir vor unserer Transformations-schwelle zurück, weil wir es uns noch nicht zutrauen. Wir benötigen in uns oder auch von außen Unterstützung.
7	Nächste Schritte	Was sind die konkreten nächsten Schritte für mich?	Belassen Sie es nicht bei einer weiteren Erkenntnis, sondern definieren Sie kleinste Schritte, die Sie sofort umsetzen können.

Tabelle 19: Die Transformationsschwelle in sieben Schritten überwinden. Die grau markierten Schritte sind vertiefend und optional.
Quelle: Eigene Darstellung in Anlehnung an Wilmsen/Schaeffer

Persönlich statt sachlich antworten

Dieses Prozessmodell entfaltet seine Wirkung am besten, wenn Sie es nicht nur mit dem Kopf, sondern auch mit und aus dem Herzen beantworten. Nehmen Sie sich Zeit, um Ihre Antworten zu finden und zu beschreiben.

Achten Sie darauf, dass Sie die Fragen nicht rational, sondern relational beantworten. Das Ziel ist, die Beziehungen zu betrachten, die Zusammenarbeit, und nicht die fachlichen strategischen Themen. Diejenigen, die mit dem Modell und den Fragen arbeiten, sollen ihren eigenen Bezug zu der Frage herstellen und daraus antworten, statt über den sachlichen Status zu berichten.

Lassen Sie die Fragen in sich wirken, beobachten Sie sich im Alltag. Ich empfehle, diese Fragen zunächst einmal für sich persönlich durchzugehen. Mit ein wenig Übung oder auch externer Moderation können Sie sie dann gemeinsam in einem Teamworkshop erörtern, um gemeinsame Transformationsschwellen zu betrachten und Lösungen zu finden.

Die Basics: Was ist aktuell und wie soll es sein?

So einfach die ersten beiden Fragen daherkommen, so tief sind sie: Wie möchten Sie sich nicht mehr verhalten, von was möchten Sie weg? Und wie möchten Sie sich zukünftig mehr verhalten? Es wird schnell gejammert und gemeckert. Es ist leicht, im Opfer- und Jammertal zu sein. Schwieriger ist, den inneren Zustand und den persönlichen Zielzustand zu beschreiben. Es geht bei diesen Fragen nicht darum, das Verhalten anderer (friedlich zusammenarbeiten) oder ein sachliches Ziel zu benennen (wie zum Beispiel Umsatzziele erreichen). Es geht darum, wie *Sie* sich verhalten und fühlen bzw. nicht mehr verhalten und fühlen möchten.

Stellen wir uns hierfür das Beispiel einer Führungskraft vor. Nennen wir ihn Herrn Muster. Er möchte weg von einem unsicheren, instabilen hin zu einem sicheren Gefühl. Herr Muster berichtet, dass er sich vor allen Dingen in einem bestimmten Teilnehmerkreis unsicher fühlt. Da er eher ein stiller und introvertierter Mensch ist, empfindet er manche Führungsrunden als sehr laut, zum Teil unsachlich und unprofessionell, traut sich aber nicht, dies konkret zu äußern.

Sein Wunsch ist, sich in diesen Runden zunehmend offener und mit einer klaren inneren Haltung zu zeigen. Das bedeutet für ihn, sich aktiv einzubringen, wenn ihn etwas stört und aber auch wenn er Ideen und Vorschläge hat. Seine Ziele und Hoffnungen dahinter sind, sich in der Organisation noch weiterzuentwickeln und vor allen Dingen sein Potenzial besser sichtbar zu machen und einzusetzen.

Diese Fragen können Sie sich auch als Team beantworten. Dann ist es zunächst auch spannend, auf welchen gemeinsamen Nenner Sie sich einigen. Dies kann zum Beispiel sein, dass Sie sich nicht mehr fremdbestimmt, sondern selbstbestimmt fühlen möchten. Dass Sie sich mehr auf die eigentlichen Prioritäten konzentrieren.

Der blinde Fleck: Verhalten und Muster in unbequemen Situationen

Die Frage nach dem persönlichen Verhalten im Stress ist wichtig. Stellen wir uns Herrn Muster vor, wie er in einer Situation unsicher ist. Was genau passiert dann, wie verhält er sich, was bemerkt er in seinem Körper?

Im ersten Moment würde er vielleicht antworten, dass er keinen Stress empfindet. Viele Führungskräfte, insbesondere in höheren Führungspositionen verneinen dies. Es ist spannend zu erfahren, was die einzelnen Menschen unter Druck oder auch Stress verstehen, und wie sie dazu stehen. Wie wirkt es auf Sie, wenn jemand sagt, dass er keine oder nur sehr wenige Situationen kennt, in denen sie oder er sich unwohl fühlt? Auf mich wirkt es im besten Fall sehr weise und lebenserfahren, wenn ich einem Menschen begegne, der sehr in sich ruht.

In den meisten Fällen denke ich jedoch, dass ich mir das nicht vorstellen kann. Jeder Mensch kennt Situationen, wo der Puls ein wenig steigt, die Schultern sich automatisch hochziehen, die Zähne zusammengebissen werden. Letztlich glaube ich, dass alles andere Maskerade ist.

Als Führungskraft finde ich es wichtig, sich dessen bewusst zu sein, dass Stress etwas ganz Normales ist. Insbesondere in Transformationsprojekten mit Stellenabbau oder großen Umstrukturierungen ist ein Unwohlsein normal und allzu menschlich. Beobachten Mitarbeitende dann, dass ihre Führungskraft dies anscheinend kalt lässt, verunsichert es doch noch mehr. Dies hat zur Folge, dass sich die Mitarbeitenden nicht trauen, über ihre Gefühle und Ängste zu sprechen. Stattdessen bleiben Sie im angepassten Modus, weil sie sich nicht gesehen fühlen. Und das ist nicht das, was Sie erreichen möchten. Stress ist also nicht das Problem. Das Problem entsteht eher daraus, wie Menschen mit Stress umgehen.

So würde ich bei Herrn Muster weiter fragen: Wie fühlt sich diese Unsicherheit an, woran bemerkt er es? Wie wirkt sie sich aus? Stiller werden, Schultern hochziehen, genervt sein, eine höhere Stimme, hin und her rutschen auf dem Stuhl könnten seine Antworten sein. Diese Antworten benötigen Zeit. Denn wir sind häufig im Autopiloten-Modus und nehmen unsere Reaktionen in unangenehmen Situationen oftmals nicht deutlich wahr. Sie können sich diese Frage einmal auch als Beobachtungsaufgabe mitnehmen.

Das, was im Weg liegt, ist die Lösung

Im nächsten Schritt richten wir unsere Aufmerksamkeit auf die Mind Behaviour Gap. Herr Muster fragt sich, was er durch sein Verhalten – wie zum Beispiel Stillerwerden, Schultern hochziehen – vermeidet. Herr Muster wird erst einmal wenig mit dieser Frage anfangen können. Beim weiteren Nachdenken fällt ihm auf, dass er es vermeidet, Kritik an der Arbeitsweise im Termin zu äußern und seine Meinung darzustellen, um nicht zu riskieren, mit seinen Ansprüchen abgelehnt zu werden. Er vermeidet es, und unterdrückt so seine Bedürfnisse zur Zusammenarbeit und zur Gestaltung eines Termins.

Was passiert, wenn nichts passiert? Was riskiert er, wenn er weiter in dem Verhalten bleibt? Das wäre Herrn Muster klar. Entweder würde er irgendwann in einem Termin explodieren oder er würde sich das zukünftige Leben in der Organisation erschweren – schließlich möchte er sich auch als Führungskraft weiterentwickeln und strebt eine Position im Vorstand an.

Das rüttelt Herrn Muster wach und motiviert ihn zum nächsten Schritt im Modell. Das, was vermieden wird, ist der Weg. Was würde passieren, wenn er seine Bedürfnisse äußern würde, wenn er seine Meinung zum Ablauf der Termine darstellt? Ihm wird klar, dass er sich dann positioniert und eine Haltung zeigt. Dass er das erreicht, was er erzielen möchte.

Das fühlt sich für ihn erst einmal ungewohnt und unsicher an. Herr Muster denkt laut, dass er sich dadurch einer Gefahr aussetzt. Er macht sich angreifbar, weil er sich mehr zeigt. Ihm wird jedoch klar, dass genau das seine Transformationsschwelle ist.

Ressourcen sichern uns ab

Damit wir in kleinen Schritten über die Transformationsschwelle gehen und mehr von dem tun, was wir eigentlich vermeiden, benötigen wir ein Sicherungsseil und Karabinerhaken. Die Kernfrage ist: Was benötigt die Person, um über den Fluss der Unsicherheit und die Schwelle zu gehen?

Diese Frage kann nur jeder für sich beantworten. Herr Muster erkennt, dass er sowohl Mut benötigt als auch das Gefühl, nicht alleine mit seiner Meinung zu sein. Des Weiteren bemerkt er, dass er lernen möchte, unabhängiger von der Meinung anderer zu werden und zu seinen Bedürfnissen und Ansprüchen zu stehen.

Als konkrete nächste Schritte definiert er für sich zuerst ein offenes Gespräch mit einem Kollegen über diese speziellen Termine sowie seine Eindrücke dazu. Er möchte sich abgleichen, ob nur er so kritisch ist oder ob es anderen ähnlich geht. Ebenfalls wird er für die nächste Führungskreisrunde das Thema auf die Agenda setzen lassen. Er wird sich vorbereiten und notieren, was er konkret beobachtet, wie es ihm in den Meetings geht und was er für Verbesserungsideen hat.

Als Führungskraft zuerst die Komfortzone verlassen

Diesen Ablauf können Sie ebenfalls kollektiv mit dem Team durchlaufen und sich nacheinander diese Fragen beantworten. Ich empfehle Ihnen als Führungskraft, sich selbst erst einmal über die eigenen Muster und die persönliche Transformationsschwelle bewusst zu werden. Schließlich sind Sie es, die vorangehen. Je klarer Sie sich über Ihre persönlichen Strategien unter Druck sind, umso besser werden Sie Ihr Team leiten können, wenn dies unsicher ist.

In der Theorie U findet sich dazu eine sehr passende, detailliertere Definition von Führung:

> *»Die Fähigkeit eines Systems, seine Zukunft zu gestalten, d. h. sie ›ankünftig‹ werden zu lassen. Die indoeuropäische Wurzel der Wörter ›Leitung‹ und ›Leadership‹ geht auf leith zurück und bedeutet ›nach vorne gehen‹, ›über die Schwelle‹ oder ›in ein neues Gebiet gehen‹ oder auch ›sterben‹. Diese Wortwurzel verweist darauf, dass die Erfahrung des Loslassens der alten Welt und des Eintauchens in eine neue Welt die innere Essenz jedes Führungsgeschehens ist. Es kann nur dann gelingen, wenn die Betreffenden den Mut aufbringen, den Fuß in ein vollkommen neues und bisher nicht bekanntes Territorium zu setzen.«*[82]

Ich mag diese Definition sehr, weil sie so gut ins Transformationsmodell passt und die vielen Worte ergänzt. Führung bedeutet demnach, zuerst über die Brücke zu gehen. Zuerst die Unsicherheit zu überbrücken, sich das Neue anzuschauen und dann wieder zurück zum Team zu gehen.

Sehen Sie die Querung der Transformationsschwelle als eine riesige Lernchance an, sowohl für sich als auch für Ihr Team und die gesamte Organisation. Wie bei allen vorgestellten Methoden in diesem Buch wird auch dieser Impuls umso wirkungsvoller sein, je wohlwollender Ihre Haltung ist.

In dieser wichtigen Phase verändert sich Ihre Rolle als Führungskraft ein wenig. Im angepassten Stadium geben Sie Orientierung und Prozesssicherheit. Beim Queren der Transformationsschwelle agieren Sie mehr als Coach. Sie hören zu, stellen Fragen und ermutigen.

---

82 Scharmer 2015, S. 468 f.

7.3.3 Praxisbeispiel Führung und Agilität: Kollektive Transformationsschwelle Emotionen?

Immer wieder höre und beobachte ich, dass es Menschen im Businesskontext schwerfällt, Emotionen zu zeigen. Für viele gehört die Gefühlswelt einfach nicht zum Job. Ich bin wiederum der festen Überzeugung, dass wir ohne Maske auf dem Weg zum Klettergerüst weiter kommen. Beim agilen Arbeiten steht der Mensch im Fokus. Und zum Menschen gehören auch Emotionen und Gefühle[83]. Sie dürfen nicht ausgeklammert werden. Ganz im Gegenteil.

Spannend sind deshalb die grundsätzlichen Fragen aus dem Transformation Process Modell zum übergeordneten Thema »Menschlicher und natürlicher mit Emotionen umgehen«. Einige mögliche Antworten finden Sie in der nächsten Tabelle. Wie sähe Ihre Meinung dazu aus?

	Prozessschritt	Frage	Antwort
1	»Negatives« Verhalten	Was stört im Umgang mit Emotionen?	Über Gefühle und Emotionen wird sehr selten geredet. Sie werden unterdrückt, vor allen Dingen die Emotionen Angst, Wut, Trauer.
1a	Risiko	Was wird riskiert, wenn das Thema weiter ausgeklammert wird?	Ein Teil des Mensch-Seins wird ausgeklammert. Menschen fühlen sich dadurch weniger gesehen und verstanden. Menschen verbleiben im angepassten Stadium, statt sich auf die Veränderung zuzubewegen.
2	»Erwünschtes« Verhalten	Was wird stattdessen erwünscht?	Ein natürlicher Umgang mit Gefühlen und Emotionen: Aussprechen, Akzeptieren, Respektieren von Emotionen. Bedürfnisse hinter den Emotionen verstehen.

83 Der Begriff »Emotion« stammt vom lateinischen Wort »emotio« ab. Dies meint heftige Bewegung. Grundemotionen sind Angst, Wut, Ekel, Trauer, Freude und sexuelle Emotionen. Sie rufen physiologische und verhaltensbezogene Reaktionen hervor. Gefühle hingegen beschreiben das, was durch die Emotion erlebt wird. »Wir kennen unsere Emotionen dadurch, dass sie uns als Gefühle bewusst werden.« schreibt Rüdiger Vaas in einem schönen Essay über Emotionen auf https://www.spektrum.de/lexikon/neurowissenschaft/emotionen/3405, abgerufen am 28. Juli 2021.

	Prozessschritt	Frage	Antwort
2a	Bedeutung	Was ist die Hoffnung dahinter?	Höhere Motivation, bessere Zusammenarbeit und erfolgreichere Veränderungen.
3	Verhalten unter Druck	Was ist das Muster, wenn sich Menschen unwohl fühlen (im »negativen« Verhalten)	Unsicherheit, starke Fokussierung auf sachlichen Themen, Detailverliebtheit, Ablenken, »Emotionen sind Quatsch«. Kein Zuhören. Ausüben von mehr Druck. Maske wird aufgesetzt bzw. aufbehalten.
4	Vermeidung	Was vermeiden Sie dadurch?	Guten Kontakt zum Menschen und Verstehen, was der Mensch benötigt. Eine zwischenmenschliche Verbindung. Die Bedürfnisse hinter den Emotionen verstehen und sie berücksichtigen. Kontrollverlust. Zuhören, Einlassen auf die andere Person. Aber auch die eigene Maske fallen lassen und die eigenen Gefühle und Emotionen zeigen.
4a	Glaubensmuster	Welche Glaubensmuster stecken dahinter?	Emotionen gehören nicht in die Geschäftswelt. Emotionen sind zu weichgespült. Emotionen sind nicht kontrollierbar.
5	Transformationsschwelle	Was passiert, wenn Sie mehr davon machen, was Sie vermeiden wollen?	Verstehen der Situation des Gegenübers, Verbindungs- und Vertrauensaufbau. Sich selbst mehr als Mensch und damit verletzlich zeigen.
6	Ressourcen	Was gibt es zu lernen? Was wird benötigt?	Eigene Glaubensmuster zum Umgang mit Emotionen hinterfragen. Mut, die eigene Maske etwas fallen lassen und zeigen, was einen bewegt.
7	Nächste Schritte	Was wären erste Schritte?	In kleinen Schritten anfangen und äußern, was einen bewegt, begeistert und ärgert.

Tabelle 20: Die Transformationsschwelle »Menschlicher und natürlicher mit Emotionen umgehen« überwinden
Quelle: Eigene Darstellung in Anlehnung an Wilmsen/Schaeffer

In einem nächsten Schritt können wir überlegen, wie sich die übergeordnete Unsicherheit im Umgang mit Emotionen und Gefühlen auf Führungskräfte auswirkt. Spüren Sie selbst einmal nach, welche Gedanken und Glaubenssätze Sie über einen Menschen in Führungsposition haben oder auch über einen Geschäftsführer. Wie hat so jemand in Ihrer Vorstellung zu sein? Wie stellen die aktuellen Wirtschaftsmagazine Topmanager dar? Auch diese Rollenerwartung unterliegt einer starken Veränderung.

Fragen Sie sich auch: Wann erlebe ich eine Führungskraft oder eine CEO als wirksam, wann berührt und bewegt mich die Person, wann gewinnt sie mich für sich? Vermutlich ist es, wenn Sie neben der Rolle auch die menschliche Seite sehen. Sprich, wenn sich die Menschen verletzlich zeigen, berühren und bewegen sie andere. Dadurch verbinden wir uns. Erst wenn wir spüren, dass der andere auch verletzlich ist, genauso wie wir selbst, öffnen wir uns und können uns auf den anderen einlassen. Dann kann eine Brücke, Vertrauen entstehen. Erinnern wir uns: »We are all the same«. Also können wir das auch zeigen. Das bedeutet nicht, es immer zu zeigen. Es bedeutet auch nicht, alles weichzuspülen. Es bedeutet, uns als Mensch mehr zu zeigen mit dem, was uns bewegt, was uns begeistert, aber auch mit dem, was uns aufregt und wo die eigenen Grenzen sind.

Haben wir eine Maske auf, vermeiden wir, dass andere Menschen uns sehen können. Mit einem Pokerface zeigen wir keine Verletzlichkeit, sondern Unverwundbarkeit. Es wird ein Kontrollverlust vermieden – sowohl bei einem selbst als auch beim Gegenüber. Zahlen und Excel-Listen lassen sich steuern, Wut und Angst nicht.

Was passiert, wenn Emotionen weiter außen vor bleiben? Was wäre das Risiko? Die Zusammenarbeit sowie Veränderungsprojekte stocken, weil die Mitarbeitenden nicht überzeugt sind. Weil sie keine echte Verbindung zum Vorgesetzten empfinden. Emotionen stauen sich auf, explodieren dann irgendwann und richten vermutlich mehr Schaden an, als wenn sie offen thematisiert werden. Dabei ist das Ziel jeder Führungskraft doch, eine positive sowie motivierte Stimmung im Team zu haben, erfolgreich zu sein, oder? Menschen mit Masken zeigen keine Stimmung – also ist es doch mehr als offensichtlich kontraproduktiv.

Was im Weg ist, ist der Weg: Glaubenssätze relativieren

Hinter der Angst, Emotionen zu zeigen, stecken alte Glaubenssätze. Genauso ist es mit der Angst, Fehler zu machen. Glaubenssätze sind zum Beispiel, es immer perfekt machen oder immer stark sein zu müssen. Gerade Letzteres ist ein Muster, mit dem Jungen oftmals erzogen und sozialisiert werden. »Indianer kennen keinen Schmerz« ist dazu eine bekannte Redewendung.

Diese Glaubensmuster sind auch als innere Antreiber bekannt. Antreiber sind verinnerlichte Anweisungen, die wir in unserer Kindheit von unseren Autoritätspersonen wahrgenommen haben. Wir haben diese Anweisungen so verstanden, dass wir nur dann geliebt werden, wenn wir uns an diese innere Anweisung halten. Die inneren Antreiber sind also Glaubenssätze für unsere Beziehungen.

Besonders in schwierigen Situationen folgen wir diesen Antreibern unbewusst mehr als uns lieb ist. Analysieren Sie also ruhig Ihre Antworten auf die Frage nach den Glaubensmustern im vorherigen Modell erneut. Dennoch haben uns unsere persönlichen Antreiber in unserem Leben unterstützt und haben nicht nur negative Ausprägungen, sondern auch positive Eigenschaften. Sie spornten und spornen uns an und halfen uns, unseren Weg zu gehen.

Die Antreiber sind in der Übersicht:

- Sei (immer) perfekt! – Mache alles genau, möglichst vollkommen.
- Beeil Dich (immer)! – Erledige alles im größtmöglichen Tempo.
- Streng Dich (immer) an! – Tue alles mit viel Energie, versuche es immer wieder.
- Mach's allen (immer) recht! – Sei lieb, orientiere Dich an den Bedürfnissen anderer.
- Sei (immer) stark! – Beherrsche Dich, sei Vorbild für alle, lehne Hilfe ab und zeige keine Gefühle.

Die Antreiber gelten absolut, das heißt, wir können uns zu jedem Antreiber das Wort immer dazu denken. Durch dieses Absolute lassen sie uns keine Wahl und können auch nicht erfüllt werden. Das bedeutet, es ist unmöglich, es jemals perfekt oder es allen recht zu machen. Im Stress, wenn wir uns unwohl fühlen, funktionieren unsere Antreiber wie Leitplanken für uns. Sie geben uns Sicherheit.

Dabei gibt es zwei Paradoxien. Zum einen ist es in der heutigen Arbeitswelt und auch generell unmöglich, unseren inneren Ansprüchen gerecht zu werden. Zum anderen vermeiden wir mit einem ausgeprägten Antreiberverhalten das, was es eigentlich braucht: das Menschliche. Jeder Mensch sehnt sich doch danach, andere Menschen zu erleben, die genauso sind wie sie oder er selbst: nicht perfekt, unvollkommen, mit Haltung.

Was wird vermieden, was sind typische Vermeidungsstrategien: Fehler machen, offen sein und sich verletzlich zeigen, eine Haltung zeigen und Nein sagen, Aufgaben abschließen oder auch Aufgaben ganz streichen, ... Die nachfolgende Übersichtstabelle gibt Ihnen einen Überblick über die klassischen fünf Antreiber und wie sie sich im Alltag zeigen. In den digitalen Extras finden Sie die vollständige Übersicht dazu.

Antreiber	**Sei (immer) perfekt!** **Mache alles genau, möglichst vollkommen.**
Überzeugung	Nichts ist so gut, dass es nicht noch besser ginge.
Stärken/positive Ausprägungen, wenn in guter Balance	Gründlich; genau; strukturiert; klar; aufgeräumt, »Leertischler«; gute Planung
Ausprägungen, wenn unter Stress und Druck	Besserwisserei; Perfektionismus kann pedantisch sein; verliert sich im Detail; schlechtes Zeitmanagement; engstirnig, kompromisslos; denkt in »richtig« oder »falsch«; geringe Offenheit
Ansatzpunkte zum Überwinden der inneren Transformationsschwelle	• Realistisch planen – was ist an Leistung und Präzision möglich? • Konsequenzen von Fehlern hinterfragen: Was passiert im schlimmsten Fall? • Grauzonen erkennen, statt absoluten Schwarz-Weiß-Denkens
Erlaubnisse, die das Überwinden der Transformationsschwelle erleichtern	• Ich darf Fehler machen, ohne mich unzulänglich zu fühlen, und kann daraus lernen. • Ich darf mich so zeigen, wie ich bin und meinen eigenen Stil entwickeln. • Ich darf die Zusammenarbeit mit anderen genießen.
Antreiber	**Beeil Dich (immer)!** **Erledige alles im größtmöglichen Tempo.**
Überzeugung	Ich muss schnell arbeiten, um alles erledigen zu können. Ich habe wenig Zeit, um zu tun/zu sagen, was mir wichtig ist.
Stärken/positive Ausprägungen, wenn in guter Balance	Erledigt viel in kurzer Zeit; effektiv und effizient; energiegeladen und motivierend; hält Leute auf Trab und kann motivieren; hat immer noch Kapazität und Motivation für Neues
Ausprägungen, wenn unter Stress und Druck	Selbst oft zu spät; erschöpft durch permanente Eile und Aktivität; hohe Fehlerquote; wichtige Dinge können vergessen werden; laufen dem eigenen Anspruch hinterher; können Projekte schwer zu Ende bringen

Ansatzpunkte zum Überwinden der inneren Transformationsschwelle	• Die Anforderungen an die Aufgabe realistisch einschätzen • Andere Menschen ausreden lassen, zuhören • Zwischenziele definieren; Aufgaben und Projekte abschließen
Erlaubnisse, die das Überwinden der Transformationsschwelle erleichtern	• Ich darf mir Zeit nehmen und es auf meine Art tun. • Ich darf mich auf Menschen und Situationen einlassen und den Kontakt genießen. • Ich brauche anderen nicht vorauszueilen, um beachtet zu werden.
Antreiber	**Streng Dich (immer) an!** **Tue alles mit viel Energie, versuche es immer wieder.**
Überzeugung	Ich kann alles schaffen, wenn ich mich nur genug anstrenge.
Stärken/positive Ausprägungen, wenn in guter Balance	Optimistisch; enthusiastisch; energiegeladen; kennt seine Grenzen; haushaltet mit Energie
Ausprägungen, wenn unter Stress und Druck	Ergebnisse sind nie gut genug, Aufgaben sind nie zu Ende; Erfolge werden abgewertet, neue Ziele überbetont; alles ist gleich wichtig (unklare Prioritäten) und kostet viel Energie, erschöpfend; lange Arbeitszeiten/Überstunden
Ansatzpunkte zum Überwinden der inneren Transformationsschwelle	• Anforderungen und Erwartungen an ein Projekt definieren und sich daran orientieren. Daraus eine Projektplanung inkl. den Abschluss von Projekten mit entwickeln und diesen abarbeiten. • Aufhören, sich freiwillig für Sonderthemen zu engagieren. • Andere um Unterstützung fragen.
Erlaubnisse, die das Überwinden der Transformationsschwelle erleichtern	• Ich darf es mir leicht machen. • Ich darf mich über das Erreichte freuen und mich ausruhen. • Ich darf mir helfen lassen.
Antreiber	**Mach es allen (immer) recht!** **Sei lieb, orientiere Dich an den Bedürfnissen anderer.**
Überzeugung	Wenn ich es allen recht mache, werden sie mich mögen bzw. mir nicht böse sein.
Stärken/positive Ausprägungen, wenn in guter Balance	Bietet Alternativen an; schafft eine gute/sichere Umgebung; empathisch und ermutigend; nett, sie in Gesellschaft zu haben; fürsorglich; hilfsbereit
Ausprägungen, wenn unter Stress und Druck	Harmoniebedürftig; keine eigene Meinung; entscheidungsschwach; wenig fokussiert; keine Durchsetzungskraft

Ansatzpunkte zum Überwinden der inneren Transformationsschwelle	• Eigene Bedürfnisse äußern • Grenzen setzen und Nein sagen • Nachfragen, was erwartet/gebraucht wird, statt zu spekulieren
Erlaubnisse	• Ich darf mich wichtig nehmen und herausfinden, was ich selbst möchte. • Ich darf nachdenken, bevor ich es auf meine Art tue. • Ich habe ein Recht auf meine eigene Meinung.
Antreiber	**Sei (immer) stark!** **Beherrsche Dich, sei Vorbild für alle, lehne Hilfe ab.**
Überzeugung	Ich darf mir keine Schwäche anmerken lassen.
Stärken/positive Ausprägungen, wenn in guter Balance	Aufmerksam; kontrolliert; ruhig – selbst unter Stress; stellt klare Regeln auf, setzt Grenzen; strukturiert und klar; lässt sich nicht unterbrechen und ablenken
Ausprägungen, wenn unter Stress und Druck	Erscheint rigide und elterlich, von oben herab »patronisierend«; zeigt wenig Gefühle; geringe Empathie; wirkt kalt und unnahbar
Ansatzpunkte zum Überwinden der inneren Transformationsschwelle	• Andere um Unterstützung bitten • Sich selbst einen Überblick über Aufgaben und Projekte verschaffen und die eigene Arbeitsbelastung realistisch einordnen • Aktivitäten und Aufgaben finden, die Spaß machen
Erlaubnisse	• Ich darf stark sein und zugleich Bedürfnisse haben. • Ich darf meinen Gefühlen trauen und mich von ihnen leiten lassen. • Ich brauche niemanden zu beeindrucken, um gemocht zu werden.

Tabelle 21: Antreiber und ihre Erkennungszeichen in der Übersicht
Quelle: Eigene Darstellung in Anlehnung an Korpiun, 2015; Hay, 2009

Agilität benötigt förderliche Antreiber

Im vorherigen Kapitel hatten wir uns mit den Kernideen der Agilität beschäftigt. Betrachten wir die agilen Prinzipien zusammen mit den Antreibern, wird klar, dass uns unsere alten Glaubensmuster im Weg stehen werden. Und das, was wir eigentlich vermeiden wollen, der Weg in eine agilere Arbeitsweise ist: Fehler machen, eigene Bedürfnisse in der Zusammenarbeit äußern, um Hilfe fragen, Gefühle äußern.

Es bedeutet nicht, komplett in das Gegenteil zu verfallen und zum Beispiel nichts mehr perfekt machen zu wollen. Es gilt, ein gesundes Maß zu entwickeln. Die Antreiber und inneren Ansprüche sind gut und wertvoll, wenn sie in einem gesunden Maß vorhanden sind. Daher kann es durchaus hilfreich sein, im Team das Konzept der Antreiber zu kennen und sich selbst sowie die Kollegen einzuschätzen. Werden Sie sich persönlich und als Team bewusst, welche Antreiber aktuell zu stark ausgeprägt sind und eher im Weg stehen. So können Sie sich besser daran erinnern, wenn Sie sich im Kreis drehen, statt über die Transformationsschwelle zu gehen.

Neben den persönlichen Antreibern gibt es organisationale oder auch branchentypische Antreibertendenzen. Diese kommen dann als übergeordnete Transformationsschwellen noch hinzu. In Familienunternehmen herrscht häufig ein sehr hohes Harmoniebedürfnis. Der Antreiber »Mach's allen immer recht« ist sehr ausgeprägt, wohingegen in sehr technisch- und männerlastigen Produktionsbranchen die Antreiber »Sei immer stark« und »Mach's immer perfekt« ausgeprägt sind.

Um über die Unsicherheit und den kritischen Punkt in der Zusammenarbeit zu gehen, bedarf es zunächst einer persönlichen Querung – zumindest erleichtert sie diesen Schritt. Daher empfehle ich Ihnen: Schauen Sie sich erst Ihre eigenen Themen und Muster an. Dann wird es Ihnen leichter fallen, diese im Team zu erkennen und zu unterstützen.

Ebenfalls ist wichtig anzuerkennen, dass die Transformationsschwellen nicht von heute auf morgen überquert werden. Oftmals geht ein monatelanger, manchmal sogar jahrelanger Prozess voraus. Zugleich begegnen uns die Möglichkeiten, die Transformationsschwellen zu queren, sehr oft im Alltag.

Die tatsächlichen Transformationsschwellen verbergen sich nicht hinter den großen, technischen Neuerungen. Es sind vielmehr die zwischenmenschlichen. Sie liegen darin, dass wir uns offener und ehrlicher begegnen, dass wir Beziehungen ernst nehmen, dass wir uns ohne Maske und verletzlich zeigen, dass wir ehrlicher und offener miteinander sind.

Der Weg von einer eher autoritären zu einer agilen Führungskraft

Dies bestätigte mir ein Prokurist in der Investitionsgüterbranche, dessen Unternehmen gleich mehrere Transformationsschwellen auf dem Weg in eine agile Organisation überwand. Zunächst galt es, die neue Ausrichtung überhaupt mitzutragen und die gewohnten Strukturen zu verlassen. Dies erfolgte erst, nachdem er von seinem Geschäftsführer das Wozu der neuen Strategie nicht nur kognitiv verstanden, sondern auch emotional gefühlt hat. Ein nächster Meilenstein war die tatsächliche Umorganisation des eigenen Bereiches. Das Ziel: Die Strukturen sollen Prozesse beschleunigen und vor allen Dingen den Kunden besser bedienen. Zur Umstrukturierung gehörte nicht nur das Auflösen von Fachteams hin zu gemischten Teams.

Darüber hinaus sollte der Bereich nun nicht mehr alleine von ihm, sondern von einem Führungsteam mit zwei weiteren Personen geleitet werden. Auch entscheiden sollte nun nicht mehr wie bisher er als Einzelner, sondern das Team. Darüber hinaus erhielten Mitarbeitende mehr Verantwortung sowohl in den Projekten als auch in der gesamten Gestaltung der Organisation und Kommunikation. Die Führungskraft berichtete, dass die neue Art der Führung wenig mit dem zu tun hatte, was sie bisher gewohnt war. Statt einfach zu entscheiden, in den Entscheidungen konsequent zu sein und Themen alleine zu erarbeiten ginge es nun viel mehr darum, im Dialog gemeinsam zu entscheiden, Neues auszuprobieren und immer wieder zu justieren. Als Mensch mit einem starken »Mach's immer perfekt!«-Antreiber bedeutete dies eine hohe Herausforderung. Die eigene Tendenz, als Perfektionist einzugreifen und zu verbessern, musste und wollte er loslassen. Er beschrieb, dass er lernen musste, zuzuhören und anders mit Fehlern umzugehen. Galt es früher, diese zu verhindern, gehören sie nun dazu.

»Sich nicht mehr so verstecken können, berechenbar und transparent sein«, benennt er als größte Veränderung. Als Führungskraft könne er sich nicht mehr hinter seinem Schreibtisch zurückziehen und von dort autoritär führen. Vielmehr ist es ein offenerer Austausch mit den Menschen im Bereich. Ideen und strategische Themen werden frühzeitig kommuniziert, gemeinsam diskutiert und gestaltet. Der Prokurist lernte mehr und mehr zuzuhören, offen in einem Prozess zu sein, statt mit fertigen Lösungen zu argumentieren. Dies bedeutete im täglichen Doing das Loslassen von alten Mustern. Er war es gewohnt, Diskussionen zu unterbrechen und die eigene Meinung und Entscheidung durchzusetzen. Nun übte er im Alltag immer wieder, seine Kollegen ausreden zu lassen, wirklich zuzuhören und in einen Dialog zu gehen. Das gesamte Team wurde nicht nur ihm gegenüber offener, sondern die veränderte Führung strahlte auf den gesamten Bereich ab. Die vermeintliche Angst, weniger Macht durch zwei weitere Führungskolleginnen zu haben, bestätigte sich nicht. Stattdessen erlebte er es mehr und mehr als Ressource, sich auszutauschen, verschiedene

Sichtweisen zusammenzuführen, voneinander zu lernen und die Organisation dadurch besser zu führen.

Gleichzeitig berichtete er, wie ungewohnt es ist, für das Team transparenter und berechenbarer zu sein. Ein Verstecken sei nicht mehr möglich. Die Mitarbeitenden würden spüren, wo die Führungskraft unsicher ist, Fehler macht und seien insgesamt im Dialog fordernder. Zu der eigenen Verletzlichkeit zu stehen, innerlich flexibler und gleichzeitig persönlich in der grundsätzlichen Haltung gefestigt zu sein sei immer wieder die Transformationsschwelle gewesen. Fixstern bei dieser mehrjährigen Reise mit Höhen und Tiefen sei immer das Wohl und die Ziele der Gesamtorganisation gewesen: »Es ging und geht nicht um mich, es geht um den Gesamterfolg der Organisation und die Zukunftsfähigkeit des Bereiches«, war eine sehr prägnante Aussage.

Dieses Beispiel zeigt, dass die persönliche Entwicklung einer Führungskraft unmittelbar mit der Organisationsentwicklung zusammenhängt.

In der Führungsrolle als Coach ermutigen

Was ist nun Ihre Rolle als Führungskraft in der Übergangsphase von der angepassten zur aktiven Phase? Zunächst einmal ist wichtig, dass Sie akzeptieren, dass Transformationsschwellen kommen werden. Sie sind normal. Akzeptieren Sie diese, statt gegen sie zu kämpfen. Seien Sie sich zunächst Ihrer eigenen Schwellen bewusst: Wie agieren Sie, wenn es unbequem wird und was vermeiden Sie dann? Mit diesem Bewusstsein fällt es Ihnen bestimmt leichter, sich in Ihr Team hineinzuversetzen und sie zum Queren zu ermutigen.

Als Führungskraft sind Sie dann nicht mehr als Guide oder Experte gefragt, sondern als Coach. Ein Coach unterstützt Menschen bei ihrer Zielerreichung[84]. In dieser Rolle sehen und spüren Sie das Zukunftspotenzial des Einzelnen bzw. des Teams. Aus dieser Haltung heraus ermutigen Sie und stellen Fragen, die der Mitarbeitende für sich beantwortet. Dies sind zum Beispiel die Fragen aus dem Transformation Process Model. Der Mitarbeitende spürt durch diese Haltung, dass Sie an ihn glauben.

84 Ein klassischer Coach als externer Berater arbeitet neutral. Das bedeutet, er selbst hat kein Ziel im Prozess – außer dem Kunden bei der Zielerreichung zu unterstützen. Als Führungskraft können Sie per Rolle kein neutraler Coach sein. Denn es geht Ihnen darum, die Unternehmensziele mit dem Mitarbeitenden zu erreichen.

Gleichzeitig findet er/sie eigene Antwort und erlebt eigenen Gestaltungsspielraum. In der Zusammenarbeit mit dem gesamten Team ist Ihre Aufgabe, eine gemeinsame Sprache und einheitliche Bilder zu den Transformationsschwellen zu generieren, also den roten Faden bzw. den gesamten Elefanten zu erkennen. Im Tagesgeschäft geht es darum, das Ziel im Blick zu haben und durch das eigene Vorbildverhalten sowie konkrete Vereinbarungen und zum Teil auch hierarchisches Vorgeben, das zu machen, was an sich vermieden werden soll.

7.3.4 Aus dem Nähkästchen: Meine Transformationsschwelle als Coach

Insbesondere wenn Sie moderieren und beratend tätig sind, ist es sehr hilfreich, die eigene Transformationsschwelle zu kennen. Damit gehen Sie vor allen Dingen befreiter und klarer an einen Prozess heran und Sie vermeiden die typische Beraterfalle, eigene Themen und Baustellen auf die Kunden zu übertragen. Zugleich wissen Sie, wie es sich anfühlt, an der Schwelle zu stehen und in das Ungewisse zu gehen.

Meiner ganz persönlich-professionellen Transformationsschwelle begegnete ich vor ein paar Jahren. Die Schwelle ist für mich, voller Vertrauen in mich und in einen Prozess zu gehen, statt mich innerlich in der Vorbereitung kaputtzumachen.

Ich bewege mich dabei zwischen den Polen »Bestleistung bringen!« und »Mit dem vollen Herzen agieren und den Prozess unterstützen«. Meine Hauptantreiber »Streng Dich immer an!« und »Mach es allen immer recht!« feuern mich innerlich an. Das führt dazu, dass ich Termine, Workshops und Prozesse sehr detailliert vorbereite. Ich durchdenke die Themen von allen Seiten und spüre teilweise »Ich muss mich dem Kunden gegenüber beweisen, ich muss doch zeigen, dass ich die Expertin bin!«. So sammelte ich in jeder Weiterbildung eifrig Methoden und Tools. Las viele Studien, bereitete mich ausgezeichnet vor.

Bis ich bei einer Masterclass merkte und im Ausprobieren spürte, dass ein großer Unterschied besteht, ob Coachingtools einfach nur mechanisch angewendet oder von innen heraus genutzt werden – mit Zuwendung, mit echtem Interesse, mit Wohlwollen. So hatte ich auf einmal den Geistesblitz: »Wenn ich aus dem Herzen heraus agiere, brauche ich nichts anderes mehr, keine weitere Coachingtechnik, dann ist immer alles da.« Ich war irritiert und zugleich sehr erleichtert – dieser Gedanke fühlte sich sehr befreiend an. »Es ist alles da, es ist alles in mir!« Auf einmal verstand und fühle ich diesen Kalenderspruch.

Was ist nun der Unterschied vor und nach diesem Schlüsselerlebnis? Bis dahin bin ich sehr leistungsorientiert und egoistisch an meine Arbeit herangegangen: »Ich muss es gut machen, ich will mich beweisen, keine Schwäche zeigen, hoffentlich mögen mich die Teilnehmer und geben später ein gutes Feedback.« Es ging mehr um mein Wohlbefinden als das meiner Kunden.

Vor dem sprichwörtlichen weißen Blatt Papier stand ich meistens mit dem Wert der Leistung. Heute arbeite ich immer mehr aus dem Herzen heraus, von einem inneren Ort des Wohlwollens meiner Kunden gegenüber. Es ist ein intuitiveres sowie kreativeres Arbeiten. Die Ziele der Kunden stehen im Vordergrund, danach richte ich alles, auch mich aus. Natürlich arbeite ich noch mit Methoden sowie Tools. Doch es steht der Nutzen im Vordergrund – nicht mein Drang, mich zu beweisen. Ich möchte dem Menschen und den Organisationen dienen. »It is not about me, it is about them.«[85] – das ist mehr und mehr mein Motto.

Hielt ich mich früher strikt an meinen eigenen Ablauf für einen Workshop, bin ich heute viel flexibler, spüre in den Menschen oder in die Gruppe hinein, was es heute, hier und jetzt wirklich benötigt, um das Ziel der Menschen und der Organisation zu unterstützen, gebe meine Wahrnehmungen wider, meine Empfindungen und Eindrücke, bin voll und ganz beim Menschen. Das verlangt mir viel ab – vor allen Dingen Vertrauen in den Prozess und Vertrauen in mich. Ich begebe mich sehr in die Unsicherheit und lasse mein Holzhaus mit all meinen Vorstellungen, Erwartungen und Werkzeugen im Großen und Ganzen los.

Bin ich früher weniger offen gewesen und habe eher eine perfekte Fassade aufrechterhalten, bin ich heute viel menschlicher und nahbarer in Terminen. Das, was in mir vorgeht, teile ich mehr mit. Ich mache das Implizite mehr und mehr explizit.

Es bedeutet nicht, dass ich mich nicht mehr auf Termine vorbereite. Es ist nun eine andere Vorbereitung. Bevor ich mich thematisch und fachlich vorbereite, stelle ich

85 Dieses Motto lernte ich im Rahmen eines Coachings mit Christine Wank vom Generative Facilitation Institute.

mich sinnbildlich vor das weiße Blatt Papier des Kunden und spüre mein Wozu und das übergeordnete Wozu für diese Anfrage, diesen Auftrag. Manchmal gelingt es mir gut, manchmal weniger. Ich merke jedoch, dass es, wenn ich mich darauf einlasse und aus diesem Ort agiere, meinem Herzen und meiner Intuition vertraue, immer als hilfreicher als »rein methodisches« Arbeiten empfunden wird – das höre ich zumindest von meinen Kunden. So verstehe und spüre ich auch immer mehr, was Otto Scharmer meinte, indem er schrieb:

> *»Die Qualität der Aufmerksamkeit, die wir in eine Situation einbringen, bedingt die Art, wie Wirklichkeit entsteht.«*

Auf einen Blick

- Die Transformationsschwelle ist erreicht, wenn die Grenze der Komfortzone erreicht ist; wenn Sie merken, dass Sie über den Fluss der Unsicherheit gehen müssen. Oder um es mit den Worten Marc Aurels auszudrücken: »Was im Weg ist, ist der Weg.«
- Es gibt einen strukturierten Prozess, mit dem Sie persönlich oder als Team Ihre Transformationsschwelle überwinden können.
- Die größte Transformationsschwelle ist, sich als Mensch zu begegnen und Unsicherheiten und Ängste zuzulassen.

Reflexionsfragen

- Was würden Sie ganz spontan als die Transformationsschwelle in Ihrem Team, in Ihrer Organisation bezeichnen?
- Was ist Ihre persönliche Transformationsschwelle?
- Was sind Ihre Glaubenssätze zum Thema Führung – wie hat eine Führungskraft zu agieren?

Digitale Extras

- Arbeitsblatt 19 »Sieben Schritte der Transformationsschwelle«
- Arbeitsblatt 20 »Antreiber Informationen im Detail«
- Online-Selbsttest »Innere Antreiber« https://www.transaktionsanalyse-online.de/antreiber-test/
- Blogartikel zu meiner persönlich erlebten Transformationsschwelle https://www.ankevonplaten.de/blog/ent-taeuscht-was-ich-beim-marathonlauf-ueber-mich-und-new-work-gelernt-habe/

7.4 Das aktive Stadium unterstützen: Das Neue vertrauensvoll einführen

Nachdem Sie und die Mitarbeitenden sich bewusst oder unbewusst mit den Transformationsschwellen beschäftigt und diese überwunden haben, kommen Sie in das aktive Stadium. Die Menschen treten aus dem Holzhaus heraus und setzen die ersten Schritte auf die Brücke. Sie akzeptieren das Neue. Das aktive Stadium ist die entscheidende Phase zwischen Theorie und Praxis. Es wird sich zeigen, ob es die angestrebten Maßnahmen von den Folien sowie aus den Köpfen heraus nachhaltig in die Realität schaffen.

Bildlich gesprochen stehen Sie mit Ihrem Team am Anfang der Brücke und ermutigen und inspirieren diese, die ersten Schritte auf der Brücke zu wagen. Es ist wichtig, dass Sie von Ihrer Seite aus die Brücke des Vertrauens zu Ihren Mitarbeitenden bauen.

Nachdem Sie in der Kick-off-Phase vor allen Dingen das Wozu und die Ziele verdeutlicht haben, geht es nun darum, verbindlich sowie berechenbar zu sein. Gleichzeitig ist es wichtig, den Weg nicht komplett vorzugeben, sondern einen Handlungsspielraum anzubieten. Die Haupthaltung ist die des Presencings, also aus der Zukunft heraus zu agieren. Beachten Sie, dass Sie in dieser Etappe enorme Vorbildfunktion einnehmen.

Durch ein Follow-up und regelmäßige, verbindliche Kommunikation aktivieren Sie die Mitarbeitenden automatisch. Einige Kollegen brauchen diesen Impuls vielleicht gar nicht, weil sie sehr offen für Veränderungen sind. Sie brennen dafür, Neues auszuprobieren. Andere benötigen etwas länger, weil sie von ihrem Charakter eher an Bewährtem festhalten. Grundsätzlich ist es wichtig, dass Sie mit Ihrer Haltung und mit Ihrem Handeln verdeutlichen, dass am Neuen kein Weg vorbeiführt.

Führen Sie verstehbar aus dem Herzen heraus, agieren Sie als Vermittler und kommen Sie vom Kopf ins Tun!

Die Phase der gemeinsamen Willensbildung sowie das gemeinsame Ausprobieren stehen im Vordergrund. Aktiv werden, die Energie sammeln und steuern, sind die Ziele. Die Prinzipien von »Führen mit Hand« stehen im Vordergrund. Es ist elementar, die Menschen zu ermutigen, in Bewegung zu kommen und die ersten Schritte auf der Brücke zu gehen.

Wie fühlen sich die Menschen in diesem Stadium? Es herrscht eine Aufbruchsstimmung. Das Energie- und Aktivitätsniveau ist hoch. Einerseits kommunizieren die Menschen offener miteinander und äußern ihre Meinungen und Bedürfnisse mehr. Andererseits gibt es mehr zu tun – nicht nur Aufgaben aus der bisherigen Welt, sondern auch Projekte aus dem Neuland sind auf dem Tisch. Sehr häufig kommt es deshalb zu Unstimmigkeiten und Konflikten. Diese haben ihre Ursache entweder im Zwischenmenschlichen im Team oder sie liegen in Kapazitätsgründen begründet. Konflikte im Team entstehen, weil sich die Mitarbeitenden für ihre Sichtweisen einsetzen und diese durchsetzen möchten. Sehr häufig sind die Egos groß. Zugleich erhöhen sich die Schnittstellen mit anderen Teams und Abteilungen in der Organisation. Alle wollen etwas und sind an der eigenen Zielerreichung interessiert.

Als Führungskraft ist es nun wichtig, zu fokussieren und gleichzeitig offen zu bleiben. Im Zwischenmenschlichen hilft es, sich die verschiedenen Meinungen anzuschauen und anzuhören: Was sind die Bedürfnisse der einzelnen Menschen dahinter? Was sind die Ziele und wie passt es zum übergeordneten Ziel der Zusammenarbeit und der Organisation? Sie vermitteln zwischen den verschiedenen Interessen und Bedürfnissen. Dabei haben Sie die Teamziele im Blick.

Gleichzeitig sollen ihre Mitarbeitenden spüren, dass sie mitgestalten können. Sie sollen ihre Wirksamkeit und ihren Einfluss spüren.

Bleiben Sie deutlich und standhaft im Bezug auf die Ausrichtung und die Prioritäten Ihres Teams. In diesem Stadium lauert die Gefahr, dass Sie sich zwischen vermeintlich gleichrangigen Zielen wie zum Beispiel der Wirtschaftlichkeit, Kundenzufriedenheit und Nachhaltigkeit verzetteln. Es ist ein Irrglaube, dass alle Ziele gleichwertig sind und in gleichem Maße erreicht werden können. Ebenfalls wird vielen Teams und Führungskräften in dieser Phase bewusst, wie stark der Antreiber »Mach's allen (immer) recht!« ausgeprägt ist. Je klarer Sie sich darüber sind, umso besser können Sie Projekte und Termine steuern. Dazu zählt auch, dass Sie einige Projekte und Termine absagen und streichen. Es ist eine Phase, in der eine stabile Haltung als Führungskraft und als Team gefragt ist.

Warten Sie nicht darauf, dass andere Ihnen von oben vorgeben, was Ihre Prioritäten sind. Erarbeiten Sie eine Empfehlung und stellen Sie diese »oben« vor. Erläutern Sie transparent, wieso und wozu Sie so nun agieren möchten. Und dann stellen Sie sich vor Ihr Team und entlasten Sie es. Schaffen Sie Klarheit über die Prioritäten. Ermutigen Sie zum Neinsagen und halten Sie die Widerstände von anderen Abteilungen aus.

Am Ende des Kick-offs haben Sie erste Maßnahmen zusammen mit Ihrem Team definiert. Nun sind Sie mit dafür verantwortlich, dass diese auch tatsächlich umgesetzt werden. Die folgenden Tipps veranschaulichen Möglichkeiten, wie Sie den entscheidenden Schritt zwischen hübschen PowerPoint-Folien und der Realität unterstützen können.

Daily, Shopfloor Meetings und andere Teamstrukturen beeinflussen alle Ebenen der Zusammenarbeit

Ein häufiger erster Schritt sowohl in produktions- als auch dienstleistungsorientierten Organisationen ist die Einführung von Dailies. Diese werden in Produktionsbetrieben Shopfloor Meetings genannt. In einem kurzen Meeting gleich morgens (zwischen 15 und 60 Minuten) werden die für den Tag geplanten Aktivitäten besprochen. Jeder Mitarbeitende präsentiert seine anstehenden Aufgaben und wo er bzw. sie im Gesamtfortschritt steht. Ist im Vergleich zum Vortag ein großes Hindernis aufgetaucht und konnte die Aufgabe wider Erwarten nicht erledigt werden, wird dies ebenfalls artikuliert. Das Daily macht den Arbeits- und Fortschrittsstatus transparenter. Im besten Falle sind die Mitarbeitenden nach einer ersten Gewöhnungsphase so offen, dass Sie sich gegenseitig unterstützen und Arbeitskapazitäten anbieten, falls sie nicht ausgelastet sind. Ein Daily fördert den Dialog im Team. Geben Sie sich ein paar Wochen Zeit, um dieses Format auszuprobieren. Danach reflektieren Sie, wie oft und in welcher Länge Sie ein Daily benötigen und welche positiven Effekte Sie merken.

Eine größere Maßnahme in Richtung Agilität könnte bedeuten, Teams komplett neu zu organisieren. Sich radikal am Kunden zu orientieren, ist der häufigste Ausgangspunkt. Teams werden dann nicht mehr nach Fachabteilungen gebildet, sondern nach Kundenprojekten. Mir persönlich ist diese Struktur noch aus meiner Werbeagenturzeit bekannt. Jedes Kundenteam bestand aus einem Hauptansprechpartner bzw. Projektleiter, Grafiker, Texter und einem Programmierer.

Auch in Produktionsbereichen gibt es diese Entwicklung. Sie wird als »Value Stream Management« betitelt. Die einzelnen Produktionsmitarbeiter sind einzelnen Value Streams, Wertschöpfungsketten bzw. Hauptkunden zugeordnet und weniger den fachlichen Abteilungen.

Was bedeutet es für den Menschen? Oftmals berichtet sie von einem Wechselbad der Gefühle. So nachvollziehbar die Kundenfokussierung ist, so sehr wünschen sie sich einen fachlichen Hafen und eine Zugehörigkeit zu einer Fachgruppe. So kann es durchaus sinnvoll sein, eine parallel fachliche Gruppe weiterhin aufrechtzuerhalten, um den Wissens- und Erfahrungsaustausch sicherzustellen.

Und auch bei der kleinen Umstrukturierung in Daily oder Shopfloor Meetings können Unsicherheiten und Ängste auftreten: Was passiert, wenn ich zugebe, dass ich nicht ausgelastet bin oder dass ich überfordert bin? Hier wird deutlich, dass diese kleine Umstrukturierung sich auf alle drei anderen Ebenen auswirkt und es ein jeweiliges Queren der Transformationsschwellen bedarf:

1. Die Teamkultur wird beeinflusst: Ein offenerer Umgang mit Kapazitäten etc. ist gefordert. Hier werden Glaubenssätze über »gute« bzw. »schlechte« Arbeit möglicherweise herausgefordert.
2. Persönliche Kompetenzen: Jeder Einzelne ist gefordert, offener und konstruktiver mit Feedback umzugehen. Ebenfalls ist eigen- und mitverantwortliches Handeln gefragt.
3. Persönliche innere Haltung: Die individuelle Einstellung wird durch die anderen drei Ebenen beeinflusst. Die persönliche innere Haltung und Perspektive entscheidet, wie jeder Einzelne mit den Veränderungen und den geänderten Anforderungen umgeht. Ist sein Selbstwert stabil und glaubt er an seine Selbstwirksamkeit, wird er/sie konstruktiver und positiver an die Umstellung herangehen.

Das aktive Stadium meint für das Thema Agilität vor allen Dingen: Ausprobieren, reflektieren, anpassen – ganz den Prinzipien entsprechend, dass die Menschen vor den Prozessen kommen und Anforderungsveränderungen willkommen sind. Geben Sie den Veränderungen eine bewusste Phase des Ausprobierens. Reflektieren Sie regelmäßig die Fortschritte und Herausforderungen in der Zusammenarbeit.

Nun finden Sie ein paar grundsätzliche Bausteine für dies Stadium.

Zielbilder und Meilensteine definieren, sichtbar machen und nachverfolgen

Große Zielbilder können uns erschlagen. In wenigen Fällen faszinieren sie uns von Anfang an. Wenn wir am Anfang des Vorhabens »Strategieänderung« denken: »Ich muss nun komplett selbstverantwortlich arbeiten«, werden wir kein Gefühl von Machbarkeit entwickeln, sondern fühlen uns eher überfordert. So gilt es, langsam auf das große Ziel hinzuarbeiten. Bis zum End- oder Zwischenziel ist es notwendig, die Menschen nach und nach auf verschiedenen Ebenen vorzubereiten. Auf dem Weg zum Ziel werden wir Meilensteine passieren. Diese Analogie können Sie für Veränderungsprozesse in Ihrem Team nutzen:

- Was sind Meilensteine für die nächsten drei/sechs/zwölf Monate?
- Was folgt daraus für unser Tun im Hier und Jetzt
- Was ist der erste und was sind die nächsten Schritte?

Ein Workshop oder ein Meeting benötigt als Abschluss immer konkrete Maßnahmen und Vereinbarungen. Wer macht was bis wann? Wer hat für eine Maßnahme den Hut auf, und wer erinnert den Hutträger? So fühlen sich möglichst viele Menschen verantwortlich, denn jeder ist für die Veränderung mitverantwortlich. Wie häufig höre ich: »Wir hatten schon viele Workshops, bisher hat das nie was gebracht.« Auf Nachfragen, was sie denn selbst für die Veränderung getan haben, erhalte ich oft bedächtiges Schweigen. Ich werde nicht müde, die Verantwortung jedes Einzelnen zu betonen. Ein Unternehmen kann »sich« nicht ändern. »Man« ändert sich nicht. Es sind die Menschen in Unternehmen, die Veränderungen bewirken. Oder auch nicht.

Sie können die Ergebnisse an einem Kanban-Board sichtbar machen. Dies macht die Aufgaben für alle transparenter und verbindlicher. Vereinbaren Sie direkt Termine, in denen Sie gemeinsam mit dem Team vor dem Kanban-Board stehen und sich zu den Fortschritten austauschen und Maßnahmen nachkorrigieren.

Einen klaren Fokus setzen, Grenzen akzeptieren und Nein sagen

Aus dem vorherigen Baustein werden neue Aufgaben und Projekte entstehen. Zwangsläufig müssen Sie sich deshalb von bisherigen Aufgaben und Themen verabschieden. Denn meistens sind die Kalender und Schreibtische schon voll. Es ist ein Irrglaube, dass wir immer alles erledigen und an jedem Termin teilnehmen können. Viele Teams und Führungskräfte sehnen sich nach mehr Platz im Kalender und Zeit für wichtige Themen. Doch vor lauter Tagesgeschäft und Meetings kommen sie einfach nicht dazu. Das Fatale: Im Hamsterrad der Meetings entsteht ein Tunnelblick, Menschen fühlen sich überfordert und fremdbestimmt. Was wird vermieden: Ein Nein-Sagen zu Themen und Terminen oder auch Konflikte mit Schnittstellen, die wiederum ihre Ziele durch sie erreichen möchten. Es passt einfach nicht alles in die Woche. Deshalb ist es und wird es immer wichtiger, sich auf die Prioritäten zu konzentrieren. Daher fragen Sie sich bzw. zusammen mit Ihrem Team:

- Nach welchen Zielen werden wir gemessen?
  - Welches Ziel ist das wichtigste?
  - Welches Ziel ist am wenigsten wichtig? Was passiert im schlimmsten Fall, wenn wir die Ziele nicht erreichen?
- Wozu werden wir bezahlt? Was ist unsere Rolle? Was dient der Organisation am meisten?
- Was ist für die nächsten Monate unser Fokus und wieso?
- Was ist nicht mehr unser Fokus, was machen wir weniger? Wer muss darüber aktiv informiert werden?
- Was ist die *eine* Sache (siehe dazu Kapitel 6.3.5), die uns in der nächsten Zeit alles andere erleichtern wird?

Strategie-Zwischenstände austauschen und gemeinsam an der Strategie arbeiten

Zumeist wird in Organisationen einmal im Jahr geballt an der Strategie gearbeitet. Sie wird vorbereitet, präsentiert und dann verschwindet sie in der Schublade, um dann kurz vor der jährlichen Präsentation wieder herausgezogen zu werden.

Probieren Sie doch einmal als Ergänzung zum Kanban-Board folgendes Vorgehen aus. Setzen Sie sich einen Termin pro Quartal, in dem Sie die Strategie für sich und auch zusammen mit dem Team reflektieren:
- Wo stehen Sie, was ist schon erreicht, wo sind Sie im Plan?
- Welche Faktoren der Strategie sind noch nicht umgesetzt?
- Gibt es Markt- oder auch Organisationsentwicklungen, die eine Anpassung der Strategie zwingend erfordern?
- Wie möchten Sie für die nächsten drei Monate sicherstellen, dass die Strategie im Tagesgeschäft sichtbar und verankert ist?
- Bringt sich jeder in die strategische Arbeit mit ein, übernimmt jeder Mitverantwortung für das Neue?

Konsequent aus der Zukunft führen

Im Zusammenhang mit der verbindlichen und strategischen Arbeit steht der nächste Impuls. Als Führungskraft ist es im aktiven Stadium wichtig, stabil und gleichzeitig offen und menschlich aus der Zukunft zu führen. Je stärker Sie die Zukunft und das Potenzial des Teams und der einzelnen Menschen in der Zusammenarbeit spüren und je klarer Ihr Bild dazu ist, umso besser können Sie immer wieder darauf verweisen.

Menschen tendieren gerade am Anfang einer aktiven Phase dazu, in alte Muster zurückzufallen. Umso wichtiger ist, dass Sie immer wieder verdeutlichen, wozu Sie das Neue ausprobieren möchten und wozu Sie die Kommunikation anders gestalten. Dies betrifft sowohl die Kommunikation in Meetings als auch in Einzelsituationen.

Zum Beispiel ist ein typisches Verhalten aus der tradierten Arbeitswelt, dass Entscheidungen von Mitarbeitenden abgewartet werden, statt selbst getroffen zu werden. Im reaktiven Stadium, am Anfang einer Neuausrichtung, agieren Sie dabei noch anders. Sie entscheiden. Sie geben den Rahmen und einige Antworten vor.

Im aktiven Stadium gewöhnen Sie die Menschen mehr und mehr daran, selbst zu entscheiden und Verantwortung zu übernehmen. Sie werden mehr und mehr zu einer Art Coach für Ihr Team. Sie ermutigen die Menschen nach und nach, mehr an sich zu glauben und ihren Einflusskreis zu erhöhen.

»Was sind Ihre Gedanken zu dem Thema?« oder »Wie würden Sie bei der Entscheidungsfindung vorgehen?« sind zwei beispielhafte Kernfragen. Erläutern Sie zudem, wieso Sie die Entscheidung nicht mehr eigenständig treffen, sondern die Zusammenarbeit ändern. Weil Sie eine andere Art der Zusammenarbeit anstreben und die Mitarbeitenden ermächtigen möchten. Weil Sie an sie glauben. Das bedeutet auch, dass Sie offen für alternative Ideen und andere Entscheidung als Ihre eigenen sein sollten. Beziehen Sie die Mitarbeitenden mehr und mehr ein – »There is a leader in every chair«.

Frederic Laloux[86] betonte sehr eindrücklich während einer Online-Session mit Otto Scharmer und Amy Fox, dass eine Führungskraft nicht mehr alle Antworten wissen kann und muss. Vielmehr ginge es darum, mit inspirierenden Fragen das Potenzial der Mitarbeitenden zu öffnen: »Wie können wir gesündere, nachhaltigere Produkte herstellen?« oder »Wie können wir in unseren Prozessen CO_2 reduzieren?« sind zwei Beispiele. So werden alle in den Prozess mit integriert. Jeder ist als Experte gefragt und mitverantwortlich.

86 Am 13. Juli 2020 (https://www.coachesrising.com/summit/).

Eine kraftvolle Grundsatzfrage für Sie in dieser Phase ist: »What's needed?«[87] – Was wird gerade gebraucht? Spüren Sie mit dieser Frage im Kopf und vor allen Dingen im Herzen in Ihr Team und in die Zukunft hinein. Hören Sie der Zukunft zu und dann agieren Sie mutig aus ihr heraus.

Dies gilt umso mehr, wenn Meinungsverschiedenheiten und Konflikte auftreten. Diese sind in dieser Phase normal. Die Mitarbeitenden möchten sich zeigen, abgrenzen und beweisen. Die individuellen Ziele sind noch dominanter als der Gedanke an das Große und Ganze. Behalten Sie den Gesamtzusammenhang – den gemeinsamen großen Elefanten – im Blick, würdigen Sie die verschiedenen Sichtweisen und appellieren Sie gleichzeitig an das übergeordnete Ziel für das Team und die Organisation.

Mit Retrospektiven lernen und Erfolge feiern

Das wichtigste Instrument in diesem Stadium ist die Retrospektive der Zusammenarbeit. Dieses Instrument ist in Kapitel 4.4.4 beschrieben. Die Retro vereinigt dabei viele Vorteile: Zum einen verliert die Veränderung der Zusammenarbeit nicht an Dynamik, zum anderen etabliert sich ein regelmäßiger Termin, der Gelegenheit bietet, Gutes sichtbar werden zu lassen und Erfolge zu feiern.

Der Blick auf die Fortschritte ist elementar, um die Motivation zu stärken. Denn vergessen Sie nicht: Die Mitarbeitenden lassen sich auf das Abenteuer ein, sind mutig und verlassen regelmäßig ihre Komfortzone. Allzuschnell wird dies vergessen oder übergangen, denn unser Gehirn sieht eher das, was noch nicht gut läuft. Als Manager liegt es an Ihnen, kontinuierlich auch den Blick darauf zu richten, welche Fortschritte gemacht werden und diese auch zu benennen – auch bei sich selbst!

Fragen für eine erfolgsorientierte Retro können sein:

- Welchen Weg sind wir gegangen, welche Fortschritte haben wir seit dem letzten Meilenstein gemacht?
- Was waren Highlights, was ist uns besonders gut gelungen?
- Welche Herausforderungen haben wir gemeistert? Was war unser Beitrag dazu und der von jedem Einzelnen?
- Wie belohnen wir uns für den zurückgelegten Weg? Wie feiern wir es?

87 Whitelaw 2020, S. 135.

Optional können Sie am Ende erneut einen Blick in die Zukunft wagen. Fragen Sie sich und Ihr Team: Welche Erfolge wollen wir in zwölf Monaten feiern? Und was leiten sich daraus für nächste Schritte ab?

Unabhängig von einem ritualisierten Feiern des Fortschritts können Sie Ihre Mitarbeiter kontinuierlich im Blick haben und Weiterentwicklungen würdigen. Machen Sie sich innerlich frei von dem Ritus der Jahresgespräche. Feedback und Anerkennung sind am wirksamsten, wenn sie zeitnah, zum Beispiel direkt nach einem Termin, erfolgen.

Auf einen Blick

- Menschen arbeiten aktiver und konfrontativer im zweiten Stadium zusammen.
- Sie vermitteln als Führungskraft zwischen den verschiedenen Interessen und Bedürfnissen. Dabei haben Sie das Gesamtbild und die Teamziele im Blick.
- Als Führungskraft ist es wichtiger, prägnante Fragen zu stellen, als alle Antworten zu wissen.
- Dranbleiben und vorwärtsgehen sind nun wichtig. Dies erreichen Sie durch klare Meilensteine, Ziele und regelmäßige Meetings und Retrospektiven, in denen Sie sich zur Zielerreichung abgleichen.

7.5 Das verbundene Stadium würdigen: Das Neue abschließen

Im verbundenen Stadium wird das Neue immer normaler. Es hat keinen Projektcharakter mehr, sondern ist selbstverständlicher. Das Team befindet sich in einem neuen Zustand. Die meisten sind über die Brücke gegangen.

Die Mitarbeitenden fühlen sich anders miteinander verbunden als im Holzhaus. Die Beziehungen sind stabil und halten auch Unstimmigkeiten aus. Es gibt kaum noch egoistisches Agieren. Stattdessen verbinden sich die Beteiligten mit übergeordneten Zielen, die über wirtschaftliche Kennzahlen hinaus gehen. Die Wirtschaftlichkeit alleine ist nicht mehr genug. Das Ziel ist, zum Wohl des Ganzen beizutragen.

Dieses Stadium erreichen nur die wenigsten Teams. Der Weg dorthin bedeutet viel Arbeit, vor allen Dingen auch viel innere Arbeit aller Menschen im Team. Persönliche und kollektive Transformationsschwellen müssen überwunden werden. Glaubenssätze über die Zusammenarbeit müssen losgelassen werden.

So wertvoll und gut sich dieses Stadium anfühlt, so gibt es trotzdem auch zwei Herausforderungen. Die eine ist, dass das Team weiter einen guten Kontakt zu restlichen Teilen der Organisation behält. Die Gefahr ist, dass die Mitarbeitenden sich weniger offen für Teams und Menschen zeigen, die erst im Holzhaus oder auf der Brücke sind. Es gilt anzuerkennen und zu akzeptieren, dass sich andere Abteilungen und Teams in einer anderen Situation im Transformationsmodell befinden und noch nicht »so weit« sind und vielleicht auch gar nicht kommen müssen. Nicht jedes Team muss ins Klettergerüst. Hier gilt es, sich einmal mehr der eigenen Situation bewusst zu sein und offen auf andere zuzugehen und in dem Moment bewusst ein paar Schritte im Bild zurückzugehen.» First pace, then lead.« Bodenständig und verbunden bleiben, statt abzuheben.

Oftmals befinden sich Geschäftsführende gefühlt im Klettergerüst, wohingegen die restliche Organisation noch viel weiter links ist. Das ist in Ordnung und zumeist ist dies auch Ihr Job als Führungskraft. Seien Sie sich dessen bewusst und erwarten Sie realistischen Fortschritt von den Menschen, statt sie zu überfordern, und setzen Sie gezielt Menschen oder Transformationsteams ein, die die Brücke zwischen Ihren Ideen und der Realität schaffen.

Und dann? Letztlich wird dieses verbundene Stadium irgendwann zur Normalität und die Umstände verfestigen sich. Das bedeutet, dass selbst ein Klettergerüst gefühlt wieder ein Holzhaus wird. So beginnt der Weg von Neuem – auf einem höheren Niveau.

Projektabschlüsse und erreichte Meilensteine würdigen

Eine andere Herausforderung ist, Projekte und Meilensteine abzuschließen. »An welchen Projektabschluss denkt ihr gerne zurück?«, fragte ich Kollegen. Ich wollte mich mit ihnen zu Projektabschlüssen austauschen und erfahren, welche Ideen sie zur Gestaltung solcher Sessions haben. Was folgte, war alles andere als das, was ich erwartete. Wir stellten fest, dass wir alle kaum Projektabschlüsse kennen. Bei unseren Kunden ist dies ein Projektschritt, der meistens nicht durchgeführt wird.

Themen und Projekte anfangen, fällt uns leichter, als diese abzuschließen. Wieso ist das so? Einerseits gibt es immer weniger klassische Projektenden. Alles geht immer weiter. Wir sind kollektiv getrieben, uns zu beeilen. Zudem gibt es in den seltensten Fällen Ziele, die irgendwann erreicht werden, weil die Ziele eher wie Fixsterne sind, die nie erreicht werden können.

Umso wichtiger ist es, Phasen und Meilensteine abzuschließen. Insbesondere weil die Welt um uns herum und in den Unternehmen immer schnelllebiger wird. Projektabschlüsse sind ein bewusster Endpunkt. Sie ermöglichen ein Anhalten, Pausieren und Reflektieren. Sinngemäß setzen wir uns auf einen Berggipfel, schauen auf den zurückgelegten Weg und genießen für einen Moment die Aussicht.

Dies gibt jedem von uns ein gutes Gefühl. Das Gefühl, dass es sich gelohnt hat, ein Gefühl der Weiterentwicklung und Wertschätzung des Erreichten. Ansonsten hängen immer mehr lose Enden in der Luft oder wir jonglieren mit immer mehr Bällen oder um im Bild zu bleiben, nehmen direkt den nächsten höheren Gipfel als Ziel und rennen weiter. Das erschöpft.

Würdigen wir Fortschritte und Erfolge, hat dies positive Effekte auf unsere mentale und emotionale Gesundheit und letztlich unsere Motivation. Anbei finden Sie Leitfragen für einen anerkennenden Projektphasenabschluss mit Herz, Kopf und Hand. Planen Sie je nach Teamgröße mindestens zwei Stunden für eine Abschluss-Session ein.

Zum Einstieg	**Wenn ich/wir auf die abgeschlossene Projektphase zurückschauen, wie zufrieden bin ich ... (jeweils zwischen 1–10)** • Mit mir persönlich • Mit uns als Team in der Zusammenarbeit • Alles in allem: Ich habe das Gefühl, dass sich mein Einsatz in dieser Phase gelohnt hat.
Mit Herz – Positive Gefühle	• Was hat uns Spaß gemacht? • Was hat uns begeistert? • Was waren Highlights, was ist uns gut gelungen und was war dazu unser Beitrag?
Mit Hand – Mut und Durchsetzung	• Was waren schwierige Momente, wo mussten wir mutig sein, welche harten Entscheidungen mussten wir treffen? • Was waren Knackpunkte? • Wo sind wir/bin ich über meine Transformationsschwelle gegangen? • Was würden wir anderen empfehlen, die nun an dem Projekt weiterarbeiten, welche Erfahrungen haben wir gemacht?

Mit Kopf – Verstehen und Lernen	• Was habe ich in meiner Rolle gelernt? • Was konnte ich von den anderen lernen? • Was hätte ohne den anderen gefehlt?
Insgesamt	• Welche Bedeutung hatte unser Beitrag für die Organisation und was haben wir bewirkt? • Welche Tragweite hat unser Projekt für all das, was nun zukünftig in der Organisation entsteht? • Was ermöglichen wir dadurch als Team und persönlich auch zukünftig in der Organisation?

Tabelle 22: Leitfragen für einen Projektphasenabschluss
Quelle: Persönlich übermittelt von Christine Wank und Gunnar Bremer

Als Führungskraft die Weiterentwicklung unterstützen

Im verbundenen Stadium entwickeln Sie Ihre Führungsrolle ebenfalls weiter. Im aktiven Stadium haben Sie durch eine Coach- und Vermittlerrolle die Menschen und das gesamte Team in ihrer Entwicklung unterstützt und in die Zukunft gezogen. Im Projektabschluss wurden diese Entwicklungen reflektiert und gewürdigt. Mit den abschließenden Leitfragen wird der Bogen in die Zukunft gespannt.

Welche strategischen, thematischen und vor allen Dingen persönliche Potenziale werden nun sichtbar? Was wird gebraucht, um diese zu entwickeln? Wie können Sie dabei unterstützen? Dies sind in diesem Stadium die Kernfragen in Ihrer Rolle als Sponsor und Inspirator. Als Sponsor fördern Sie die Menschen und Projekte, auf die nächste Entwicklungsebene zu kommen. Das bedeutet, dass der Prozess von vorne beginnt: Ein anstrengend erarbeiteter neuer Zustand ist zur Routine und stabiler geworden.

Aus einem Klettergerüst wird gefühlt wieder ein Holzhaus, ein neues Zukunftsbild, ein neues Klettergerüst entsteht. Dazwischen ist wieder ein Fluss der Unsicherheit, den es zu überqueren gilt. Der Kreislauf beginnt von vorne. Veränderung und Entwicklung hören nie auf. Es geht immer weiter.

8 Nachhaltig eine gute Haltung im Alltag integrieren

In den vorherigen Kapiteln haben Sie vieles erfahren und gelesen. Sie haben sich intensiv mit Ihrer Haltung als Führungskraft beschäftigt. Sie reflektierten die drei Prinzipien »Herz«, »Kopf« und »Hand« und wie Sie diese in Ihren Alltag übersetzen können. Das Wissen um all diese Faktoren ist gut. Noch besser ist, sie regelmäßig anzuwenden.

Lesen alleine reicht leider nicht aus:

> *»If reading a book was all we had to do to achieve our full potential, then we would all be there.«*[88]

In diesem abschließenden Kapitel lesen Sie, wie Sie die Lücke zwischen dem Wissen um eine gute Haltung und ihrer tatsächlichen Ausübung schließen. Sie erfahren, wie Sie täglich dranbleiben und eine gute Haltung bewahren. Sie lernen, wie Sie Ihre ganz persönliche Intention mit Ihrer Haltung verbinden. Abschließend erhalten Sie Tipps, wie Sie die innere Haltung auch in schwierigen Situationen beibehalten.

8.1 Die innere Haltung immer wieder im Alltag spüren

Die Theorie ist einfach. Der Arbeitsalltag ist unberechenbar.

Wenn wir ein Buch lesen oder in einem Seminar sind, fühlen wir uns meist sicher. Wir sind in einem geschützten Bereich, können uns gut auf den Inhalt konzentrieren, werden nicht abgelenkt oder gestört. In Bezug auf das Thema Haltung haben Sie oftmals gehört, dass Haltung von Innehalten kommt. Genau dieses Innehalten gelingt vielen Menschen, und auch mir persönlich, oftmals nicht.

Die Realität außerhalb eines Lernraumes ist eine andere. Wir werden abgelenkt und schenken vermeintlich wichtigen Faktoren, die uns aber von einer guten Haltung

88 Palmer/Crawford 2013, S. 15.

wegziehen, zu viel Aufmerksamkeit: Ungeplante Termine kommen rein, der Computer stürzt ab, der Partner und die Kollegen sind schlecht gelaunt und greifen verbal um sich. So kommt schnell eines zum anderen. Die guten Vorsätze, stabil zu sein und eine gute Haltung einzunehmen, gehen im Alltagsstress unter.

Die persönliche Haltung im Alltag spüren

Eine gute körperliche Haltung beim Gehen und Stehen ist, wenn ein Mensch aufrecht, die Schultern zurückgezogen sowie mit dem Herzen nach vorne geneigt ist. Dies hatten wir auf die innere Haltung übertragen. Sie bedeutet, dass eine Person eigen- und mitverantwortlich agiert, sich als Mensch zeigt und dies in kleinsten Gesten auch ersichtlich ist. Dieser übergeordnete Rahmen zum Thema Haltung ist wichtig.

Für den Alltag benötigen wir noch etwas anderes. Es ist unrealistisch, dass wir uns täglich an die hier im Buch skizzierten Konzepte erinnern. Wir benötigen noch ein alltagstaugliches Instrument, welches die Konzepte handfest und anwendbarer macht, welches die Mind Behaviour Gap (siehe Kapitel 7.3) schließt.

Zwischen dem Wissen und dem Verhalten, dem tatsächlichen Umsetzen einer Haltung, liegt unser Körper. Nur von etwas zu wissen, reicht nicht.

> *»Part of the problem with just reading and understanding the information is that we do not have the embodied experience of the theory.«,*[89]

meint Wendy Palmer, die sich auf das Thema »Verkörperte Führung« spezialisiert hat. Nach diesem Konzept hat der Körper immer recht und körperliche Empfindungen sind dominanter als jeder Gedanke und jedes Gefühl. Eine Person kann sich demnach in einem entspannten körperlichen Zustand nicht innerlich angespannt fühlen und umgekehrt.

Bevor wir im Kopf benennen oder im Herzen fühlen können, dass wir angespannt sind, zeigt es der Körper, zum Beispiel durch einen Anstieg des Pulses, rote Flecken am Hals. Oder wir nehmen automatisch bei unkomfortablen Situationen eine ande-

89 Palmer/Crawford 2013, S. 15.

re Körperhaltung ein: Wir verschränken die Arme, ziehen die Schultern hoch oder neigen den Kopf zur Seite.

Selbst wenn wir uns morgens noch stabil und gut gefühlt haben, kann dies schon nach ein paar Minuten im ersten Meeting vorbei sein. Es ist normal, dass wir immer wieder aus einer guten Haltung herausfallen. Die Kunst ist, immer wieder das persönliche innere Gleichgewicht zu finden.

Selbst wenn wir eine klare, innere Haltung haben und wissen, wozu wir etwas tun, was die Ziele sind und wie wir die Aufgaben erledigen, wird es angespannte Situationen geben. In denen ist es schwer, die übergeordnete Haltung zu wahren und sich dessen bewusst zu sein, weil unser Körper mit einer Stressreaktion antwortet. Die Kunst ist, wieder schnell in eine komfortable innere Ausrichtung zu gelangen.

Ein nachvollziehbares Konzept, wie wir unsere situative Haltung spüren können, stammt von Stephen Gilligan und Robert Dilts. Sie benennen und beschreiben zwei innere Zustände[90]. Einerseits können wir uns im sogenannten COACH-State, andererseits im CRASH-State befinden. Die zwei Begriffe bezeichnen das übergeordnete Gefühl der beiden inneren Zustände. Entweder sind wir zusammengebrochen, also zerstört, zusammengezogen, oder wir sind offen, aufrecht, neugierig und stabil, wie es ein Coach sein sollte.

Das Wort COACH kürzt verschiedene Qualitäten ab:

- C = Centered – körperlich zentriert, entspannt konzentriert
- O = Open – offen und neugierig
- A = Aware – aufmerksam, achtsam
- C = Connected – verbunden mit den eigenen Ressourcen, den Mitmenschen und dem Umfeld
- H = Holding – Halten, Akzeptieren von Unstimmigkeiten

Im COACH-State fühlen wir uns wohl und sicher. Wir sind zentriert, agieren in unserem Einflusskreis und sind gleichzeitig offen für unser Umfeld. Wir sind wach. Wir fühlen unsere Ressourcen und unsere Energie. Wir fühlen uns innerlich stabil. Mit unkomfortablen Situationen gehen wir souverän um. Wir sehen Sie nicht als persön-

90 Dilts/Gilligan 2021, S. 18 ff.

lichen Angriff. Vielmehr sind wir neugierig, was hinter einem Konflikt steht. Alles in allem fühlen wir uns mit uns und unserer Umwelt wohl. Es fühlt sich stimmig an.

Der Begriff CRASH steht wiederum für andere Empfindungen:

- C = Contracted – zusammengezogen, verkrampft
- R = Reactive – reagierend, angepasst
- A = Analysis Paralysis – in Details verzettelt, starr und bewegungsunfähig
- S = Separated – abgetrenntes Gefühl von sich selbst und anderen
- H = Hurting, Hitting, Hunting – verletzlich, aggressiv, kämpfend

In dieser inneren Verfassung sind wir angespannt und fühlen uns insgesamt nicht wohl. Wir empfinden keine innere Stabilität. Vielmehr suchen wir nach Sicherheit und Bestätigung. Dies klingt erst einmal gut. Doch agieren wir im CRASH-State aus einer unentspannten Haltung. Die persönliche Strategie ist meistens, sich durch ein abwertendes und verletzendes Verhalten über eine andere Person zu stellen. Oder sich durch ein übermäßiges Analysieren und ein angepasstes Verhalten klein zu machen. Wir finden im CRASH State die typischen Muster Kampf oder Flucht wieder.

Beide Zustände sind körperlich spürbar. Im COACH-State sind wir aufgerichtet, offen und zentriert. Wir fühlen uns geerdet. Im CRASH State ist der Körper zusammengezogen und verspannt.

Wendy Palmer benennt die zwei Zustände zusammengefasst »Center« und »Personality«, die zentrierte sowie die persönliche Haltung. Die zentrierte Haltung ist dem COACH-State ähnlich. Sind wir ausgeglichen, agieren wir mit dem Wissen um das große Ganze, sind offen und mitfühlend und spüren, dass das Leben dynamisch und herausfordernd ist, wohingegen der persönlichkeitsorientierte Zustand eine Haltung ist, die um persönliche Sicherheit, Bestätigung und Kontrolle ringt. Aus diesem Ringen folgt, dass die Person eher angespannt und gestresst ist.

Wendy Palmer schreibt sehr treffend:

> *Instead of asking »What do I feel or think?« we ask »What shape is my body taking?« …*
>
> *»When we center, our posture shifts. This shift in posture can influence how we think and how we talk about our thoughts. Our centered, uplifted posture physi-*

cally changes our perspective and allows to see more possibilities. An open, inclusive posture conveys a sense of interconnection that allows us to work together«[91]

Sie beschreibt, dass die körperliche Haltung beeinflusst, wie wir denken und fühlen. Probieren Sie es direkt mit der nachfolgenden Übung aus.

Die innere Haltung körperlich beeinflussen !

Nehmen Sie körperlich bewusst eine eher zusammengezogene, verkrampfte Haltung ein. Denken Sie nun an eine Situation, die Sie kürzlich irritiert hat. Nehmen Sie Ihre Gedanken und Gefühle wahr.
Nehmen Sie nun körperlich eine aufrechte, selbstbewusste Haltung ein. Atmen Sie ein und machen Sie sich tatsächlich größer. Atmen Sie aus und denken Sie an etwas, was Sie zum Lächeln bringt. Denken Sie an etwas, was Sie freut.
Bleiben Sie in dieser Körperhaltung. Nun denken Sie wieder an die Situation, die Sie kürzlich irritierte. Wie denken und fühlen Sie nun darüber?
Sehr wahrscheinlich werden Sie nun konstruktiver über die Situation denken und sich besser fühlen als vorher, als Sie eine zusammengezogenen Körperhaltung innehatten.
Daher sollten Sie immer wieder eine gute, körperliche Haltung einnehmen, indem Sie folgende drei Schritte ausführen:

1. **Aufrichten**: Atmen Sie ein und richten Sie sich im Sitzen oder Stehen auf. Machen Sie sich groß.
2. **Herzlich und menschlich**: Atmen Sie langsam aus und denken Sie an etwas, was Ihr Herz erfreut.
3. **Kleinste Schritte**: Was können Sie jetzt aus sich heraus tun, um sich noch ein wenig aufrechter und mehr im COACH-State zu fühlen?

Quelle: In Anlehnung an Wendy Palmer

Doch wie oft sind Sie im täglichen Wahnsinn mit Ihrem Körper verbunden? Wir könnten unseren Körper viel mehr als Instrument und Werkzeug nutzen. Stattdessen nutzen wir ihn oftmals nur als Transportmittel für unseren Kopf. Wir sind oftmals viel zu wenig mit unserem Körper im Kontakt. Wir denken zu viel nach, statt uns körperlich aufzurichten und durchzuatmen.

Die Kunst, eine gute Haltung zu wahren, besteht darin, sie immer wieder einzunehmen. Diese kleine Übung dauert nur ein paar Sekunden. Wenn wir sie täglich, zum

91 Palmer/Crawford 2013, S. 12–14.

Beispiel einmal pro Stunde üben, wird sich in kurzer Zeit eine neue Gewohnheit etablieren. Probieren Sie es aus!

!

20 Sekunden gehen immer

Dieser Tipp ist von Wendy Palmer. Sie motiviert, sich immer mal wieder ein paar Sekunden Zeit zu nehmen, um sich zu zentrieren bzw. in den COACH-State zu kommen:

1. Einatmen und sich aufrichten.
2. Ausatmen. Bewusst lang und langsam ausatmen. Dabei die Schultern und den Kiefer bewusst entspannen.
3. Eine Qualität im Körper mehr etablieren, indem wir uns fragen: Was wäre, wenn ein wenig mehr ... (Entspannung, Freude, Zuversicht, Selbstbewusstsein, ...) in meinem Körper wäre? Wenn nur 5 % mehr von dieser Qualität spürbar sind, wie würde es sich anfühlen? Wo fühle ich diese Qualität in meinem Körper?

An diesen zwei situativen Haltungszuständen wird etwas Wichtiges deutlich und nachvollziehbar. Unsere Gespräche werden anders verlaufen, je nachdem, mit welcher inneren Haltung wir sie angehen. Sind wir im CRASH-State und kämpfen um Anerkennung und Sicherheit, werden wir Gespräche anders führen als im COACH-State. Wir werden weniger offen und neugierig sein. Wir werden Zwischentöne eher nicht wahrnehmen, weil wir zu sehr auf uns selbst fokussiert sind. Ein Mensch im COACH-State wird dagegen stabiler und zugleich offener für die Mitmenschen und das Gesagte sein. Inhalte werden sachlicher und zugleich offener präsentiert. Das Zitat von Bill O'Brien, dem langjährigen CEO der Hanover Insurance, bringt es auf den Punkt. Sein Fazit nach vielen Jahren im Veränderungsmanagement und Wandel in Organisationen war, dass

> *»der Erfolg einer Intervention von der inneren Verfassung des Intervenierenden abhängt.«*[92]

Zu dieser inneren Verfassung gehört einerseits die übergeordnete stabile Haltung, dass Sie wissen, was und vor allen Dingen wozu Sie Ihre Aufgaben und Ziele verfolgen. Andererseits spielt die situative innere Haltung, wie Sie in ein Gespräch oder eine Situation hineingehen, eine weitere entscheidende Rolle.

92 Scharmer 2015, S. 33.

Es ist für Führungskräfte eine elementare Kompetenz, möglichst oft im COACH-State zu sein. Denn nur im COACH-State sind wir offen für Veränderungen und können mit Widerständen und Unsicherheiten deutlich besser umgehen als im CRASH-State. Im COACH-State wird es für uns einfacher, unsere persönlichen Transformationsschwellen zu überqueren sowie andere dabei zu unterstützen.

Eine gute innere, situative Haltung kann sich sehr verschieden ausdrücken. Sie bedeutet nicht, dauerhaft in einem Zen-ähnlichen Zustand zu sein. Abschließend sei erwähnt, dass der COACH-State leichter erreicht wird, wenn der persönliche physiologische Energiehaushalt ausgeglichen ist. Es benötigt auch Disziplin und Kraft, sich immer wieder in den COACH-State zu versetzen und sich wenig ablenken zu lassen. Beobachten Sie sich selbst, wie Sie sich fühlen, wenn Sie gut schlafen und sich gut ernähren. Im Vergleich dazu sind viele Menschen, wenn sie hungrig oder unausgeschlafen sind, per se im CRASH-State.

8.2 Die eigene Intention verankern

Was motiviert Sie in Ihrer Funktion? Was begeistert Sie? Was ist Ihr *Wozu?* Mit diesen Fragen haben Sie sich in Kapitel 2.4 ausführlich beschäftigt. Nun verankern Sie sich Ihre Antworten tiefer, sodass Sie noch wirkungsvoller werden.

Wir erweitern und vertiefen die eigene Haltung um den Aspekt der eigenen Intention. Damit verankern Sie Ihre Rolle und Ihr *Wozu* noch stärker in Ihr tägliches Doing. Je klarer Ihnen Ihre Intentionen sind und je besser Sie diese auch visuell und körperlich nachempfinden können, umso leichter können Sie wirkungsvoll agieren. Es wäre schade, wenn Sie gute Intentionen haben, doch diese nur teilweise in die Praxis umgesetzt werden. Nutzen Sie Ihre Intention nicht nur kognitiv, sondern auch emotional und physisch.

Mir persönlich hat folgende Übung in der Vorbereitung auf einen für mich sehr bedeutenden Workshop enorm weitergeholfen. Sie war für mich ein Gamechanger und ich nutze sie seitdem fast täglich.

Worum geht es?	Satz vervollständigen	Anmerkungen	Beispiel
Die eigene Intention für die Führungsrolle auf den Punkt bringen	Das, was ich in meiner Führungsrolle ermöglichen möchte, ist …	• Kurz und prägnant • Verwenden Sie maximal fünf Wörter • Denken Sie groß! • Dies ist die kognitive Ebene	Potenziale in Menschen zu entfalten
Eine Metapher, ein Bild zur Intention haben	Das innere Bild, das mir dazu einfällt, ist …	• Benennen Sie ein Bild oder eine Metapher • Keine Gedanken oder Wörter • Also zum Beispiel nicht »Verbindung« sondern »Brücke« • Dies ist die emotionale Ebene.	Eine Blume, die aufblüht
Einen körperlichen Ausdruck für die Intention finden	Mein körperlicher Ausdruck hierfür ist …	• Eine kleine Geste oder Bewegung • Die körperliche Ebene wird angesprochen. Dies ist am wirkungsvollsten für einen nachhaltigen Effekt.	Die Hand öffnet sich von einer Faust zu einer offenen Hand
Die Intention mit einer aktuellen Herausforderung verbinden	Meine Intention bedeutet für meine aktuellen Herausforderungen in meiner Rolle …	• Benennen, visualisieren und spüren, was es konkret bedeutet.	• Auf die Potenziale hinweisen • Eine Wildwuchswiese • Eine Geste mit dem Arm von »Schau, was alles da ist«

Worum geht es?	Satz vervollständigen	Anmerkungen	Beispiel
Herz, Kopf und Hand mit einbeziehen	Das, was ich nun verstärkt benötige, ist …	• Prinzip »Herz«: wohlwollend sein, positive Grundhaltung haben • Prinzip »Kopf«: Verstehbarkeit schaffen, Framing, Pacing und selbst neugierig und offen sein • Prinzip »Hand«: entschlossen und mutig sein, aus der Zukunft heraus agieren	• Verstehbarkeit schaffen, die übergeordneten Ziele darstellen • Mutig sein, für die Potenziale einstehen

Tabelle 23: Die eigene Intention verankern
Quelle: Angelehnt und erweitert von Generative Facilitation Institute, Christine Wank, Reader zur Ausbildung Facilitate U Aufbaumodul und Dilts/Gilligan 2021, S. 74 f.

Ich empfehle Ihnen, sich beim ersten Mal für diese Übung circa 30 Minuten Zeit zu nehmen. Sie können sich dann bei den nächsten Malen schneller mit Ihren Ergebnissen verbinden. Seien Sie offen für Bilder und Körperempfindungen. Persönlich verbinde ich mich fast täglich kurz mit der Intention. Morgens beim ersten Kaffee setze ich mich bewusst aufrecht hin, verbinde mich mit meinen Ressourcen sowie meiner Intention. Dies dauert zwischen fünf und fünfzehn Minuten. Habe ich mal keine Lust oder gefühlt wenig Zeit, mache ich ein paar bewusste, aufrechte Atemzüge, wenn ich auf meinen Kaffee an der Maschine warte. Bei größeren Projekten nehme ich mir mehr Zeit, um reinzuspüren, was die Intention für den Kunden ist. So oder so, das kontinuierliche Üben ist wichtig. Es verstärkt zugleich das Gefühl des COACH-States und unterstützt uns, in stressigen Situationen eine stabilere Haltung beizubehalten.

Morgenroutine: Die innere Haltung und Intention regelmäßig verankern und sich mit Herz, Kopf und Hand auf den Tag einstimmen !

Starten Sie selbstbestimmt in den Tag. Nehmen Sie Zeit, um sich Ihre Intention in Erinnerung zu rufen und sich mit ihr zu verbinden. Die folgende Übung beinhaltet die drei Faktoren einer guten Haltung sowie die Prinzipien »Herz«, »Kopf« und »Hand«.

1. Aufrecht:
   a) Sitzen oder stehen Sie aufrecht und aufrichtig. Machen Sie sich groß.
   b) Aktivieren und fühlen Sie Ihren inneren COACH-State.
2. Mit dem Herzen nach vorne, sich mit dem Herzen verbinden – Leitfragen – suchen Sie sich die aus, die Sie jeweils ansprechen:
   a) Denken Sie etwas Schönes, an eine Situation, in der Sie sich lebendig und wirksam gefühlt haben.
   b) Fühlen Sie Ihre vielen Ressourcen – all Ihre Stärken, Kompetenzen, Erfahrungen – und die Menschen, die Sie auf Ihrem Weg bis hierhin unterstützt haben. Fühlen Sie die Fülle.
   c) Fühlen Sie sich in eine Situation ein, in der Sie sich besonders lebendig und wirksam gefühlt haben. Wie fühlt es sich an, wie spüren Sie diese Lebendigkeit im Körper? Wie und wo genau? Lassen Sie sich Zeit …
   d) Spüren Sie Ihre Intention, das, was Sie in die Welt bringen möchten. Drücken Sie diese verbal, bildlich und körperlich aus.
   e) Spüren Sie Ihre beste Version Ihrer selbst, Ihr Zukunftspotenzial. Wie fühlt es sich an, wie bewegen Sie sich, wie agieren Sie in Ihrer besten Zukunftsversion?
3. Kleinste Schritte:
   a) Wie können Sie heute Ihr Zukunftspotenzial in kleinsten Schritten ausdrücken?
   b) Wie sieht Ihre Intention bezogen auf die anstehenden Aufgaben heute aus?
   c) Welches Instrument benötigen Sie heute besonders?
   i. Herz: Wohlwollend, mit Gefühl mir selbst und anderen gegenüber, eine positive Grundhaltung haben.
   ii. Kopf: Klarheit schaffen und erleben, neugierig sein.
   iii. Hand: entschlossen aus der Zukunft heraus agieren, mutig sein.

8.3 In unsicheren Situationen souverän bleiben

Immer wieder wird es Situationen geben, in denen wir überrascht, verunsichert oder auch gereizt werden. Die Kunst besteht dann darin, die innere Haltung und die Ruhe zu bewahren, statt sich innerlich zu verkrampfen. Je mehr wir den inneren COACH-State sowie die eigene Intention in uns üben und körperlich verankern, umso besser und gelassener werden wir mit kritischen Situationen umgehen. Am besten geht dies, wenn wir den COACH-State dann vorher aktivieren, wenn wir schon ahnen, dass sich eine schwierige Situation anbahnt. Dies kann innerhalb von 20 Sekunden mit ein paar Atemzügen geschehen.

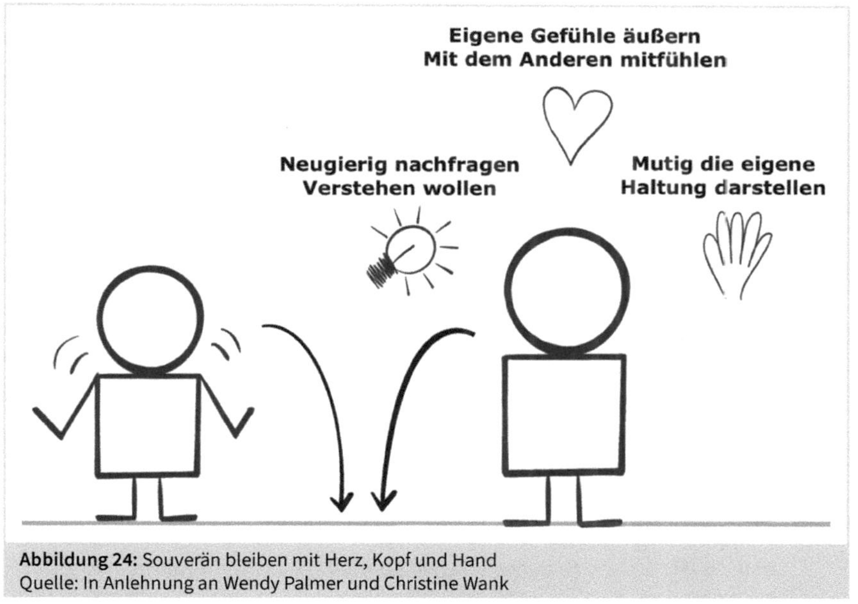

Abbildung 24: Souverän bleiben mit Herz, Kopf und Hand
Quelle: In Anlehnung an Wendy Palmer und Christine Wank

Dies Bild von Wendy Palmer fand ich enorm hilfreich[93] und habe es daher abschließend mit den Prinzipien »Herz«, »Kopf« und »Hand« verbunden. Wendy Palmer schlägt vor, dass wir Kritik nicht als Angriff auf unsere Persönlichkeit verstehen. Vielmehr sollten wir uns vorstellen, dass kritische Anmerkungen oder auch aufbrausende Äußerungen einer anderen Person nicht direkt an uns gerichtet sind, sondern in den Raum zwischen uns und der anderen Person platziert werden. So ist es möglich, die Worte neutraler und ruhiger anzuschauen.

In einem nächsten Schritt antworten wir entweder aus dem Prinzip »Herz«, »Kopf« oder »Hand«. Das bedeutet im Detail:

1. Mit dem Prinzip »Herz« antworten:
   a) Die eigenen Empfindungen wahrnehmen und äußern, zum Beispiel: »Ich merke, dass ich wütend werde.« oder »Das fühlt sich wie ein Schlag in den Magen an.«

93 Palmer/Crawford 2013, S. 59.

   b) Sich in die andere Person einfühlen und spüren, was sie wohl empfindet, zum Beispiel: »Wenn ich Ihnen zuhöre, kann ich die Anstrengung sehr gut nachempfinden.«
2. Mit dem Prinzip »Kopf« antworten:
   a) Offen und neugierig für die Anmerkung sein, wirklich verstehen wollen, was die Person meint. »Ich möchte verstehen, was sie aufregt und beschäftigt. Darf ich nachfragen, was Sie mit ... meinen?« oder
   b) »Erzählen Sie bitte ein wenig mehr dazu, damit ich die Details und auch die Zusammenhänge besser verstehe.«
3. Mit dem Prinzip »Hand« antworten:
   a) Aus der eigenen Haltung und dem eigenen Zukunftspotenzial heraus antworten: »In meinem Verständnis habe ich diese Rolle und Aufgaben im Prozess. Ich sehe es als meine Rolle an, dass ...«
   b) Die eigene Intention und das Zukunftspotenzial des Teams/der Organisation mutig darstellen: »Ich kann die Irritation verstehen. Meine Intention ist auch in dieser kritischen Phase, das Wohl der Gesamtorganisation und die Potenziale der Menschen zu nutzen. Ja, wir können wie bisher weitermachen. Doch das hilft nicht. Deshalb müssen wir uns von alten Themen und Mustern jetzt verabschieden. Ich sehe es hier als meine Rolle an, unbequem zu sein.«

Die drei Prinzipien überschneiden sich. Je nach Person und Situation werden Sie Schwerpunkte setzen. Finden Sie auf die drei Prinzipien Ihre eigenen Antworten. Sie finden dazu im Online-Bereich ein Arbeitsblatt, mit dem Sie persönliche Trigger-Situationen durchspielen und vorbereiten können.

Auf einen Blick

- Eine gute innere Haltung drückt sich auch körperlich aus.
- Die körperliche Haltung trägt dazu bei, wie wir denken und fühlen.
- Neben der übergeordneten Haltung gibt es die situative Haltung. Diese empfinden wir entweder als COACH- oder als CRASH-State. Diese situative Haltung drückt sich wiederum in einer aufrechten, offenen oder in einer zusammengezogenen, verkrampften Haltung aus.
- Das persönliche Wozu wird wirksamer, wenn wir es emotional und körperlich verankern.

- In kritischen und rascheligen Situationen helfen uns der COACH-State sowie das Reagieren aus den drei Prinzipien »Herz«, »Kopf« und »Hand«.
- Eine stabile innere Haltung hilft uns und anderen, die Transformationsschwelle zu überwinden.

Reflexionsfragen

- In welchen Situationen fällt Ihnen ein COACH-State leicht?
- In welchen Situationen oder bei welchen Menschen neigen Sie zum CRASH-State? Wie möchten Sie in Zukunft darauf reagieren?

Digitale Extras

- Video Wendy Palmer https://youtu.be/O-yPDozALwg
- Arbeitsblatt 21 »In unsicheren Situationen souverän bleiben«

Ausblick

Alles in allem lässt sich die Richtung von der klassischen in die modernere, neue Arbeitswelt und damit einhergehend die Veränderung von Führung ganz simpel zusammenfassen:

From me to we. Vom Ich zum Wir.

Haben wir die psychischen Bedürfnisse nach Anerkennung, Verstehbarkeit und Einflussnahme im Blick und richten die Führung und Zusammenarbeit darauf aus, steigert dies die Motivation aller Beteiligten. Ressourcen bei den Menschen werden aktiviert, Vertrauen kann entstehen und die psychische Gesundheit wird gefördert. Durch ein menschliches Führen sind wir automatisch weniger beim Ich, sondern mehr beim Wir.

Egoistisches, individuelles Denken, Handeln und Führen sind nicht mehr zeitgemäß. Menschlich und gemeinschaftlich wird es einfacher und erfolgreicher gehen. Es dreht sich nicht mehr um den Erfolg Einzelner, sondern um den Erfolg der gesamten Organisation. Die Arbeitswelt braucht Führungskräfte, die das mehr und mehr erkennen und im Einklang damit führen.

Dies wäre ein wichtiger nächster Schritt in vielen Unternehmen. Reicht das? Nein. Mittelfristig ist dies zu kurz gedacht. Führung sollte nicht nur dazu optimiert werden, die Produktivität der gesamten Organisation zu unterstützen, denn Unternehmen und Organisationen stellen nicht nur Produkte und Dienstleistungen her, sondern sie verbrauchen auch Ressourcen. Und diese Ressourcen sind endlich. Wir konsumieren als Verbraucher und als Produzenten viel mehr, als es verträglich ist. Dies wird mir besonders klar, als ich diese Abschlussworte schreibe. Es ist der 29. Juli 2021. Auf diesen Tag fällt 2021 der globale Erdüberlastungstag (Overshoot Day). Es ist der Tag, an dem »das natürliche Ressourcenbudget der Natur für das ganze Jahr aufgebraucht ist, d.h. die globale Nachfrage nach natürlichen Ressourcen überschreitet die Fähigkeit der Erde, diese Ressourcen auf nachhaltige Weise (also nachwachsend) zur Verfügung zu stellen.«[94] Der Overshoot Day für Deutschland ist bereits

94 https://utopia.de/ratgeber/earth-overshoot-day/ abgerufen am 29. Juli 2021.

am 5. Mai 2021 gewesen. Das bedeutet, dass Deutschland dreimal so viel Ressourcen verbraucht, wie nachwachsen können. Diese zwei Daten lagen noch nie so früh wie in diesem Jahr.

Die Wirtschaftswelt braucht eine neue Haltung

Der Overshoot Day hat viel mit »Führung mit Haltung« zu tun. Eine gute Haltung meint erstens, aufrichtig zu sein sowie selbst- und mitverantwortlich zu handeln. Die Wirtschaftswelt – und damit jede Organisation – hat eine Mitverantwortung am übermäßigen Ressourcenverbrauch und wie mit der Natur umgegangen wird. Wirklich jede. Einige Unternehmen nehmen sich dieser Verantwortung bereits stark an. Doch die Mehrzahl fokussiert sich nahezu ausschließlich auf das Erreichen wirtschaftlicher Kennzahlen. Die Verantwortung wird zum Teil an die Politik abgegeben oder auch an andere Länder. Doch bei diesem Thema von globaler Bedeutung darf keiner mehr im Opfer- und Jammertal liegen und darauf warten, dass Andere etwas tun. So liefen die letzten fünf Jahrzehnte ab, ohne dass etwas passierte. Jeder ist gefordert, sich seiner Verantwortung bewusst zu sein und mitverantwortlich zu handeln. Das meint, insbesondere als Führungskraft und Gestaltendende in Organisationen mutig zu sein. Bestehende Produkte bzw. Produktionsweisen infrage zu stellen und dauerhaftes Wachstum zu relativieren. In jedem Einflussbereich lassen sich Prozesse nachhaltiger und umweltschonender gestalten. Und natürlich haben wir als Mensch die Verantwortung, unsere eigenen wirtschaftlichen Ansprüche und unser Konsumverhalten kritisch zu reflektieren und anzupassen.

Der zweite Faktor einer guten Haltung ist, menschlich zu sein. Die Maske abzulegen und sich emotional zu verbinden ist genauso wichtig. Denn wir müssen hinschauen, wir können die globalen Probleme und die Auswirkungen auf uns sowie unser Zutun dazu nicht ausblenden – und mit Maske sehen wir nicht so gut. Mache ich mir dies wirklich bewusst und lasse es an mich heran, werde ich traurig und wütend zugleich. Mir ist es unbegreiflich, wie wir als hoch entwickelte Wesen, mit all dem Wissen und den technischen Möglichkeiten, dieses Wissen zu verbreiten, seit einem halben Jahrhundert so einen Unfug anstellen können.

Wir alle sollten uns mit dem dritten Faktor einer guten Haltung beschäftigen: Mit kleinsten Schritten anfangen. Selbst wenn Sie als Führungskraft in der Organisation erst einmal sehr wenig Spielraum sehen, so haben Sie als Mensch viele Möglichkeiten, Ihre Haltung zu Themen wie Nachhaltigkeit und Klimakrise zu überdenken und in kleinsten Schritten anzupassen. Damit werden Sie andere Menschen inspirieren und beeinflussen. Die *Scientists for Future* appellieren an jeden, den persönlichen Umgang mit den kritischen vier »F« anzupassen: Fliegen, Fleisch, Fummel (Kleidung) und Finanzen[95].

Wir müssen uns andere Fragen stellen

Die Fragen, die wir uns stellen, müssen sich ändern. Im bisherigen Fokus des Wirtschaftens standen Fragen wie »Wie können wir wachsen, Marktanteile hinzugewinnen, Gewinne maximieren?«. Als Verbraucher suchen wir Antworten und Produkte auf die Frage »Wie kann ich mich besser fühlen, mich selbst optimieren und mich gut verkaufen?«. In diesem Buch ging es um die Anforderung »Wie kann ich als Führungskraft die Zusammenarbeit verbessern und Transformationen besser gestalten?«. Sie haben gelernt, dass Sie am Menschen mit seinen psychischen Bedürfnissen nicht vorbeikommen – egal, wo Sie gerade im Kontext von Veränderungen stehen.

Die Frage »Was brauche ich?« als Mensch, Führungskraft und Konsument muss zunächst ersetzt werden durch die Frage »Was braucht die Gemeinschaft/Organisation von mir (als Mensch, Führungskraft und Konsument)?«.

Und mehr denn je werden die Fragen »Was braucht die Welt/Natur von mir und uns als Organisation?« und »Wie viel ist genug?« relevanter. Zum unternehmerischen Fokus »Mensch« kommt somit noch ein weiterer Faktor hinzu, der nicht ausgeblendet werden darf: die Natur mit ihren Ressourcen. Aus den Antworten auf diese neuen Fragen werden neue Ziele und ein neues Wirtschaften entstehen.

Das Was und das Wie werden sich ändern. Und wozu? Wozu ist diese Veränderung lohnenswert? Schauen wir aus einer rein individuellen Perspektive – aus dem Holzhaus – auf diese Fragen, könnte ein Gefühl von Verlust entstehen. Betrachten wir sie jedoch aus einer Perspektive des Klettergerüstes und aus dem Zukunftspotenzial, kann etwas anderes entstehen: ein Gefühl von Verbundenheit – zu uns selbst, zur Gemeinschaft, zur Natur und zu den nachfolgenden Generationen. Die jungen Menschen zeigen uns massiv auf, dass sie das Vertrauen in die Politik und in die ältere

95 Die 4 F der *Scientists for future* werden im Interview mit der Politökonomin und Transformationsforscherin Maja Göpel ab Minute 20 erläutert: https://www.zdf.de/dokumentation/terra-x/interview-mit-maja-goepel-100.html#xtor=CS5-54.

Generation verloren haben. Dies ist nachvollziehbar. Nun ist es an uns, die Brücke des Vertrauens hin zu unseren Kindern und Enkeln aufzubauen und zu stabilisieren.

Transformationsschwelle Innehalten

Auf dem Weg dorthin wird es mit Sicherheit individuelle, unternehmensweite und globale Transformationsschwellen geben. Wir sind alle gefordert, umzudenken, neu zu lernen und unsere bisherigen Glaubensmuster zu hinterfragen. Das, was im Weg ist, wird der Weg sein. Anhalten, innehalten, genügsam sein und sich der eigenen Haltung inklusive der Mitverantwortung bewusst zu sein, sind nur einige Aspekte, die oftmals vermieden werden. Statt eine Leere und Stillstand auszuhalten, lenken wir uns ab oder rennen wie bisher mit Scheuklappen in unseren Hamsterrädern weiter. Wir werden dazu vielfältig verleitet. Doch genau dieses Anhalten und Innehalten ist der Weg. Vielleicht entsteht sogar so etwas wie innere Ruhe und Erfüllung, weil wir entdecken, dass wir gar nicht so viel zum Zufriedensein benötigen. Vielleicht entsteht eine neue Haltung aus diesem Innehalten. Und daraus können mehr und mehr ein neues Miteinander und ein neues Wirtschaften entstehen. Ein Wirtschaften, das allen nützt oder zumindest allen Beteiligten so wenig Schaden wie möglich zufügt.

Danke!

Die Welt benötigt Menschen und Führungskräfte, die mehr innehalten, die nicht nur an Gewinnmaximierung, sondern ganzheitlicher denken. Die ihren Kindern nicht nur beste Bio-Babynahrung geben, sondern ihr gesamtes Verhalten kinder- und enkelfreundlicher gestalten sowie Dienstleistungen und Produkte herstellen, die allen Beteiligten von Nutzen sind. So bekommt das eigene Wirken eine ganzheitliche Bedeutung, die stark motivieren und befriedigen kann.

Immer mehr leitende Führungskräfte machen sich auf diesen Weg. So auch Sie. Danke, dass Sie sich mit dem Thema Haltung beschäftigt und dieses Buch gelesen haben, denn es genügt manchmal eine Idee, der Gedanke eines Menschen, um die Zusammenarbeit und damit die Welt ein klein wenig zu verbessern.

Jeder von uns kann mehr beeinflussen, als wir im ersten Moment meinen. Es fängt alles in einem selbst an. Mit der inneren Haltung, wie wir jeden Tag neu vor unseren Beziehungen und Aufgaben stehen. Jeder entscheidet in jedem Moment neu, ob er offen und innerlich gefestigt oder verkrampft agiert. Ich bin überzeugt, dass eine gute innere Haltung nicht nur die Zusammenarbeit verbessert, sondern auch die Ressourcennutzung. Denn wenn wir innerlich gefestigt sind, mehr und mehr eine stabile und zugleich offene Haltung einnehmen, benötigen wir weniger Ressourcen aus dem Außen, um uns gut zu fühlen. Noch dazu sind wir offener für Veränderungen und haben eher Lust darauf, über die eigenen Interessen hinaus zu unterstützen und dem Gesamtkontext zu dienen.

Mein Anliegen war es, mit diesem Buch, Ihnen als Führungskraft – aber auch als Mensch – das Arbeitsleben ein wenig zu erleichtern. Das Gute: Mit Ihrem Herz, Ihrem Kopf und Ihren zwei Händen haben Sie bereits alles, was Sie benötigen und können direkt loslegen, ohne ein Budget zu benötigen. Ich hoffe, der eine oder andere Impuls war für Sie wertvoll.

Ich wünsche Ihnen nun alles Gute auf Ihrem beruflichen und natürlich auch auf Ihrem ganz persönlichen Weg. Bleiben Sie ruhig, vertrauen Sie dem Prozess. Nehmen Sie sich immer wieder ein paar Sekunden, um sich in Ihre gute Haltung zu versetzen. Gehen Sie einen Schritt nach dem anderen, entschlossen und geduldig, aufrichtig und möglichst ohne Maske.

Herzlichst

Anke von Platen

Quellen

Anotovsky, Aaron: *Salutogenese – Zur Entmystifizierung von Gesundheit*, dgtv-Verlag, Tübingen, 1997

Breidenbach, Joana/Rollow, Bettina: *New Work needs Inner Work*, Das Dach Berlin UG, Berlin, 2019

Brown, Brené: *Dare to Lead – Brave work. Tough Conversations. Whole hearts*, Penguin Random House, New York, 2018

Covey, Stephen: *Die 7 Wege zur Effektivität*, GABAL, Offenbach, 2018

Dethmer, Jim/Chapman, Diana/Warner Klemp, Kaley: *The 15 Commitments of Conscious Leadership*, 2014

Dilts, Robert/Gilligan, Stephen: *Generative Coaching Volume 1*, Santa Cruz, 2021

Dräther, Rolf: *Retrospektiven kurz&gut,* O'Reilly Verlag, Heidelberg, 2014

Föhr, Tanja: *Pick-up Feedback für Führungskräfte: Wissen und Methoden für eine eigenverantwortliche Lern- und Feedbackkultur*, managerSeminare, 2021

Gilligan, Stephen/Dilts, Robert: *Die Heldenreise Eine Reise der Selbstentdeckung*, Junfermann, Paderborn, 2013

Hagehülsmann, Ute/Hagehülsmann, Heinrich: *Der Mensch im Spannungsfeld seiner Organisation*, Junfermann, Paderborn, 2007

Hagehülsmann, Ute/Hagehülsmann, Heinrich: *Standing – Das 4. S*, in: Zeitschrift für Transaktionsanalyse, Junfermann, Paderborn, 2014

Häusling, André/Römer, Esther/Zeppenfeld, Nina: *Praxisbuch Agilität Tools für Personal- und Organisationsentwicklung*, HAUFE, Freiburg, 2019

Hamel, Gary: *Werdet wütend!* in brandeins 10/2017, S. 48 oder online https://www.brandeins.de/magazine/brand-eins-wirtschaftsmagazin/2017/strategie/werdet-wuetend, abgerufen am 26. Juli 2021

Hanson, Rick: *Denken wie ein Buddha* – Gelassenheit und innere Stärke durch Achtsamkeit, Heyne, München, 2018

Hay, Julie: *Transactional Analysis for Trainers*, Sherwood Publishing, Hertford UK, 2009

Jaworski, Joseph: *Synchronicity The inner Path of Leadership*, Berrett-Koehler,Oakland, 2011

Johner, Philipp/Bürgi, Dorothee/Längle, Alfried: *Existential Leadership zum Erfolg – Philosophie und Praxis der Transformation*, HAUFE, Freiburg, 2018

Kabat-Zinn, Jon: *Gesund durch Meditation,* Fischer, Frankfurt am Main, 2007a

Kabat-Zinn, Jon: *Im Alltag Ruhe finden*, Fischer, Frankfurt am Main, 2007b

Keller, Gary: *The One Thing – Die überraschend einfache Wahrheit über außergewöhnlichen Erfolg*, Redline, München, 2017

Korpiun, Michael Dr.: *Grundausbildung Transaktionsanalyse TA 202: Persönlichkeitsentwicklung* (Reader zur Weiterbildung), Hannover, 2015

Langer, Ellen: *Das Leben besteht aus Augenblicken*, Harvard Business Manager 4/2014 oder online https://www.manager-magazin.de/harvard/selbstmanagement/achtsamkeit-im-management-ueber-die-kunst-im-jetzt-zu-leben-a-00000000-0002-0001-0000-000125927044 abgerufen am 26. Juli 2021

Migge, Björn Dr.: *Handbuch Coaching und Beratung*, Beltz, Weinheim, 2007

Netta, Franz: *Synchronwirkung der Führungskultur auf Gesundheit und Betriebsergebnis*, in: Badura, Bernhard/Ducki, Antje/Schröder, Helmut/Klose, Joachim/Macco, Katrin (Hrsg.): *Fehlzeiten-Report 2011, Führung und Gesundheit*, Springer, Berlin/Heidelberg, 2011

Palmer, Wendy/Crawford, Janet: *Leadership Embodiment How the way we sit and stand can change the way we think and speak*, Create Space/Amazon, 2013

Pressfield, Steven: *The legend of Bagger Vance*, Bantom Books, London, 1995

Rogers, Carl R.: *Therapeut und Klient Grundlagen der Gesprächspsychotherapie*, Fischer Taschenbuch Verlag, Frankfurt am Main, 2012 (21. Auflage)

Scharmer, C. Otto: *Essentials der Theorie U – Grundprinzipien und Anwendungen*, Carl-Auer-Systeme Verlag, Heidelberg, 2019

Scharmer, C. Otto: *Theorie U – Von der Zukunft führen*, Carl-Auer-System Verlag, Heidelberg 2015

Schmid, Bernd: Identität und Abgrenzung, in https://bibliothek.isb-w.eu/alfresco/d/d/workspace/SpacesStore/9751cb6c-d5d6-49f3-8c16-e8500dc18998/104-IdentitaetUndAbgrenzung-Schmid_2004.pdf, zuletzt abgerufen am 22. Juni 2021

Schneider, Johann: *Auf dem Weg zum Ziel – der Vertragsprozess*, Paderborn, Junfermann, 2002

Seliger, Ruth: *Einführung in Großgruppen-Methoden*, Carl-Auer-System Verlag, Heidelberg 2015

Sprenger, Reinhard K.: *Das Prinzip Selbstverantwortung – Wege zur Motivation*, Campus Verlag, Frankfurt am Main, 2015

Wank, Christine: *Facilitate Theory U – Reader und Manual zur Weiterbildung*, Berlin, 2020

Whitelaw, Ginny: *Resonate – Zen and the way of making a Difference*, Köhlerbooks, Virginia Beach, 2020

Wilber, Ken: *Integrale Spiritualität – Spirituelle Intelligenz rettet die Welt*, Kösel, München, 2020

Wilmsen, Frits/Schaeffer, Nienke: Impeccable Leadership (Aktuell nur auf niederländisch verfügbar, deutsche Version erscheint voraussichtlich Ende 2021), Paris Books, Driebergen, 2020

Wilmsen, Frits: Impeccable Leadership Masterclass PDF Whitepaper/Backgroundpaper Impeccable Leadership, Driebergen, 2019.

Stichwortverzeichnis

Die Autorin

»Unterstützen, das Neue in die Welt zu bringen« ist der rote Faden im Leben von Anke von Platen. Schon bei ihrem Studium der Oecotrophologie interessierte sie am meisten, wie neue Lebensmittel entwickelt werden und in den Handel gelangen. Während zehn Jahren im Marketing- und Projektmanagement, zum Beispiel bei Hipp Babynahrung, Mercedes-Benz United Kingdom und in Kommunikationsagenturen, führte sie diverse Marken und Produkte erfolgreich ein.

Seit 2008 ist sie als Leadership-Coach, Vortragsrednerin und Prozessbegleiterin (Theorie U) tätig und hat seitdem mehr als 7.000 Menschen begleitet. Sie unterstützt beim Einführen und Umsetzen neuer Kommunikations- und Organisationskulturen, die eine neue Haltung von Führungskräften erfordern. Sie hilft Teams und Einzelpersonen bis hin zur Vorstandsebene, ihre Führung und Zusammenarbeit auf die nächste Stufe zu bringen. Als Sparringspartnerin begleitet sie Transformations- und Führungsteams bei Implementierung von Veränderungsprozessen. Ihre Kunden ermutigt sie, dass Veränderungsprojekte mit einer guten Haltung sowie menschlich kommuniziert, eingeführt und umgesetzt werden. In interaktiven Vorträgen und Workshops inspiriert sie die Teilnehmenden, ihre eigene Haltung, Führung und Zusammenarbeit zu reflektieren und zu stärken.

Darüber hinaus ist sie eine mehrfache Buchautorin. Ihre eigene Haltung reflektiert sie als begeisterte Marathonläuferin am liebsten bei langen Läufen in der Natur.

Mehr Informationen: www.ankevonplaten.de. Sie freut sich über Rückmeldungen und Austausch zu den Inhalten im Buch, entweder direkt per E-Mail an kontakt@ankevonplaten.de oder auf den sozialen Netzwerken wie zum Beispiel LinkedIn.